水平气井排水采气新技术

长庆油田分公司苏里格气田研究中心　编

石油工业出版社

内 容 提 要

本书以技术研究及科研攻关成果为基础,结合国内外相关研究成果及方向,全面系统地介绍了水平气井排水采气新技术,展示了水平气井排水采气工程实用技术及发展方向。

本书可供天然气田工程专业技术人员参考,也可作为相关院校油气田开发等专业师生的参考教材。

图书在版编目(CIP)数据

水平气井排水采气新技术/长庆油田分公司苏里格气田研究中心编. —北京:石油工业出版社,2017.10

ISBN 978 – 7 – 5183 – 2117 – 9

Ⅰ. ①水… Ⅱ. ①长… Ⅲ. ①水平井 – 气井 – 排水采气 Ⅳ. ①TE375

中国版本图书馆 CIP 数据核字(2017)第 222480 号

出版发行:石油工业出版社
　　　　(北京安定门外安华里 2 区 1 号楼　　100011)
　　　　网　　址:www. petropub. com
　　　　编辑部:(010)64523537　　图书营销中心:(010)64523633
经　销:全国新华书店
印　刷:北京中石油彩色印刷有限责任公司
2017 年 10 月第 1 版　　2017 年 10 月第 1 次印刷
787 × 1092 毫米　　开本:1/16　　印张:13.25
字数:339 千字
定价:58.00 元

前　言

　　水平气井可有效提高气井单井产量，降低综合成本，减少气田开发井数，是有效开发低渗透、低压、低丰度气田的主要手段之一。近年来，随着国内天然气田的快速开发，水平气井的应用数量逐年快速增加，仅鄂尔多斯盆地苏里格气田水平井应用就达 1200 口以上，但是伴随着生产的继续，气井中常有烃类凝析液或地层水流入井底，积液问题也就接踵而来，水平气井出现积液后，导致气井自喷能量持续下降，若不及时采取排水采气工艺技术措施，最终将会导致气井停产。

　　本书主要介绍了水平气井井筒气水流动基础、苏里格气田水平气井排水采气技术、国内其他气田典型排水采气技术、国外气田排水采气技术、苏里格气田气井排水采气数字化分析与决策技术和水平气井排水采气工艺发展及展望，是一本全面系统了解水平气井排水采气工艺的重要参考书，是本书编委会成员及众多采气工艺方面技术专家多年努力付出与智慧的结晶。全书由常彦荣、冯朋鑫、徐文龙、宋汉华组织油气田开发相关人员编写。本书得到了长庆油田油气田开发方面专家及科研人员的大力支持，特别是得到了苏里格气田开发建设相关领导及技术人员的鼎力相助，在此一并表示感谢。

　　由于编者理论水平有限，书中定有诸多不足或者错误之处，恳请读者批评指正。

目　　录

1　水平气井井筒多相流流动理论基础

气井井筒内的流动是气液多相流动。气液多相流动是一种十分复杂的流动。多相流最重要的特征是流动结构及分布上的不均匀性和状态的多值性,且各相间存在可变形的,不确定的相界面。这些相界面及其所引发的特征与各相的物性、流量、流动参数、管道几何形状以及几何位置等因素直接相关。到目前为止,多相流和流体力学一样,是一门以实验为基础的学科[1]。

在天然气工业,人们对多相流流动特性研究主要有以下几个方面;气液两相流流型及其转变、含气率、气液两相压力降等[2,3]。

1.1　多相流动基本概念

1.1.1　流体的物理性质

流体的物理性质包含了密度、黏度、可压缩性和表面张力等。

(1)流体的黏度。当两层流体之间有相对运动(即变形)时,其间也会产生阻碍相对运动的力。运动快的流层对运动慢的流层施加拉力,运动慢的流层对运动快的流层施加阻力,这一对内力称为流体的黏性内摩擦力,流体的这种抵抗相对运动的属性称为流体的黏性。黏性内摩擦力的产生有两个原因:一是两层流体间分子的吸引力;二是两层流体间分子的动量交换。对于液体,因分子间距离较小,内摩擦力主要取决于分子的吸引力。对于气体,因分子间距离较大,内摩擦力主要取决于分子间的动量交换。

常用流体的动力黏度系数 μ 及运动黏度系数 ν 来描述。黏度系数是物性参数,对于不同的流体,它的值不同。另外,它是用来度量流体抵抗变形运动能力的物理量,μ 的值越大,表明流体抵抗变形的能力越大,即流体越黏稠。

实验证实,黏度系数随压力变化不大,随温度变化较大。液体的黏度系数随温度的升高而减小,气体的黏度系数随温度的升高而增大。这是因为液体的黏度主要取决于分子间的吸引力,温度升高,液体分子振荡速度增加,容易克服保持它们位置的束缚,增大流动性,而气体的黏度主要取决于分子间的动量交换,温度增加,分子的热运动加剧,气体的黏度也就增加。

(2)混合黏度。混合黏度是指气液混合物的局部黏度,它有许多不同的定义方式。通常,在没有特别说明的情况下,它的定义如下:

$$\mu_{m} = \mu_{L}E_{L} + \mu_{G}E_{G} = \mu_{L}E_{L} + \mu_{G}(1 - E_{L}) \tag{1.1}$$

式中　E_{L}——局部液体体积含量(持液率);

　　　E_{G}——局部气体体积含量;

　　　μ_{m}——混合黏度;

μ_L——液体黏度;

μ_G——气体黏度。

注意:混合黏度是根据局部体积含量定义的,而无滑移黏度是根据输入体积含量定义的。

(3)无滑移黏度。无滑移黏度是根据两相具有相同的局部速度的假设计算得到的。它有许多不同的定义方式。通常,在没有特别说明的情况下,它的定义如下:

$$\mu_{NS} = \mu_L C_L + \mu_G C_G = \mu_L C_L + \mu_G(1 - C_L) \tag{1.2}$$

式中 μ_{NS}——无滑移黏度。

(4)混合密度。混合密度是指混合物的局部密度,它的定义为:

$$\rho_m = \rho_L E_L + \rho_g E_G = \rho_L E_L + \rho_g(1 - E_L) \tag{1.3}$$

式中 ρ_m——混合密度;

ρ_L——液体密度;

ρ_g——气体密度。

(5)无滑移密度。无滑移密度是根据两相具有相同的局部速度的假设计算得到的。因此,它的定义为:

$$\rho_{NS} = \rho_L C_L + \rho_g C_G = \rho_L C_L + \rho_g(1 - C_L) \tag{1.4}$$

式中 C_L——输入液体体积含量;

C_G——输入气体体积含量;

ρ_{NS}——无滑移密度。

无滑移密度是根据输入体积含量定义的,而混合密度是根据局部体积含量定义的。

(6)表面张力。存在于气液两相之间的表面张力对于两相压降计算的影响非常小。但是在一些压降计算公式中,需要用到表面张力去求解一些无量纲数。一些关于油气间和气水间表面张力的计算示例如下。下面公式给出了在74°F和280°F时的气水界面张力:

$$\sigma_{w(74)} = 75 - 1.108p^{0.349} \tag{1.5}$$

$$\sigma_{w(280)} = 53 - 0.1048p^{0.637} \tag{1.6}$$

式中 $\sigma_{w(74)}$——74°F时的气水界面张力,dyn[1]/cm;

$\sigma_{w(280)}$——280°F时的气水界面张力,dyn/cm;

p——压力,psi(绝)[2]。

如果温度高于280°F,使用280°F的值;如果温度低于74°F,使用74°F的值;如果温度位于两者之间,采用线性插值法求值。

(7)流体的压缩性。

流体的密度或容积随压力或温度变化而变化的性质称为流体的压缩性。真实流体都是可压缩的。

---

[1] 1dyn = 10^{-5}N。

[2] 1psi(绝) = 6.89kPa。

液体在通常压力或温度下的可压缩性很小。例如水的压力从 0.1MPa 增加到 10MPa 时，容积仅缩小 0.5%，温度从 20℃变化到 100℃，容积仅降低 4%。因此，通常把液体近似为不可压缩流体，即认为液体的密度为常数。气体的压缩性比液体大得多。气体密度(ρ)随压力(p)和绝对温度(T)的变化关系用热力学状态方程 $\rho = f(p, T)$ 来表示。

1.1.2 流体流动的基本概念

（1）稳定流动与非稳定流动。

① 稳定流动：各截面上的温度、压力和流速等物理量仅随位置变化，而不随时间变化。

② 非稳定流动：流体在各截面上的有关物理量既随位置变化，也随时间变化。

（2）层流和湍流。

① 层流：流体分层流动，相邻两层流体间只作相对滑动，流层间没有横向混杂。

② 湍流（也称为紊流）：当流体流速超过某一数值时，流体不再保持分层流动，而可能向各个方向运动，有垂直于管轴方向的分速度，各流层将混淆起来，并有可能出现涡旋，这种流动状态叫湍流。流体作湍流时所消耗的能量比层流多，湍流区别于层流的特点之一是它能发出声音。

③ 过渡流动：介于层流与湍流间的流动，状态很不稳定。

流体力学中，雷诺数是流体惯性力与黏性力比值的量度：$Re = \dfrac{\rho vr}{\eta}$（速度 v、密度 ρ、黏度 η、管子半径 r），决定黏性流体在圆筒形管道中流动形态。通常当 $Re \leqslant 2000$ 时，为层流；当 $2000 < Re < 4000$ 时，为过渡流；当 $Re > 4000$ 时，为湍流。

（3）气液两相流动基本参数。

多相流流动必须考虑每一相流体的物理特性，另外，也必须考虑相与相之间的相互影响。计算中常常使用混合特性，因此，需要确定整个管道中的气液局部体积比率。通常多相流公式运用于两相而不是三相。这是因为，油和水被结合起来作为单一相处理，而气体则作为另外一相。

① 质量流量。质量流量(W)是指单位时间内流过管道总流通截面积的流体质量，气液两相流的总质量流量是各相质量流量之和，即：

$$W = W_L + W_G \tag{1.7}$$

② 体积流量。体积流量是指单位时间内流过管道总流通截面积的流体体积，气液两相流的总体积流量是各相体积流量之和，即：

$$Q = Q_L + Q_G \tag{1.8}$$

③ 质量流速。质量流速定义为质量流量与管道流通截面积之比，气液各相的质量流量与气液两相流的总质量流量分别为：

$$G_L = \frac{W_L}{A} \tag{1.9}$$

$$G_G = \frac{W_G}{A} \tag{1.10}$$

$$G = G_L + G_G \tag{1.11}$$

④ 折算流速（体积通量）。各相的折算流速（又称体积通量或表观流速）定义为该相的体积流量与管道流通截面积之比，即：

$$u_{SL} = \frac{Q_L}{A} \tag{1.12}$$

$$u_{SG} = \frac{Q_G}{A} \tag{1.13}$$

⑤ 混合流速（总体积通量）。两相混合流速（总体积通量）定义为两相的总体积流量与管道流通截面积之比，即：

$$u_m = \frac{Q}{A} = u_{SL} + u_{SG} \tag{1.14}$$

⑥ 真实平均流速。该相的体积流量与该相在管道中所占的流通截面积之比，表示为：

$$u_L = \frac{Q_L}{A_L} \tag{1.15}$$

$$u_G = \frac{Q_G}{A_G} \tag{1.16}$$

⑦ 滑动速度。滑动速度也称滑移速度或相对速度，是气水两相真实速度之差，表示为：

$$u_s = u_G - u_L \tag{1.17}$$

⑧ 滑动比（滑移比）。气相真实流速与液相真实流速之比称为滑动比，表示为：

$$s = \frac{u_G}{u_L} \tag{1.18}$$

⑨ 含气率相份额。含气率是多相流的一个很重要的参数，无论是流型识别、压力降计算、集输工程设计都需要含气率参数。气液两相的体积相份额通常又称含气率和含水率。要区分两种体积相份额，一种是体积流量分数，一种是管道的真实体积相份额。

系统平均含气率测量和计算相对容易。而对管道一个截面上的含气率分布的测量和计算都极为困难，因为气液两相流基本是实验流体力学，理论分析难以确定很多的随机变化。另外，流动状态下微小空间的参数测量也很困难，因此，这方面的研究大多是在实验基础上提出一些理论分析和求解方程，一般误差比较大。

a. 质量相份额（质量分数）。某一相的质量流量与两相总质量流量之比，表示为：

$$\chi_L = \frac{G_L}{G} \tag{1.19}$$

$$\chi_G = \frac{G_G}{G} \tag{1.20}$$

b. 体积相份额(体积流量分数)。气液两相的体积相份额通常又称含气率和含水率。要区分两种体积相份额,一种是体积流量分数,另一种是管道的真实体积相份额。体积流量分数有时也称为体积相份额,表示为:

$$\beta_L = \frac{Q_L}{Q} \tag{1.21}$$

$$\beta_G = \frac{Q_G}{Q} \tag{1.22}$$

c. 截面相份额。气液两相的流通截面积与管道总流通截面积之比称为该相的截面相份额,表示为:

$$\alpha_L = \frac{A_L}{A} \tag{1.23}$$

$$\alpha_G = \frac{A_G}{A} \tag{1.24}$$

气液两相的截面相份额又称截面含气率和截面含水率。通常认为管道的真实体积相份额与截面相份额相等。不管相份额怎样定义,相份额之和总是等于1,对于气液两相流,即是:

$$\left.\begin{array}{l} \chi_W + \chi_O = 1 \\ \beta_W + \beta_O = 1 \\ \alpha_W + \alpha_O = 1 \end{array}\right\} \tag{1.25}$$

1.2 流动基本方程

流体是由无数质点组成,而流体质点是连续的、彼此无间隙地充满空间。通常把由运动流体所充满的空间称为流场。表征流体运动的物理量,通称为流体的流动参数。

1.2.1 连续性方程

对于稳定流动系统,在管路中流体没有增加和漏失的情况下对任意截面有:

$$m_s = \rho_1 u_1 A_1 = \rho_2 u_2 A_2 = \cdots = \rho u A = 常数 \tag{1.26}$$

对于不可压缩性流体($\rho = \text{const}$)有:

$$Q_s = u_1 A_1 = u_2 A_2 = \cdots = u A = 常数 \tag{1.27}$$

式中　m_s——质量流量;

　　　ρ——流体密度;

　　　u——流速;

　　　A——流通面积。

1.2.2 能量方程

实际流体在定常、重力场、不可压条件下,在流线上任意两点间的伯努利方程也即能量方程为:

$$z_1 + \frac{p_1}{\rho g} + \frac{v_1^2}{2g} = z_2 + \frac{p_2}{\rho g} + \frac{v_2^2}{2g} + \frac{1}{g}\int_1^2 f \mathrm{d}s \qquad (1.28)$$

伯努利方程中各项的含义:z 代表单位重力流体的位能,或简称位置水头;$\dfrac{p}{\rho g}$ 表示单位重力流体的压能,或简称压强水头;$\dfrac{v^2}{2g}$ 表示单位重力流体的动能,或简称速度水头;$\dfrac{1}{g}\int_1^2 f \mathrm{d}s$ 表示单位重力流体沿流线从 1 点流到 2 点克服黏性阻力所做的功,或损失的能量。

1.2.3 动量方程

动量方程的主要作用是解决作用力问题,特别是流体与固体之间的总作用力。

动量定律:作用于物体的冲量,等于物体的动量增量。即:

$$\sum \boldsymbol{F}\mathrm{d}t = \mathrm{d}(m\boldsymbol{v})$$

恒定流动量方程式:

$$\sum \boldsymbol{F} = \mathrm{d}(m\boldsymbol{v}) = a_{02}\rho_2 Q_2 \cdot \boldsymbol{v}_2 - a_{01}\rho_1 Q_1 \cdot \boldsymbol{v}_1$$

式中　$\boldsymbol{F}$——力;

　　　t——时间;

　　　$\boldsymbol{v}$——流体的流速;

　　　m——流体的质量;

　　　a_{01}, a_{02}——动量修正系数;

　　　Q_1, Q_2——所分析流体单元体的体积。

方程是以断面平均流速模型建立的,实际的流速是不均匀分布的,所以用动量修正系数 a 修正。

将物质系统的动量定理应用于流体时,动量定理的表述形式是:对于恒定流动,所取流体段(简称流段,它是由流体构成的)的动量在单位时间内的变化,等于单位时间内流出该流段所占空间的流体动量与流进的流体动量之差;该变化率等于流段受到的表面力与质量力之和,即外力之和。

1.2.4 流体流动阻力

流动阻力的大小与流体本身的物理性质、流动状况及壁面的形状等因素有关。管路系统主要由两部分组成,一部分是直管,另一部分是管件和阀门等。相应流体流动阻力也分为两种:

直管阻力——流体流经一定直径的直管时由于内摩擦而产生的阻力。

局部阻力——流体流经管件、阀门等局部地方由于流速大小及方向的改变而引起的阻力。

根据柏努利方程的其他形式,可写出相应的范宁公式表示式,即流体在直管内流动阻力的通式:

$$\Delta p_{\mathrm{f}} = \lambda \frac{l}{d} \frac{\rho u^2}{2} \tag{1.29}$$

式中　Δp_{f}——压力损失;

　　　λ——无量纲系数,称为摩擦系数或摩擦因数,与流体流动的 Re 及管壁状况有关(图1.1);

　　　l——流动长度;

　　　d——管径。

值得注意的是,压力损失 Δp_{f} 是流体流动能量损失的一种表示形式,与两截面间的压力差 $\Delta p = (p_1 - p_2)$ 意义不同,只有当管路为水平时,二者才相等。

范宁公式对层流与湍流均适用,只是两种情况下摩擦系数 λ 不同。

(1)层流时的摩擦系数。

$$\lambda = \frac{64}{Re} \tag{1.30}$$

即层流时,摩擦系数 λ 是雷诺数 Re 的函数。

(2)湍流时的摩擦系数。

湍流时摩擦系数 λ 是 Re 和相对粗糙度 ε/d 函数,

对于湍流时的摩擦系数 λ,除了用 Moody 图查取外,还可以利用一些经验公式计算。这里介绍适用于光滑管的勃劳修斯(Blasius)式:

$$\lambda = 0.3164/(Re)^{0.25} \tag{1.31}$$

其适用范围为 $Re = 5 \times 10^3 \sim 5 \times 10^5$。此时,能量损失 W_{f} 约与速度 u 的 1.75 次方成正比。

下面给出的考莱布鲁克(Colebrook)式(1.32)适用于湍流区的光滑管与粗糙管直至完全湍流区。

$$\frac{1}{\sqrt{\lambda}} = 1.74 - 2\lg\left(\frac{2\varepsilon}{d} + \frac{18.7}{Re\sqrt{\lambda}}\right) \tag{1.32}$$

(3)管壁粗糙度对摩擦系数的影响。

光滑管:玻璃管、铜管、铅管及塑料管等称为光滑管;

粗糙管:钢管、铸铁管等。

管道壁面凸出部分的平均高度,称为绝对粗糙度,以 ε 表示。绝对粗糙度与管径的比值即 ε/d,称为相对粗糙度。

管壁粗糙度对流动阻力或摩擦系数的影响,主要是由于流体在管道中流动时,流体质点与管壁凸出部分相碰撞而增加了流体的能量损失,其影响程度与管径的大小有关,因此在摩擦系数图中用相对粗糙度 ε/d,而不是绝对粗糙度 ε。

流体作层流流动时,流体层平行于管轴流动,层流层掩盖了管壁的粗糙面,同时,流体的流动速度也比较缓慢,对管壁凸出部分没有什么碰撞作用,所以层流时的流动阻力或摩擦系数与管壁粗糙度无关,只与雷诺数 Re 有关。

流体作湍流流动时,靠近壁面处总是存在着层流内层。如果层流内层的厚度 δ_L 大于管壁的绝对粗糙度 ε,即 $\delta_L > \varepsilon$ 时,此时管壁粗糙度对流动阻力的影响与层流时相近,此为水力光滑管。随着 Re 的增加,层流内层的厚度逐渐减薄,当 $\delta_L < \varepsilon$ 时,壁面凸出部分伸入湍流主体区,与流体质点发生碰撞,使流动阻力增加。当 Re 大到一定程度时,层流内层可薄得足以使壁面凸出部分都伸到湍流主体中,质点碰撞加剧,致使黏性力不再起作用,而包括黏度 μ 在内的 Re 不再影响摩擦系数的大小,流动进入了完全湍流区,此为完全湍流粗糙管。

(4)非圆形管道的流动阻力。

对于非圆形管内的湍流流动,仍可用在圆形管内流动阻力的计算式,但需用非圆形管道的当量直径代替圆管直径。当量直径定义为:

$$d_e = 4 \times \frac{流通截面积}{润湿周边} = 4 \times \frac{A}{\Pi} \tag{1.33}$$

对于套管环隙,当内管的外径为 d_1,外管的内径为 d_2 时,其当量直径为:

$$d_\varepsilon = 4 \frac{\frac{\pi}{4}(d_2^2 - d_1^2)}{\pi d_2 + \pi d_1} = d_2 - d_1 \tag{1.34}$$

对于边长分别为 a 和 b 的矩形管,其当量直径为:

$$d_e = 4 \frac{ab}{2(a+b)} = \frac{2ab}{a+b} \tag{1.35}$$

在层流情况下,当采用当量直径计算阻力时,还应对式(1.30)进行修正,改写为:

$$\lambda = \frac{C}{Re} \tag{1.36}$$

式中 C——无量纲常数。

当量直径只用于非圆形管道流动阻力的计算,而不能用于流通面积及流速的计算。

局部阻力(W'_f)使用阻力系数法。克服局部阻力所消耗的机械能,可以表示为动能的某一倍数,即:

$$W'_f = \zeta \frac{u^2}{2} \tag{1.37}$$

或

$$h'_f = \zeta \frac{u^2}{2g} \tag{1.38}$$

式中,ζ 称为局部阻力系数,一般由实验测定。常用管件及阀门的局部阻力系数可查取。当流体自容器进入管内,$\zeta_{进口} = 0.5$,称为进口阻力系数;当流体自管子进入容器或从管子排放到管外空间,$\zeta_{出口} = 1$,称为出口阻力系数。

（5）流体在管路中的总阻力。

管路系统是由直管和管件、阀门等构成，因此流体流经管路的总阻力应是直管阻力和所有局部阻力之和。

当管路直径相同时，总阻力为直管阻力（W_f）与局部阻力（W'_f）之和，即：

$$\sum W_f = W_f + W'_f = \left(\lambda \frac{l}{d} + \sum \zeta\right) \frac{u^2}{2} \tag{1.39}$$

式中　　$\sum \zeta$——管路中所有局部阻力系数之和。

若管路由若干直径不同的管段组成时，各段应分别计算，再求和。

1.2.5　气体状态方程

天然气系统从一个状态变化到另一个状态时，就经历了一个热力学过程。在这种过程中所经历的任一中间状态都无限接近平衡态，可以认为是平衡态。当然，这是一种理想状态，因为状态变化必然会破坏系统的平衡，原来的平衡被破坏以后，需要经过一段时间才能达到新的平衡态。但是实际发生的过程往往比较快，以至于在还没有达到新的平衡态以前又继续下一步的变化，因而过程中系统经历的是一系列非平衡态，这也称为非静态过程。如果系统进行得足够缓慢，使得过程中的每一步，系统都非常接近平衡态，这种过程可以近似地看作准平衡态过程。实际上，准平衡态过程是足够缓慢的理想极限。在实际工程问题中，大多数情况下都是准静态过程。对于理想气体的一些典型准静态过程，可以利用热力学第一定律和它的状态方程，计算过程中的功、热量和内能的改变量以及它们的转换关系。

在平衡态下，系统的宏观性质才可以用一组确定的参量来描述。一定质量气体的平衡态可以用其状态参量压力 p、体积 V、温度 T 的一组值来表示。一组参量值表示气体的某一平衡态，而另一组参量值表示气体的另一平衡态。如果系统的宏观性质随时间而变化，它所处的状态称为非平衡态。在非平衡态下，系统各部分的性质一般来说可能各不相同，而且在不断变化着。对我们进行的分压试验，是一个平衡态过程。

实验表明，描写一定质量气体平衡态的 3 个参量中，当任一参量值发生变化时，其他两个或是一个也将随之变化。也就是说，3 个参量，p，V 和 T 之间必然存在一定的关系，其中一个参量是其余参量的函数。这个函数与气体的性质有关，需要通过实验来确定。各种实际气体近似地遵守玻意尔定律、查理定律、盖钙—吕萨克定律以及阿伏伽德罗定律。根据这些定律可以导出 1mol 气体的状态方程，就是一定质量气体处于平衡态时的压力温度体积之间的关系是：

$$pV = nRT \tag{1.40}$$

式中，$R = 8.31 \text{J}/(\text{mol} \cdot \text{K})$ 是摩尔气体常数。

状态方程是根据实验定律导出的，而这些实验定律都是在一定的实验条件下得到的。它们反映的都是实际气体的近似性质。

在工程应用中，最受关注的是在一个管道内，天然气参数随压力和温度的变化而引起的变化。这时，可以用下面公式计算任何压力和温度变化下的参数变化：

$$p_1 V_1 / T_1 = p_2 V_2 / T_2 \tag{1.41}$$

1.3 气液两相流型及其转变

流型及其转变是多相流体力学的基本内容,是进行多相流体压力降、含气率、截面相份额等流动特性研究的基础[5-7]。

1.3.1 影响流型的因素

影响流型的因素很多,主要有以下几项:流体的物理性质和输量,流道的几何形状和内壁情况以及流动过程中的质量、热量传递等。下面是各种因素对流型的影响:

(1)流型与各相流体流量。各相流量及比例是影响流型的最主要因素。对于直径一定的管线而言,流量的大小可以通过各相的表观速度来表示。不同的气液表观速度可能导致管路中不同的流态。目前,大多数工业流型图都是根据各相表观速度来划分的。例如,使用非常广泛的曼德汉水平管气液两相流流型图,就是以水和空气为介质,以气液两相的表观速度为横纵坐标绘制而成的。

(2)流型与流体的物理性质。流体的流型转换与其物理性质有着密切的联系。以气液两相流为例:液相黏度对流型的影响较大。在恒定液速下,液体黏度越大,由气泡流转变为冲击流所需要的气体流量越小。另外,气相和液相的密度比也会在不同程度上影响流型的变化。

(3)流型与管径。管径对流型过渡区的影响很大。在气液两相流中,当管径加大时,需增大液相表观流速才能获得段塞流。此时,如果气速较小则可获得环状流。在气体表观速度很大时,管径对流型的影响将变得很微弱。管径对流型的影响还表现为对各相间作用力的影响。相间作用力与流体湿周密切相关。而管径则是决定湿周大小的重要因素。

(4)流型与倾角。流型的判断必须考虑倾角的影响。以气液两相流为例:在下坡流实验中,流型几乎全部为分层流。只有在气速很高的情况下才可能出现冲击流和环状流。而在上坡流中,不论倾角多小,在实验中都没有观察到分层流。并且向上的倾角越小,由气泡流转变为冲击流所需的气体流量越小。因此,在管线具有不同倾角的情况下,流型过渡所需要的气体流量区别很大。

1.3.2 水平井流型特性

气液两相管流流型,是指气液两相流体在圆管中混合流动时,呈现出的流动型态。由于气液两相均为可压缩物质,尤其是气相高度可压缩,气液两相管流流型变化也极为复杂。流型变化最主要的控制因素为管内的流动气液流量比,除此之外,圆管的几何尺寸、流动过程中的热量质量传递以及流体的物理性质等也是影响气液两相管流流型的重要因素。

气液两相管流流型的判别是两相管流理论研究与石油工程应用中急需解决的问题。国内外学者在流型划分上做了大量理论与实验研究,给出了不同的流型划分标准。而由于两相管流流型的复杂性,而且对于流型的观察具有一定的主观性,目前没有公认的统一流型划分标准。

（1）垂直段流型。

① 流型划分。目前,流型划分方法就有十几种,一般公认的典型流型划分认为垂直上升管的气液两相流流型有泡状流、段塞流、过渡流和环状流,这几种流型的流动特征如图 1.1 所示。

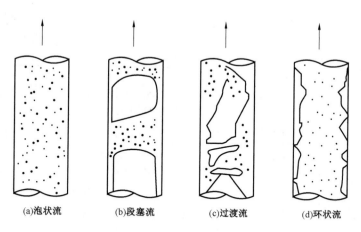

(a)泡状流 (b)段塞流 (c)过渡流 (d)环状流

图 1.1 垂直上升管气液两相流管流型识别

a. 泡状流。当气液两相混合物的含气率较低时,气相以小气泡的形式分散在液相中,小气泡近似球形。气泡的上升速度大于液体流速,而混合物的平均流速较低。此时液相为连续相,气相为分散相。

b. 段塞流。当含气率逐渐增大,气体体积不断增大,小气泡会相互碰撞聚合从而形成大气泡,当气泡断面几乎与油管直径相当时,大气泡占据了大部分管子截面,形成一段液一段气的结构,在两个气段之间是液体段塞,液相中仍然分布有小气泡,气段与管壁间有液膜。此时,气液两相的相对运动较小,滑脱也较小。

c. 过渡流。当含气率进一步增大时,气段增长,下部的气段与上部的气段相连形成了中心是气,外环为液膜的形态。中间还会带有一些小液滴。有部分的液体聚集后下落,而后又被气体冲击成小液滴再被举升,同时贴壁液膜发生上下交替运动,从而使得流动具有振荡性。此时,液相从连续相过渡为分散相,气相从分散相过渡为连续相。

d. 环状流。当含气率更大时,气弹汇合成气柱在管道中心流动,液体则沿着管壁成为一个流动的液环,这时管壁上有一层液膜,气柱中还会有很小的液滴被分散在气柱中。

② 流型判别。目前,国内外有多种判别流型的流型图与流型转换经验公式,但大多数流型图通过在给定的参数范围内以特定流动介质下的实验测试得到的。其中适用于垂直管流型判别的常用判别方式有 Duns – Ros 流型图、Aziz 流型图以及 Kaya 机理模型流型图等。

a. Duns – Ros 流型图。Duns 和 Ros 等在高为 56.4m 的垂直管中,以空气—水为流动介质,在常压下进行了约 4000 次气液两相流动实验,得到了近 20000 个数据点,他们根据实验测得的数据点总结出了一幅垂直管气液两相流流型图,如图 1.2 所示。

Duns – Ros 流型图实验条件见表 1.1。

表 1.1 Duns – Ros 流型图的适用范围

名称	适用范围
管子的内直径 D(mm)	$32 \sim 142.3$
液相密度 ρ_1(kg/m³)	$828 \sim 1000$
表面张力 s(N/m)	$24.5 \times 10^{-3} \sim 72 \times 10^{-3}$
气相表观速度 ν_{sg}(m/s)	$0 \sim 100$
液相表观速度 ν_{sl}(m/s)	$0 \sim 3.2$

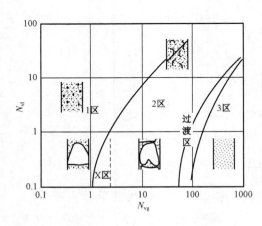

图 1.2 Duns – Ros 流型图

式中 v_{sg}——表观气流速,m/s;

$\quad\quad v_{sl}$——表观液流速,m/s;

$\quad\quad \sigma_L$——表面张力,N/m;

$\quad\quad \rho_L$——液相的密度,kg/m³。

1 区:液相为连续相,包括泡状流、弹状流和部分的沫状流;

2 区:液相和气相是分离的,交替出现,包括段塞流和部分沫状流;

3 区:气相为连续相,主要为雾状流。

在 2 区的 X 区,流型为弹状流,这个区域气弹顶部逐渐变平,它是不稳定的。

N_{vg} 为气相速度准数,N_{vl} 为液相速度准数,其计算表达式为:

$$N_{vg} = v_{sg} \sqrt[4]{\rho_L / g\sigma_L} \qquad (1.42)$$

$$N_{vl} = v_{sl} \sqrt[4]{\rho_L / g\sigma_L} \qquad (1.43)$$

过渡流向环状流转换界限可以用式(1.44)表示:

$$N_{vg} \geqslant 75 + 84 N_{vl}^{0.75} \qquad (1.44)$$

将式(1.44)简化可得过渡流环状流转换界限的表观气速计算式为:

$$v_{sg} \geqslant \frac{84 v_{sl}^{0.75} (\rho_L / g\sigma_L)^{0.1875} + 75}{(\rho_L / g\sigma_L)^{0.25}} \qquad (1.45)$$

b. Aziz 流型图。Aziz 和 Govior 等通过实验,测试得出了垂直管气液两相流型图,流型图垂直管流型分为泡流、段塞流、过渡流以及环雾流 4 个流型区域,如图 1.3 所示。

Aziz 流型图的横坐标为变量 N_X,纵坐标为变量 N_Y,其计算表达式为:

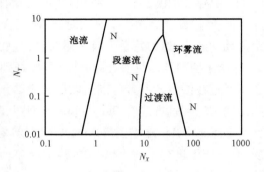

图 1.3 Aziz 流型图

$$N_X = 3.28v_{sg}\left(\frac{\rho_g}{\rho_{air}}\right)^{1/3}\left(\frac{\rho_L\sigma_w}{\rho_w\sigma_L}\right)^{1/4} \qquad (1.46)$$

$$N_Y = 3.28v_{sl}\left(\frac{\rho_L\sigma_w}{\rho_w\sigma_L}\right)^{1/4} \qquad (1.47)$$

流型图中各流型转换曲线计算式分别为:

$$N_1 = 0.51(100N_Y)^{0.172} \qquad (1.48)$$

$$N_2 = 8.6 + 3.8N_Y \qquad (1.49)$$

$$N_3 = 70(100N_Y)^{-0.152} \qquad (1.50)$$

式中 ρ_g——实验条件下,气相的密度,kg/m³;

ρ_{air}——标况下,空气的密度,kg/m³;

ρ_w——水的密度,kg/m³;

σ_w——水的表面张力,N/m;

σ_L——液相表面张力,N/m。

其中过渡流向环雾流转换的条件为:

$$当 N_Y < 4 时, N_X > N_3 \qquad (1.51)$$

$$当 N_Y > 4 时, N_X > 26.5 \qquad (1.52)$$

当流动形态处于环雾流时,可以采用 Duns – Ros 流型图中 3 区的判别方法计算。

c. Kaya 机理模型流型图。Kaya 等建立了倾斜管与垂直管气液两相流型判别机理模型,模型还包括了压降、持液率的计算方法。Kaya 从流动机理出发,分析了气液两相管流的各种流型。Kaya 将流型分为泡状流、分散泡状流、段塞流、过渡流和环状流。其流型判别方法综合了前人的研究,分散泡状流判别采用 Barnea 模型、段塞流的判别采用 Chokshi 模型、过渡流的判别采用修正的 Tengesdal 模型、环状流的判别采用 Ansari 模型;同时,建立了新的泡状流判别模型。由机理模型计算得出的流型图如图 1.4 所示。

流型图中过渡流至环状流的转换条件(曲线 E)为:

$$Y_M \leqslant \frac{2 - 1.5H_{LF}}{H_{LF}^3(1 - 1.5H_{LF})}X_M^2 \qquad (1.53)$$

式中 H_{LF} 为持液率;X_M 和 Y_M 为修正的 Lockhart – Martinelli 参数,其计算式为:

$$X_M = \sqrt{(1 - F_E)^2\frac{f_F(\mathrm{d}p/\mathrm{d}l)_{sl}}{f_{sl}(\mathrm{d}p/\mathrm{d}l)_{sc}}} \qquad (1.54)$$

$$Y_M = \frac{g\sin\theta(\rho_l - \rho_c)}{(\mathrm{d}p/\mathrm{d}l)_{sc}} \qquad (1.55)$$

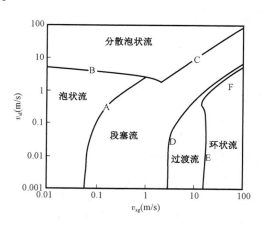

图 1.4 Kava 机理模型流型图

③ 流型图对比分析。气井携液时,气液两相流型为环状流,因此,针对上述流型判别环状流转换界限进行了对比分析。从国内外的资料来看,对于环状流的转换界限的确定,大都依靠实验观察或经验,因而判别带有相当大的主观性,不同的学者得出的流型转变界限可能差别很大,甚至有些学者提出的界限趋势完全相反,这对正确理解环状流的转换机理带来了很大的困难。

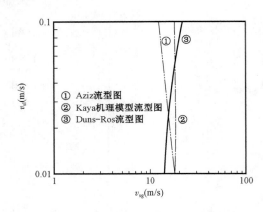

图 1.5　垂直管环状流转换界限对比

将上述几个垂直管流型图中于环状流判别的转换界限转化成表现气速 v_{sg} 与表观液速 v_{sl} 的关系曲线进行对比(在 $v_{sl} \in [0.01, 0.1]$),结果如图1.5所示。从图中可以看出,在各垂直管流型图环状流转换界限曲线中,随着液相表观速度 v_{sl} 增加,Aziz 流型图与 Duns – Ros 流型图中发生环状流转换时所需的气相表观速度 v_{sg} 变化规律相反,Aziz 流型图中气相表观速度 v_{sg} 随 v_{sl} 的增加而减小,Duns – Ros 流型图的气相表观速度 v_{sg} 则随 v_{sl} 的增加而增加,而 Kaya 机理模型流型图中,发生环状流转换时的气相表观速度 v_{sg} 与 v_{sl} 的关系不大。

大部分的流型图所依据的试验数据来自空气—水流动,因此,流型图都有一定的局限性和适用范围,只有在其实验数据范围内才有较高的正确率,要得到适用于所有流动介质和所有流型判别的流型图是不可能的。图中各环状流转换界限不一致也说明,目前对流型形成机制的研究尚处于实验与井眼判断阶段,流型图的研究仍然是针对特定的流动条件和介质。

(2)水平段流型。

① 流型划分。在水平管气液两相流中,由于气液两相密度的差异,在重力作用下,气液两相分布呈不对称性,较轻相—气相大多分布在管道上部,而较重相—液相则较多分布在管道底部,且水平管中没有重力势能下降,因而水平管中气液两相流动型态与垂直管有很大不同[4]。

在不加热水平管或微小倾角(<5°)管中,由于重力的作用,液相偏向于沿管线下部流动,其流型结构为非对称结构。其基本流型为图1.6所示。

这几种流型分别具有下列特点:

a. 气泡流(Bubble)又称泡状流,分散气泡流。由于重力的影响,水平管中的细泡大都集中在管子上部。

b. 柱塞状流(Plug)又称气团流。当气相流量增加时,小气泡合并成气塞,形成柱塞状流型。而且柱塞倾向于沿管子上部流动。

c. 分层流(Stratified)又称层状流、平滑分层流、光滑分层流。当气液两相流量均小时会发生分层流流型。此时,气液两相之间存在一平滑分界面,气液

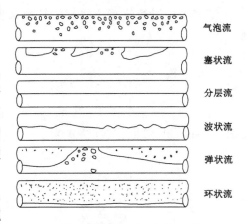

图 1.6　水平管气液两相管流流型

两相分开流动。

　　d. 波状流(Wavy)又称波浪流、分层波浪流、波状分层流。当气相流量较大时,气液两相分界面上会出现波动,形成波状流流型。

　　e. 段塞流(Slug)又称弹状流、冲击流、块状流。当气相流量再增大时,气液两相流的流型可以从波状流转变为弹状流流型。此时,气液分界面由于剧烈波动而在某些部位直接和管子上部接触,将位于管子上部的气相分隔为气弹而形成弹状流动结构。在水平流动时,气液两相流的气弹都沿管子上部流动。

　　f. 环状流(Annular)又称环状液雾流。气液水平流动中,气液两相流的环状流流型出现于气相流量较高的工况。环状流结构为:管子中心部分为带液滴的气核,管壁上有液膜。水平流动时,由于重力影响,下部管壁的液膜要比上部管壁液膜厚。

　　② 流型判别。

　　a. Mandhane 流型图。Mandhane 等根据6000个实验数据(其中1178个实验数据为空气—水实验),提出了一幅水平管的气液两相流型图,如图1.7所示。

　　Mandhane 流型图中横坐标为气相表观速度 v_{sg},纵坐标为液相表观速度 v_{sl}。根据所得的 v_{sg} 和 v_{sl} 就可由流型图确定水平管中气液两相流流型。

　　Mandhane 流型图在水平管的流型判别中得到广泛的应用,其适用范围见表1.2。

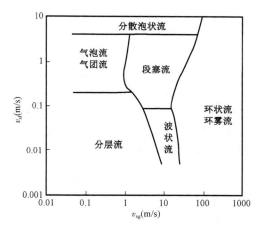

图 1.7 Mandhane 流型图

表 1.2　Mandhane 流型图的适用范围

名称	适用范围
管子的内直径 $D(mm)$	12.7 ~ 165.1
液相密度 $\rho_L(kg/m^3)$	705 ~ 1009
气相密度 $\rho_g(kg/m^3)$	0.8 ~ 50.5
液相动力黏度 $\mu_L(Pa \cdot s)$	3×10^{-4} ~ 9×10^{-2}
气相动力黏度 $\mu_g(Pa \cdot s)$	10^{-5} ~ 2.2×10^{-5}
表面张力 $s(N/m)$	24×10^{-3} ~ 103×10^{-3}
气相表观速度 $v_{sg}(m/s)$	0.04 ~ 171
液相表观速度 $v_{sl}(m/s)$	0.09 ~ 731

　　Mandhane 流型图是在大量数据基础上建立的,适用于管径小于50mm的情况,对于空气—水系统具有较高的准确性,特别对于工程上最常见的段塞流和环状流判别具有相当高的成功率。

　　b. Goiver 流型图。Goiver 根据在26mm水平管内进行的空气—水混合物流动实验得到的数据整理得出一幅流型图,如图1.8所示。除了团状流到环雾流和气柱流到气泡流的划分线外,Goiver 流型图其余划分线对判别小管径内空气—水的流动是比较精确的。

对于其他流动介质,Goiver 采用物性参数 X 和 Y 来校正气、液流速,再用校正后的气、液流速来查对 Goiver 流型图。

$$\tilde{v_{\text{sg}}} = Xv_{\text{sg}} \tag{1.56}$$

$$\tilde{v_{\text{sl}}} = Yv_{\text{sl}} \tag{1.57}$$

$$X = \gamma_{\text{g}}^{1/3} \tag{1.58}$$

$$Y = \left(\gamma_{\text{l}} \frac{72.4}{\sigma}\right)^{1/4} \tag{1.59}$$

式中 $\gamma_{\text{g}}, \gamma_{\text{l}}$——分别为气相、液相对密度。

c. Taitel 流型图。Taitel 和 Dukler 等对水平和近水平的气液两相管流中的层状流进行了力学分析,对个流型的转变条件进行了机理研究,给出了各个流型之间转换的半理论半经验判别方法。Taitel 等将流型分为分层光滑流、分层波浪流、间歇流、环状液雾流和分散气泡流 5 种流型,其绘制的流型图如图 1.9 所示。

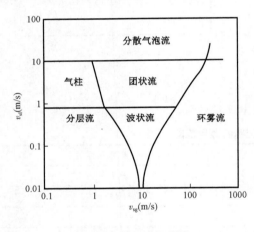

图 1.8 Goiver 流型图

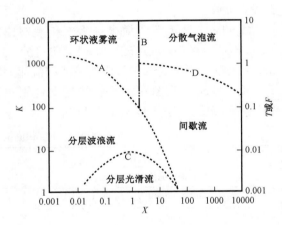

图 1.9 Taitel 流型图

Taitel 分析了各种流型在过渡时的力平衡关系,运用无量纲参数 K, F, T 与 X 得到了各个流型之间相互转换的无量纲曲线,其中:曲线 A 和曲线 B 的纵横坐标为 F 和 X;曲线 C 的纵横坐标为 K 和 X;曲线 D 的纵横坐标为 T 和 X。

Taitel 流型图中 X^2 为洛 – 马参数,其计算式为:

$$X^2 = \frac{\dfrac{C_{\text{l}}}{d}\left(\dfrac{v_{\text{sl}}d}{v_{\text{l}}}\right)^{-n}\dfrac{\rho_{\text{L}}v_{\text{sl}}^2}{2}}{\dfrac{C_{\text{g}}}{d}\left(\dfrac{v_{\text{sg}}d}{v_{\text{g}}}\right)^{-m}\dfrac{\rho_{\text{g}}v_{\text{sg}}^2}{2}} \tag{1.60}$$

式中，C_g 和 C_1 分别为气相、液相伯拉修斯系数。对于层流来说，$C_g = C_1 = 64$，$n = m = 1$；对于紊流来说，$C_g = C_1 = 0.184$，$n = m = 0.2$。

F 为修正了的 Froude 数，可按下式计算：

$$F = \left(\frac{\rho_g}{\rho_L - \rho_g} \right)^{1/2} \frac{v_{sg}}{(Dg\cos\theta)^{1/2}} \tag{1.61}$$

i. 分层流至间歇流或环状液雾流的判别准则（曲线 A）。

Taitel 等认为，如果

$$F^2 \frac{1}{(1 - \overline{h_1})^2} \frac{\overline{v_g} d \overline{A_1}/d \overline{h_1}}{\overline{A_g}} \geqslant 1 \tag{1.62}$$

则气液分层界面上的小波动能扩大形成大的波动，从而由分层流型转化为其他流型。

其中

$$\frac{d \overline{A_1}}{d \overline{h_1}} = \sqrt{1 - (2 \overline{h_1} - 1)^2} \tag{1.63}$$

$$\overline{A_g} = A_g/D^2 = 0.25 \left[\cos^{-1}(2 \overline{h_1} - 1) - (2 \overline{h_1} - 1) \sqrt{1 - (2 h_1 - 1)^2} \right] \tag{1.64}$$

$$\overline{A_g} = A_g/D^2 = 0.25 \left[\pi - \cos^{-1}(2 \overline{h_1} - 1) + (2 \overline{h_1} - 1) \sqrt{1 - (2 \overline{h_1} - 1)^2} \right] \tag{1.65}$$

$$\overline{v_g} = \frac{v_g}{v_{sg}} = \frac{\overline{A}}{\overline{A_g}} \tag{1.66}$$

$$\overline{A} = A/D^2 \tag{1.67}$$

如果流动工况能满足式（1.63），且 $\overline{h_1}$ 较小，则气液分界面的波动能将液体溅到管子上半部，形成环状流；如果 $\overline{h_1}$ 较大，则将形成间歇流。

ii. 间歇流至环状液雾流的判别准则（曲线 B）。

Taitel 流型图中垂直线 B 为间歇流与环状液雾流之间的转换界限。Taitel 认为，分层流转变为间歇流还是环状液雾流，决定因素在于管段内的液面高度。Taitel 等采用 $\overline{h_1} = 0.5$（相当于洛-马参数 $X = 1.6$）作为间歇流和环状液、雾流的判别准则。

对于水平管路，若管道内平均液面低于管中心线时，即 $\overline{h_1} > 0.5$ 或 $X > 1.6$，则分层流将转变为间歇流；若管道内平均液面低于管中心线时，即 $\overline{h_1} < 0.5$ 或 $X < 1.6$，则管内没有足够的液体使波流达到管顶，从而液体会被高速气流吹向管壁形成环状液雾流。

③ 流型图对比分析。将水平管各个流型图中用于环状流判别的转换界限公式转化成表观气速 v_{sg} 与表观液速 v_{sl} 的关系曲线进行对比（在 $v_{sl} \in [0.01, 0.1]$），其中 Taitel 环状流转换界限是在常温常压下空气—水系统，管径为 24mm 的条件下得到的，结果如图 1.10 所示。从图中可以看出，在各水平管流型图环状流转换界限曲线中，Goiver 流型图中发生环状流转换时所需的气相表观速度 v_{sg} 随着液相表观速度 v_{sl} 的增加而增加，而 Taitel 流型图和 Mandhane 流型图则与之相反。

每一种流型图都只在某些情况下具较高的判定成功率。但就全部数据而言，Mandhane 流型图的成功率要高一些,Goiver 流型图对小管径的空气—水系统具有较高的判定成功率。因而在实际应用中,如果实际情况与流型图所依据的试验条件相符合,则该流型图的判定成功率会高一些。

大多数流型图中决定流型的因素主要为气相和液相的流速,而其他影响流型的因素未能得到体现,从而会使得流型图判别流型的正确性受到影响,这在各个流型转换时显得尤为明显,在气液两相流型处于过渡阶段时,实际流型不仅与气液表观速度有关,还会与表观速度的变化率和表观速度的方向有关。

(3)斜井段流型。

近年来,虽然对气液两相管流进行了大量的研究,但是大多数研究都是针对垂直流动或水平流动,有关气液两相流流型的实验也大多是针对垂直管和水平管,而对倾斜管气液两相流动的研究很少。但倾斜井及水平井的数目日益增多,井筒和油气输送管路也不一定都是严格的垂直管和水平管。因此,研究倾斜管中的气液两相流流型具有重要的实用意义。

① 流型划分。倾斜管的倾斜角对气液两相流的流型分布有影响,且倾斜角的范围大,因此倾斜管的流型分布比水平管和垂直管的流型分布更为复杂。目前,针对倾斜管气液两相流的流型研究还不够成熟,学者们对流型的划分不统一,但一般可以将倾斜管中气液两相流流型大致分为泡状流、塞状流、弹状流、过渡流和环状流,如图 1.11 所示。若气液两相的含气率逐渐增加,则将依次出现这下种流型:

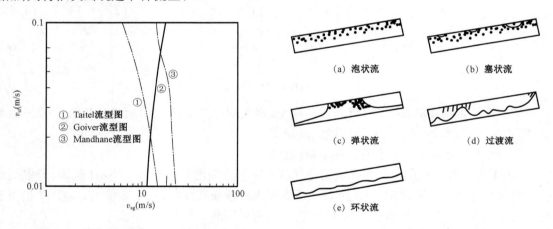

图 1.10   水平管环状流转换界限对比   图 1.11   倾斜管气液两相典型流型

a. 泡状流。此时气体量很少,气体以分散气泡的形式在管道中与液体一同做等速流动,气泡集中在管子的上半部。

b. 塞状流。当含气率增大,在管道上方均布的小气泡中心会首先聚合形成小的不规则气弹,这些气弹或大或小,并且它们的周围包围着许多小气泡。气液界面会形成波状,此时即为塞状流。

c. 弹状流。含气率继续增大时,气相被阻断成为不连续相,而液弹会在气流作用下连续向上移动。倾斜使得液膜在重力分力的作用下产生向下的滑移,当下滑的液膜遇到上行的液弹后,会产生冲击。在液弹的前端会因冲击产生大量翻滚的小气泡,液弹也会因此而有所停顿,而后又在气流的作用下继续上行。

d. 过渡流。在弹状流向环状流过渡过程中,随着气体流速的升高,当没有足量的液体时,液桥被冲垮,液柱衰减形成前进的翻滚波;通常浪头滑过时会触及上壁面间歇形成环状液膜。这种流型即为过渡流,也可称为搅动流。

e. 环状流。气体流量继续增加后,则要求更大的管道面积供其流通。液体断面将变薄,液体将形成液膜沿管壁向前流动;气体则携带液滴以较高的速度在环形液膜的中央流过。管道顶部的液膜厚度小于管道底部的液膜厚度。

② 流型判别。

a. Gould 流型图。Gould 采用空气和水作为流动介质在倾角为45°的倾斜上升管中进行了气液两相流动实验,得出了一幅倾斜管流型图,他将倾斜管流型分为泡状流、块状流、弹状流和环状流 4 种流型,如图 1.12 所示。

图 1.12 中,横坐标 N_{vg} 为气相速度准数,其计算表达式为:

$$N_{vg} = v_{sg} \sqrt[4]{\rho_L / g\sigma} \qquad (1.68)$$

纵坐标 N_{vl} 为液相速度准数,其计算表达式为:

$$N_{vl} = v_{sl} \sqrt[4]{\rho_L / g\sigma} \qquad (1.69)$$

b. Barnea 流型图。Barnea 等在常压下采用空气和水作为流动介质,分别在直径为 19.5mm 和 25.5mm 的实验管中进行了倾斜管流型实验,得出了倾角在 −10° ~ +10°范围内的倾斜管中的气液两相流流型和流型图。

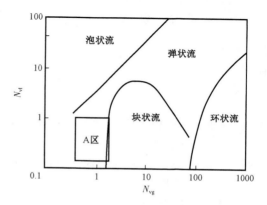

图 1.12　上升倾斜管流型图

Barnea 实验认为,倾角对分层流和间歇流的转换界限影响较大,如图 1.13 所示,图中转换界限曲线以上的部分为间歇流区域,转换界限曲线以下的为分层流区域。从图中可以看出,当倾角由 0° 变化为 0.25°时,分层流区域就急剧收缩成拱形小区域,而间歇流区域则相应大大增加,并随着倾斜角度的增加,此分层流拱形小区域逐渐缩小。直至在倾角 $\theta \geq$ arcsin(D/L)(D 为管子直径;L 为管子长度)时,分层流就消失了。当倾角进一步增大,一般在超过 30° 后,流型变化则接近于垂直管中的结果。

倾角对间歇流、泡状流和环状流型之间的转换界限也有影响。如图 1.14 所示。由图可以看出,倾角对间歇流和泡状流以及间歇流和环状流之间的转换界限影响不大。

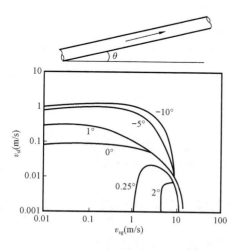

图 1.13　倾角对分层流和间歇流
流型转换界限的影响

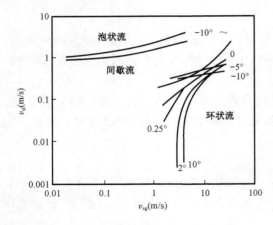

图 1.14　倾角对泡状流、环状流和间歇流
流型转换界限的影响（Barnea）

c. Beggs&Brill 流型图。Beggs&Brill 采用空气—煤油、空气—润滑油为流动介质，在管径 38.1mm 的管段内，进行了管段倾斜角度对流型影响的实验，将倾斜管流型分为气泡流、分层流、冲击流和环状流 4 种流型。通过实验，他总结出了一组用无量纲准数表示的、适用于各种倾角的流型转换的经验公式，其中冲击流与环状流之间转换（θ = 任意值）的经验公式为：

$$N_{\mathrm{vgSM}} = 10^{(1.401-2.69N_1+0.52N_{\mathrm{vl}}^{0.339})} \quad (1.70)$$

分层流与环状流之间转换（$\theta \leqslant 0°$）的经验公式为：

$$N_{\mathrm{vlST}} = 10^{[0.321-0.017N_{\mathrm{vg}}-4.267\sin\theta-2.972N_1-0.033(\lg N_{\mathrm{vg}})^2-3.925\sin^2\theta]} \quad (1.71)$$

其中

$$N_1 = \mu_1 \sqrt[4]{g/\rho_{\mathrm{L}}\sigma^3} \quad (1.72)$$

式中　N_{vgSM}——冲击流与环状流之间无量纲准则数；

　　　N_{vlST}——分层流与环状流之间无量纲准则数；

　　　N_1——液相性质指数。

图 1.15 为在向下倾斜 70°，流体介质为空气—煤油的管道中用 Beggs&Brill 流型转换经验公式得到的流型图。

③ 流型图对比分析。Gould 将倾斜管流型分为泡状流、块状流、弹状流和环状流 4 种流型，但对流型图 A 区（角 45°、管径 25mm 条件下的上升倾斜管流型图）的流型并未作出详细论述。且该流型图是在倾角为 45°条件下绘制的，适用范围有限。

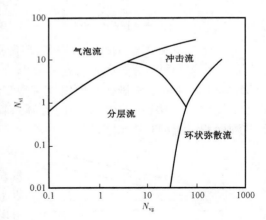

图 1.15　Beggs&Brill 流型图（θ = 70°）

Barnea 流型图倾角在 -10° ~ +10°范围内，他认为倾角对分层流和间歇流的转换界限影响较大，倾角对间歇流和泡状流以及间歇流和环状流之间的转换界限影响不大。同时，他认为一般在超过 30°后，流型变化则接近于垂直管中的结果。但实际情况并非如此，Could 绘制的倾角为 45°时的流型图就能说明这一点。Barnea 流型图将倾斜管流型中的塞状流和段塞流都归为间歇流，对间歇流中的流型研究比较笼统。

Beggs&Brill 给出的冲击流与环状流之间转换（θ = 任意值）的经验公式不包含倾斜角，即任意倾角的冲击流与环状流之间转换界限都一样，这与实际情况不符。

总之，由于倾斜管两相流动不稳定性强，且倾斜角度范围广（0° < θ < 90°）流型变化复杂，

至今没有建立起相对成熟的统一的理论,因此,通过实验研究,进一步揭示倾斜管两相流流型分布特征是十分必要的。

在气井生产过程中,可能会出现一种或多种流型,图1.16所示的是一口气井从投产初期到停产关井过程中的流型变化。图中假设油管没有下到射孔段中部,因此从油管鞋到射孔段中部,流体是在套管内流动。

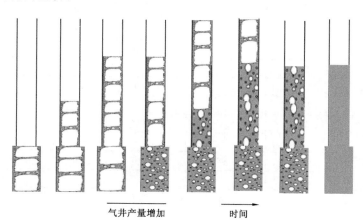

图 1.16 气井生产过程中的流型变化

投产初期,井筒内气体流速较高,油管内的流型主要为雾流,而从油管鞋到射孔段中部可能会出现泡状流、过渡流或塞状流。随着生产时间延长,产量下降,从射孔段到地面的流型会随气体流速的降低而改变。产气量下降导致产液量升高。井筒上部流型一般为雾流,但地面条件变化较大时也会出现过渡流。出现过渡流时,由于产气量持续降低,导致产量不稳定,过渡流会逐渐变为塞状流。过渡流一般伴随着产量的急剧下降。当井筒上部出现稳定的雾流时,井筒下部则可能出现泡状流或塞状流。如果产气量持续递减,气体无法把液体携带至地面,井口处不稳定的塞状流可能会再次过渡成流量相对恒定的稳定流。此时,气泡会通过滞留在井筒中的液柱向上运动。如果气井排液措施不当,气井产量会持续降低直至最终报废。但气井也有可能在存在积液的情况下,持续生产很长时间,但此时气体穿过液体后向上运动,不会携带出液体。针对苏里格气田的生产情况,将生产过程中出现的井筒内流型变化列于表1.3中,数据表明,在井筒底部气体流速都是非常低的,水的流速更慢。除了高产气井,绝大多数气井井筒底部流型是泡状流,也即是天然气以气泡方式在液体中上浮。在井筒节流器上部,随着压力降低,流速增加,一般形成塞状流,在天然气产量大于临界携液流量以上,流型是环状流或环雾状流。

表 1.3 气井井筒底部和井口流型(井筒管径 62mm)

天然气产量 (m³/d)	产水量 (m³/d)	井筒底部压力 (MPa)	井底实际流速 (m/s)	井筒底部流态	井口压力 (MPa)	井口处实际流速 (m/s)	井口流型
1000	0.05	5	0.076	泡状流	1.0	0.38	塞状流
		5			3.5	0.11	塞状流
		30	0.013	泡状流	1.0	0.38	塞状流
		30			3.5	0.11	塞状流

天然气产量 （m³/d）	产水量 （m³/d）	井筒底部压力 （MPa）	井底实际流速 （m/s）	井筒底部流态	井口压力 （MPa）	井口处实际流速 （m/s）	井口流型
5000	0.25	5	0.38	塞状流	1.0	1.9	塞状流
		5			3.5	0.55	塞状流
		30	0.065	泡状流	1.0	1.9	塞状流
		30			3.5	0.55	塞状流
10000	0.5	5	0.76	泡状流	1.0	3.8	塞状流
		5			3.5	1.1	塞状流
		30	0.13	泡状流	1.0	3.8	塞状流
		30			3.5	1.1	塞状流
50000	2.5	5	3.9	塞状流	1.0	19	环状流
		5			3.5	5.5	塞状流
		30	0.65	泡状流	1.0	19	环状流
		30			3.5	5.5	塞状流
100000	5	5	7.6	环雾状	1.0	38	环状流
		5			3.5	11	环状流
		30	1.3	塞状流	1.0	38	环状流
		30			3.5	11	环状流
500000	25	5	38	环雾状	1.0	190	环状流
		5			3.5	55	环状流
		30	6.5	环雾状	1.0	190	环状流
		30			3.5	55	环状流

图 1.17 是气井从井筒底部向上流动的流型变化示意图。流型不断变化的原因是随压力温度降低，气体体积、流量发生变化引起的。如果产量低，不一定会出现环雾状流；如果产量高，从底部就开始形成环状流，泡状流和塞状流出现的时间很短，占据井筒内高度也很短。井筒内任意位置上的流型，只要根据流动数据和流型图，都可以有效判断出。

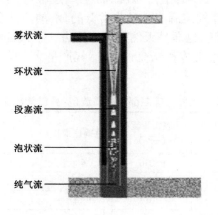

图 1.17　气井沿管子深度的流型变化

1.4 气液两相压力降计算

压力降计算是设计各种存在气液两相流动的工程设备的最基本和最重要的内容。管内流体的压力降主要由摩擦压力降、静压力降、速度压力降和局部压力降4部分组成。摩擦压力降会受到众多因素的影响,对于单相流体,影响因素包括管道几何参数、内壁粗糙度、流体密度、流体黏度以及流体流速等。而对于气液两相流动,除上述影响因素外,气液之间的比率及相互作用也会对摩擦压力降产生影响;静压力降由管道出口与入口之间的高度差产生,在计算时要考虑到管路倾角的影响;如果管路入口与出口截面积不同,则会导致管内流体流速发生变化而产生速度压力降,速度压力降在总体压降中所占的比例通常很小,工程中为简化计算忽略不计;局部压力降是由于管内流体流经阀门、弯头等管件所产生的,通常使用当量长度法或阻力系数法进行计算。

含湿天然气集输管路,管内流体可能为单相气体或气液两相流体,可根据管内积液计算的结果进行判断,对于单相流体和两相流体要采取不同的压力降计算方法。如果管内为单相气体流动,采用可压缩流体管道压力降计算方法分别对摩擦压力降、静压力降和局部压力降进行计算;如果管内为气液两相流体,计算方法较为复杂。

对于管道内流动的流体,压力损失包括了3个项:

(1)摩擦损失;

(2)静压力损失;

(3)动压力损失。

在这3项中,动压力损失相对其他两项非常小,所以在实际情况下常常被忽略。

在所有的压力损失计算过程中,静压力损失和摩擦压力损失是分别计算的,然后再相加在一起求出总压力损失。关于计算压力损失的已发表的公式可以归为两类,即"单相流动"和"多相流动"。

1.4.1 单相流动压力损失

根据不同的运行条件和试验结果,有很多的单相流动公式存在。一般来说,它们仅仅考虑摩擦损失项,并且适用于水平流动。对于气体流动来说,有 Panhandle 公式和改进 Panhandle 公式,Weymouth 公式和范宁公式。然而,除了摩擦损失,这些公式也可以用于垂直或者倾斜管道流动。所以,即使公式仅仅被设计用于水平流动,只要在公式中加入静压力损失项,这些公式也能被用于垂直流动。这种方法是严谨的,并且已经用于所有的气田管网集输系统分析优化软件计算公式中。例如,虽然 Panhandle 公式只是设计用于水平流动,公式已经考虑了静压力损失,所以它适用于所有方向流动。

1.4.2 多相流动压力损失

多相流动压力损失计算式是平行于单相流动压力损失计算的另外一种计算。本质上讲,每一个多相流动计算公式通过对静压力损失和摩擦压力损失的特定修正使得它们适用于不同的多相流动条件。

摩擦压力损失可以通过以下几种方法修正,例如调节摩擦系数、密度以及速度从而考虑多相流动的混合物理特性。在美国天然气协会(AGA)所采用的公式中(Panhandle 公式、改良的 Panhandle 公式和 Weymouth 公式),是通过调节流动效率来修正的。

静压力损失的计算是通过定义混合密度来修正的。而混合密度是通过局部持液率的计算来确定的。一些公式在确定持液率时是根据所定义的流动形态。而且一些公式(例如 Flanigan 公式)忽略了在下坡流动中的压力恢复,在这种情况下,垂直高度被定义为上坡段的总和,而不是"净高度的变化"。

多相压力损失的计算公式分为两类:

第一类公式是结合了美国天然气协会所采用的公式,这些公式是对于管线内气体流动的,以及 Flanigan 多相流公式。这类方法可以用于气液多相流或者是单相的气体流动。但是它们不能用于单相的液体流动。如果管道偏离水平位置超过 10°,这类方法将会给出错误的结果。基于这个原因,这些公式仅适用于水平管道。

第二类公式(例如 Beggs and Brill 公式,Hagedorn and Brown 公式,Gray 公式)是基于范宁摩擦压力损失公式。这些公式可以用于气液多相流,单相气体或者单相液体流动,因为在单相模式下,公式恢复为范宁公式。Beggs and Brill 公式是一个多目标公式,它由气液混合的垂直、水平以及倾斜上坡和倾斜下坡流动的实验数据得到。Gray 公式是根据生产凝析油和水的垂直气井的现场数据得到。Hagedorn and Brown 公式来自流动垂直油井的现场数据。因为 Gray 公式和 Hagedorn and Brown 公式是根据垂直井的数据得到,所以它们可能不适用于水平管道。

1.5　临界携液流量计算模型

为了有效解决气井的井筒积液问题,当气井井筒积液较严重时,需要进行准确的预测。临界流速概念用来预测井筒积液的起始点,也和采取何种排水采气方法有密切关系。

1.5.1　Turner 圆球模型

1969 年,Turner 等比较了管壁液膜移动模型和高速气流携带液滴模型,认为液滴模型可以较准确地预测有液的形成。Turner 假设被高速气流携带的液滴在圆球形的前提下,并且是针对高气液比[大于 $1367m^3$(标)$/m^3$],气流呈雾状流,导出了气井携液临界流量和产量计算公式,并对其导出的临界流量和产量公式加上 20%~30% 的修正系数。气井携液临界流量的分析方法是建立在力学平衡原理之上,气流中的液滴主要受到两种作用力:一是液滴自身的重力,其方向向下;二是气流对液滴的曳力,其方向向上。如图 1.18 所示。Turner 认为这两个力达到平衡时,液滴随着气流上升。

气流中液滴的沉降重力 G 为:

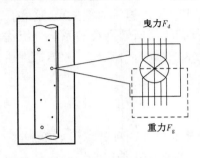

图 1.18　气流中液滴的受力图

$$G = m_L a_L = (\rho_L - \rho_g)g\pi d_p^3/6 \tag{1.73}$$

式中　G——重力,N;

　　　m_L——液滴重量;

　　　a_L——管道内含液率;

　　　d_p——液滴直径,m;

　　　ρ_L——液滴密度,kg/m³;

　　　ρ_g——气体密度,kg/m³;

　　　g——重力加速度,9.8m/s²。

根据质点力学,气体对液滴的曳力 F 为:

$$F = m_L a_s = (C_d \rho_L v_g^2 \pi d_p^2)/8 \tag{1.74}$$

式中　F——曳力,N;

　　　a_s——管道内含气率;

　　　C_d——曳力系数,无量纲;

　　　v_g——气体的流速,m/s。

由于要保持力的平衡(即 $G = F$),由式(1.73)和式(1.74),可以得到:

$$v_g = \left[\frac{4g d_p (\rho_L - \rho_g)}{3 C_d \rho_g} \right]^{0.5} \tag{1.75}$$

从公式中可以明显看出,液滴直径直接决定了液滴的自由沉降速度。在其他参数不变的前提下,液滴直径越大,液滴的自由沉降速度和气体流量也越大。

Hinze 于 1955 年解决了如何确定液滴最大直径的问题。他认为被气流携带向上运动的液滴要受到两种相互对抗的力的作用:一种是使液滴保持完整的表面压力 σ/d_p;另一种是试图使液滴分散的速度压力 v_g^2/ρ_g。他认为速度压力和决定液滴能保持最大直径的表面压力是相互平衡的,二者的比值称为韦伯数。

$$We = v_g^2 \rho_g d_p / \sigma \tag{1.76}$$

式中　We——韦伯数,无量纲;

　　　σ——表面张力,N/m。

对于自由降低的液滴,实验确定的临界韦伯数一般为 20~30。取其较大值,也就是 30,可以得到最大液滴直径和流体流速之间的关系。这样,由韦伯数确定的最大液滴直径为:

$$We = \frac{v_g^2 \rho_g}{\sigma/d} = \frac{v_g \rho_g d}{\sigma} = 30 \tag{1.77}$$

所以

$$d_{max} = \frac{30\sigma}{\rho_g v_g^2} \tag{1.78}$$

将式(1.77)代入式(1.76),则气井的携液临界流速为:

$$v_g = \left(\frac{40g}{C_d} \right)^{0.25} \left[\frac{\sigma(\rho_L - \rho_g)}{\rho_g^2} \right]^{0.25} \tag{1.79}$$

对于球形液滴,C_d 可取为 0.44,则气体流速计算公式为:

$$v_g = 5.5 \times \sqrt[4]{\frac{\sigma(\rho_L - \rho_g)}{\rho_g^2}} \tag{1.80}$$

为安全计,Turner 等建议取安全系数为 20%,则:

$$v_g = 6.6 \times \sqrt[4]{\frac{\sigma(\rho_L - \rho_g)}{\rho_g^2}} \tag{1.81}$$

实际工作中,用日产天然气量比流速方便。如 v_g 按天然气井口条件计算,则气井的携液临界流量为:

$$q_{sc} = 2.5 \times 10^4 \frac{Apv_g}{ZT} \tag{1.82}$$

式中 q_{sc}——气流携带液滴所需的最小流量或卸载流量,$10^4 \mathrm{m^3/d}$;

       A——油管截面积,$\mathrm{m^2}$;

       p——天然气井口压力,MPa。

式(1.81)和式(1.82)是根据 Turner 等的理论推导出的计算最小气体流速和最小气流流量的公式,对气—水井或气—凝析油井都适用。Turner 同时指出这些公式并不适用于任何气井,它适用于气液比大于 $1400\mathrm{m^3/m^3}$,流态属雾状流的气液井,这样的井气相是连续相,液相是分散液滴,能满足液滴模型的假设。

1.5.2 扁平形模型

Turner 等推导极限速度和临界生产流量方程式采用的是较大的韦伯数(30),但这些方程式的推导并未考虑液滴的变形效应。当液滴被携带在高速流动气流中时,在液滴的前端和后端便会存在压差,在力的作用下液滴会变形,其形状会从球形改变为两侧相等的凸面豆形,也称之为扁平形。气携带的球形液滴的有效面积较小,需要较高的极限速度和临界流量方可将其举升到地面,但是扁平形液滴则具有较大的有效面积,易于被携带到天然气井口。

我国李闽等也研究了在气井高速气流运动中,液滴变形对气井携液的影响。发现在实际运用 Turner 模型的过程中,许多气井的产量大大低于 Turner 模型所计算出的最小携液产量,但气井并未发生积液,仍能正常生产。他认为,事实上,当液滴在高速气流中运动时,液滴前后存在一压差,在这一压差的作用下,液滴会从圆球体变成椭球体。圆球体液滴的有效迎流面积小,需要更高的排液速度才能把液滴举升到地面;而椭球体液滴更容易被气流带出地面,所需的气井排液速度也相对较小。

对变形液滴的极限速度进行精确的测定存在着许多难题。尽管如此,还是可以在假设液滴为扁平形状的条件下估算极限速度。

假设液滴在气流中以速度 u 运动,它受到的前、后压力不同,存在一个压差 Δp。由伯努利方程得出:

$$\Delta p = 10^{-6} \rho_g u^2 / 2 \tag{1.83}$$

受这一压差的作用,液滴呈扁平形。在表面张力和压力差的作用下,扁平形液滴维持现状,当液滴在气流中的受力达到平衡时,它下落的速度为u,当气流速度v_g稍微大于u时,液滴将被带出地面。因此,当$v_g = u$时即为所求气体携液的最小速度。处于平衡状态下的液滴,其重力等于浮力加曳力时,由于液滴为扁平形,其有效迎流面积接近100%,$C_D \approx 1.0$,根据受力平衡,得到气体携液的最小流速为:

$$u_g = v = 2.5 \sqrt[4]{\frac{(\rho_L - \rho_g)\sigma}{\rho_g^2}} \qquad (1.84)$$

相应最小携液产量公式为:

$$q_{sc} = 2.5 \times 10^4 \frac{Apu_g}{zT} \qquad (1.85)$$

式中 A——油管截面积,m^2;

$\quad\quad p$——天然气井口压力,MPa;

$\quad\quad z$——系数;

$\quad\quad T$——温度,℃。

1.5.3　球帽模型

液滴的形状取决于作用在液滴表面上的力,这些力的相对大小可用特征数来表示,表征液滴形状的特征数主要是雷诺数Re、奥斯托数Eo和莫顿数Mo。雷诺数Re综合反映了流体属性、几何特征和运动速度对流体运动特性的影响,可用来区别流体运动的状态。奥斯托数Eo代表重力和表面张力之比。莫顿数Mo表明了连续相的物理性质,特别是黏度的影响。莫顿数Mo范围很宽,高黏度液体可能超过10^5,而液态金属则低于10^{-13},水以及常见的低分子量有机液体等低黏度液体,一般为$10^{-10} \sim 10^{-12}$。

依照上述3个特征数大小的不同,运动中的液滴可具有不同的形状。格雷斯等归纳了大量实验结果给出了液滴的形态图,如图1.19所示。根据上述可以知道携液气井携液过程中的液滴形状是以球帽形为主的。以球帽形液滴为基础的气井最小携液临界流量公式的推导过程中,把球帽形简化成圆锥形进行公式的推导。

假设液滴在气流中以速度v运动,它受到前后压力不同。对于不可压缩流体,都遵循伯努利方程。由于压差的大小不同,液滴可变成圆球、椭球形或球帽形。对于液滴,假设没有其他液滴合并,自己本身也不发生分裂,则它的体积不变,而只是在受到外力的作用下表面积发生变化。根据受力平衡,同样可以得到类似于Tuener推导出的气体携液临界流速:

$$v \geqslant \sqrt[4]{\frac{4(\rho_L - \rho_g)g\sigma}{3\rho_g^2 C_D}} \qquad (1.86)$$

从式(1.86)中可以看出,ρ_L,ρ_g和σ为已知量,v的大小主要取决于曳力系数C_D的大小。对于球形、椭球形和球帽形3种状态的液滴,不同情况下取不同的C_D。在不同状态下的C_D是不同的。球帽状的模型(球帽状和圆盘状液滴)在雷诺数超过1000时,由于分离点的位置固定在液滴的边缘,曳力系数C_D与雷诺数Re无关。对于现场的气井来说,生产时流体的雷诺数

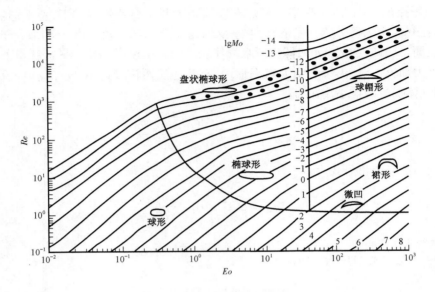

图 1.19　上升或下降的液滴形态图

都远大于 1000。因此,在最小携液临界流量计算中,$C_D = 1.17$。

对于椭球形液滴,当横轴 a 与纵轴 b 的比值大于 1∶0.75 时,椭球形液滴与球帽形液滴已经差别不大,这时可采用球帽形公式进行计算。

根据上述结论,把 $C_D = 1.17$ 代入到式(1.86)中得到液滴为球帽形状时,气井最小携液临界流速 v_g 为:

$$v_g = v = 1.8 \sqrt[4]{\frac{(\rho_L - \rho_g)\sigma}{\rho_g^2}} \tag{1.87}$$

在推导公式时,假设与实际携液过程并不完全相符合,并且产气区气井深度不同,因此,在现场应用这些公式时,建议取安全系数为 25%,则现场应用的最小携液临界流速 v_g 为:

$$v_g = 2.25 \sqrt[4]{\frac{(\rho_L - \rho_g)\sigma}{\rho_g^2}} \tag{1.88}$$

相应的最小携液临界流量公式为:

$$q_{sc} = 2.5 \times 10^8 \frac{Apu_g}{ZT} \tag{1.89}$$

1.5.4　其他模型

(1)Coleman 模型。Coleman 发现 Turner 模型是在井口压力大于 3.4475MPa 的情况下得出的,而积液井井口压力一般低于 3.4475MPa。Coleman 研究了大量低压气井的生产数据,运用 Turner 理论的思想,推导出了低压气井的临界流速公式:

$$u_c = 4.45[\sigma(\rho_L - \rho_g)/\rho_g^2]^{0.25} \tag{1.90}$$

（2）Nosseir 模型。Turner 模型中使用的曳力系数是 0.44，Nosseir 研究发现 Turner 的数据雷诺数小于 2×10^5，而在雷诺数 $2 \times 10^5 < Re < 10^6$ 时，曳力系数是 0.2，而不是 0.44。

Nosseir 应用光滑、坚硬、球形液滴理论，建立两种分析模型：一种是瞬变流模型，另一种是紊变流模型。以 Allen 的瞬变流公式和牛顿的紊流公式为起点，应用 Hinze 公式去求最大液滴直径，可得到两个与液滴模型相似的公式：

① 瞬变流公式。在低压流动系统中，可以出现瞬变状态，此时曳力系数取 0.44，瞬变流公式：

$$u_c = 4.55\sigma^{0.35}(\rho_L - \rho_g)^{0.21}/\mu_g^{0.134}\rho_g^{0.426} \tag{1.91}$$

式中 μ_g——气体黏度，Pa·s。

② 紊变流公式。在高速紊流状态下，曳力系数取 0.2，紊变流公式为：

$$u_c = 6.63\sigma^{0.25}(\rho_L - \rho_g)^{0.25}/\rho_g^{0.5} \tag{1.92}$$

（3）杨川东模型。杨川东模型以井底作为参考点，得出了如下公式：

$$v_g = 0.03313\left(10553 - 34147\frac{\gamma_g p_{wf}}{ZT_{wf}}\right)^{0.25}\left(\frac{\gamma_g p_{wf}}{ZT_{wf}}\right)^{-0.5} \tag{1.93}$$

式中 γ_g——气体密度；

Z——系数；

T_{wf}——温度，℃；

p_{wf}——天然气井口压力，MPa。

1.5.5 模型适应性评价

Duggan 是通过经验观测给出的临界流速，是现场数据的统计值，对一定的气井有适用性。但是 Duggan 没有考虑到气藏条件和井筒条件的差异性，气井生产的临界流速不会是也不可能是一个常量。然而，Duggan 的最大贡献在于他提出了气井生产的临界流速的概念，为气井积液与否提供了判断依据。

Turner 模型以球形液滴作为基础推导出的临界流速和临界流量公式，在气液比非常高（大于 1400），流态属于雾状流的气井计算中具有相当好的精度。Coleman 对 Turner 模型进行了修正，模型适用于井口压力小于 3.4475MPa 的低压井的计算。

Nosseir 模型考虑了两种流态，经过流态的划分进一步提高了计算的准确性。

李闽模型将 Turner 的球形模型修正为椭球模型，其计算的临界流速只有 Turner 模型的 38%，更加符合我国气田的实际情况，在现场得到了广泛的应用。杨川东模型以井底作为参考点，充分考虑了我国气田的实际情况，从质点力学的角度推导出了临界流速，适用性广泛。

通过对上述各种模型的对比可以发现，它们的公式形式都是非常相似，即

$$v_g = K\sigma^{0.25}(\rho_L - \rho_g)^{0.25}/\rho_g^{0.25} \tag{1.94}$$

式中仅有的差别是比例系数 K 不同，其原因是它们建立模型的出发点是相同，都以液滴的力学平衡为出发点，而且假设流态为雾状流。但是考虑到我们需要的最小携液流量，而上述

模型中椭球形的携液临界流量为最小,因此建议对于雾状流时可采用椭球形模型的携液临界流量计算公式。

1.5.6 临界携液流量计算模型对比分析

这里对 Turner 模型、Coleman 模型、Nosseir 模型和李闽模型等进行对比分析。在确定气井携液的临界流量中,前 3 种模型的计算结果相差不大,李闽模型计算值仅有 Turner 模型临界流量的 38%。

为了验证上述模型的适用性和准确性,从现场取 4 口井计算分析。用上述 6 种预测模型计算临界流量(单位:m³/d)结果见表 1.4。李闽模型在 4 口井的计算中都显示出了很高的精度,非常适合我国气田的实际。Coleman 模型在两口低压接近积液井中的计算结果较准确,反映出其在低压井中的良好适应性。Turner 模型和杨川东模型的计算结果接近,但是与 Duggan 模型和 Nosseir 模型的结果一样,数值偏大。

表 1.4　气井临界流量　　　　　　　　　　　　　　　　　单位:m³/d

井号	Duggan 模型	Turner 模型	Coleman 模型	Nosseir 模型	李闽模型	杨川东模型
A	31000	43600	29400	41800	16500	49100
B	69700	79400	53500	75000	30100	92700
C	53000	45300	30600	43400	17200	53000
D	27100	33100	22300	31000	12500	38600

因此,可以得出结论:

(1)气井临界流速和临界流量模型为现场判断气井积液与否提供了准确的判断依据。

(2)各种临界流速和临界流量模型都有各自的适用条件,对于不同的井况采用不同的模型能够提高预测的准确性。

(3)李闽模型在计算实例中准确性很高,非常适合我国气田实际;Turner 模型和杨川东模型应用广泛,但数值偏大,现场常常取其值的 1/3 作为气井积液与否的依据。

1.5.7 临界流量影响因素分析

多年来,针对产水气井临界流量计算模型开展了大量研究。建立了很多临界流量计算模型,但对临界流量影响因素以及临界流量对各影响因素的敏感性研究较少,并且用各模型对同一口井进行计算,计算结果也差别极大,很多气田选择计算模型时存在一定的盲目性。因此,对气井临界流量影响因素进行系统研究,掌握临界流量影响因素的影响程度和敏感性,优选适合各气田的临界流量计算模型,对气井的合理配产、防止气井积液、准确诊断气井积液以及把握产液气井的排液时机等都具有十分重要的意义[4]。

(1)地层压力。地层压力是气井能量的来源,对气井自喷起着重要作用。随着油田的开发,若地层能量得不到有效补充,地层压力就会不断下降,一方面造成井底流压下降,另一方面大大降低了气井产量。涩北气田在不同生产油管管径下所需临界流量随地层压力降低,所需临界流量随之减少,这是因为随地层压力下降,气流在井底条件下受的压缩减少,满足临界流速所需的天然气量在地面条件下也就减少。

（2）水气产量比。初期产水对临界产气量的影响很大，气井一旦见水，为了带出积液，临界流量迅速增加，但随着产水量增多，临界流量增加的趋势会有所减缓，因此，应特别注意初期产水的影响，对刚出水的井一定要加强监测，防止积液。

（3）井底温度。随着井底温度的增加，临界流量呈减小的趋势。这主要是因为随着温度增加，加剧了天然气膨胀，在相对高温条件下等质量天然气具有更高流速，从而具有更强的携液能力。另外，相对于压力和产水的影响，温度影响要相对平缓得多。

（4）采气油管尺寸。生产油管管径对临界流量的影响十分明显。当生产管径从 62mm 增加到 76mm 时，后者临界流量是前者的 2.2 倍多，增加十分明显。因此，在开发气田时管径优化很重要。

（5）敏感性分析。敏感性分析是分析各种不确定性因素变化一定幅度时对所关注指标的影响程度，并把不确定性因素中对关注指标影响程度较大的因素称为敏感性因素。影响气井临界流量的因素还有天然气相对密度和地层产液密度等。通过研究，在气井其他因素保持不变的情况下，将某一影响因素变动一定幅度来考察它对携液能力的影响程度及敏感性，采气油管的内径尺寸敏感性最强，在变化相同幅度时，它对气井的携液能力影响最大；而天然气相对密度、地层液密度取值范围较窄的参数变化幅度对临界流量影响并不明显，在计算过程中可取气田的平均值来进行计算。

1.6　水平井积液

1.6.1　井底积液

气井积液是指气井中由于气体不能有效携带出液体而使液体在井筒中聚积的现象。绝大多数气井会同时产出凝析油和水。当气藏压力低于露点压力时，液态凝析物会随气体一起产出；当油藏压力高于露点压力，凝析油先以气相的形式随气体一起进入井筒，然后在油管或分离器中凝结。产出水有以下几种来源：

（1）边底水的锥进，如果底水能量充足，底水最终会侵入井筒；

（2）水可能会从距产层较远处的其他产层进入井筒；

（3）与气体一起产出的游离地层水；

（4）水或烃类随气体一起以气相状态进入井筒并且在油管中冷凝成液体。

在温度和压力高于露点温度和压力时，水一直是以蒸汽形式存在的；当温度和压力降到露点温度和压力之下时，一部分水蒸气会凝析成液相。如果凝析发生在井筒中，且气体流速低于临界流速，无法将凝析液携带至地面，这时液体就会积聚在井底，形成井底积液。

烃类也会以气相的形式随气体一起进入井中，如果气藏温度高于临界凝析温度，气藏中不会出现凝析油，但是和凝析水机理一样，烃类也会发生凝析现象。如果气体流速足够高，可以将一部分液体携带到地面。气体流速较高时，会形成雾流，液滴分散在气体中，只有少部分液体滞留在管壁。

对于那些处于边缘效益的低产气井，优化配产和排除积液可使气井继续生产。然而，并不只是低产气井存在井底积液现象，有些气井尽管产气量较高，当油管尺寸较大或井口压力较高时也会产生积液。井筒中气体流速随时间逐渐降低;而气体携带的液体速度下降得更快,液体逐渐集聚,形成塞状流,最后在井底形成积液,井筒积液导致气井产量下降,甚至停产。

完全生产干气的气井很少。有些气井会直喷排液;流体向上流动过程中,由于温度和压力的变化,凝析油和水会冷凝出来;有时由于底水锥进或其他原因也可能导致液体流入井筒。

井底积液会形成不稳定的塞状流,并导致气井产量下降。如果不能连续排除井筒积液,最后可能会导致气井产量很低。如果气井产量很高,足以将大部分或所有液体携带出井筒,地层压力和产量会保持稳定。如果气井产量太低,井底积液会造成井筒压降升高,增加液体对气层的回压,导致产气量下降,并可能低于所谓携液的"临界产量"。随着井底积液的增加、井底压力上升,导致产量下降或气井停产。气井生产后期,液体充满射孔孔眼,气泡只能穿过液体到达地面,此时气井以低产量稳定生产且没有液体产出。

无论是高渗透储层还是低渗透储层,所有产水气井最终在气藏枯竭时都会出现井底积液。当气井产量较低时,即使是气液比非常高且产液量少的气井也会出现积液现象,致密储层(低渗透)的气井尤其如此。致密储层的产气量较低,气体在油管中的流速也很低。有些采用大直径油管的气井产量很高,但流速较低,在投产初期就有可能产生井底积液现象。

井筒中气体流速随时间逐渐降低,当气相流速不能提供足够的能量使井筒中的液体连续流出井口时,气井中将存在积液。然而,并不只有低产气井存在井底积液现象,有些气井尽管产气量较高,当油管尺寸较大或井口压力较高时,使得流速比较低,也会产生积液。

1.6.2　水平井积液危害

水平井积液有如下一些危害:

(1)降低气井产量和产能(出水量每增加 1 倍,无阻流量下降 3.9%;出水后产量下降17% ~ 54%);

(2)降低气田采收率(一般纯气驱气藏的最终采收率可高达90%以上,而水驱气藏的平均采收率仅为40% ~ 60%);

(3)降低气井自喷能力,使气井逐渐变为间歇井,最终因井底严重积液而水淹停产;

(4)增加对生产管柱的腐蚀(积液中的 Cl^- 等对管柱的腐蚀严重);

(5)增加脱水设备和维护费用,增加了天然气开采成本。

1.6.3　影响水平井积液的因素

水平井积液的影响因素包括:气井产量、气井井筒温度和压力的影响,完井技术以及气井水平井身结构等。

1.6.3.1　气井产量与射孔技术对积液的影响

射孔完井方式在水平井开发中应用较为广泛,采用射孔完井时,将给储层带来不可避免的射孔伤害,引起产能低于储层自然产能。射孔伤害主要表现为储层打开程度不完善,流体在井眼附近处流动出现弯曲、聚集等现象引起的附加压降;同时,在孔眼形成过程中,孔眼周围的岩石被压实造成渗透率降低,引起井底附加压降。射孔技术影响了气井产量,继而影响积液。射孔参数对积液的影响主要有:

（1）射孔密度。射孔密度对表皮系数和产量的影响如图 1.20 和图 1.21 所示。随着射孔密度的增加，水平井裸眼钻井产生的表皮系数减小，水平井射孔伤害表皮系数减小，总表皮系数减小，气井的产量增加。这是因为射孔密度的增加扩大了井筒和储层的接触面积。

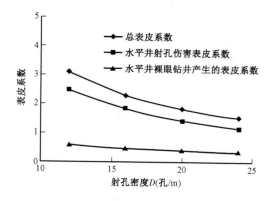

图 1.20　不同射孔密度对表皮系数的影响　　　　图 1.21　不同射孔密度对产量的影响

（2）射孔深度。射孔深度对表皮系数和产量的影响如图 1.22 和图 1.23 所示。随着射孔深度的增加，水平井裸眼钻井产生的表皮系数增加，水平井射孔伤害表皮系数减小，总表皮系数减小，气井的产量逐渐增加。当射孔深度小于钻井伤害带半径 0.3m 时，产量较低；当射孔深度超过 0.3m 后，产量得到了明显提高。

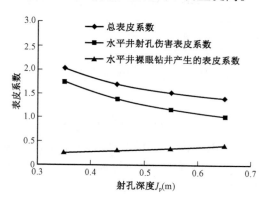

图 1.22　不同射孔深度对表皮系数的影响　　　　图 1.23　不同射孔深度对产量的影响

（3）孔眼深度（半径）。孔眼半径对表皮系数和产量的影响如图 1.24 和图 1.25 所示。随着孔眼半径的增加，水平井裸眼钻井产生的表皮系数减小，水平井射孔伤害表皮系数减小，总表皮系数减小，气井的产量稍有增加。孔眼半径从 0.01m 增加到 0.02m，产量仅增加 10.8%，其影响作用较小。

（4）布孔方式。布孔方式（射孔相位角）对表皮系数和产量的影响如图 1.26 和图 1.27 所示。通过对 0°，45°，60°，90°，120° 和 180° 六种射孔相位角的计算可知，60° 相位角时水平井裸眼钻井产生的表皮系数最小，水平井射孔伤害表皮系数最小，总表皮系数也最小，气井的产量达到最高。

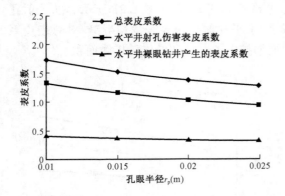

图 1.24　不同孔眼半径对表皮系数的影响

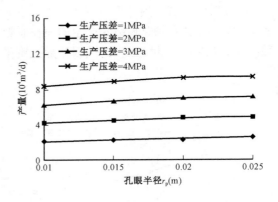

图 1.25　不同孔眼半径对产量的影响

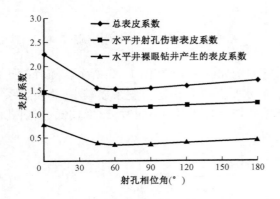

图 1.26　不同射孔相位角对表皮系数的影响

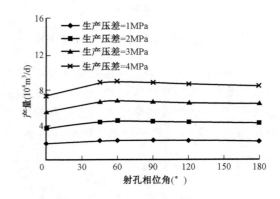

图 1.27　不同射孔相位角对产量的影响

1.6.3.2　气井井筒流动温压与携液模型的建立

地层流体(油、气、水)从井底向井口流动过程中,由于不断向地层中散发热量和井筒压力不断降低,流体在井筒中的分布形态(流型)也是不断变化的,准确预测流型是井筒流动预测的基础。为此,首先研究复杂多相流情况下的气井流型预测模型,并在此基础上建立气井温度、压力和携液综合预测模型,为气井流动温压预测和井筒积液判断提供基础。

(1)压降模型。

井筒压降计算是井筒多相流动研究的核心问题,而压降计算的关键是井筒截面持液率和界面摩阻系数的计算。国内外许多学者先后研究并建立了各种压降计算模型,常用的模型有 Hagedorn – Brown(HB)模型、Beggs – Brill(BB)模型、Gray 模型、Ansari 模型、Petalas – Aziz(PA)模型和 Kaya 模型 Lis – ZOJ,其中通过实验建立的 HB 模型和 BB 模型计算常规油井井筒压降精度较高,但在高气液比油气井中计算误差较大;Gray 模型是专门针对垂直产液气井建立的经验模型,在凝析气井和常规气井中计算精度较高;Ansari 模型、PA 模型和 Kaya 模型是通过分析气液流动机理建立的机理预测模型,在常规油井中预测精度较高,但对高气液比产水气井预测误差较大,原因可能是原模型中的某些重要参数(气芯液滴夹带率和气液界面摩阻系数)预测精度不够以及井斜影响造成的。对气井环雾流情况下,段塞流或搅动流仍采用预测效果较好的 Ansari 模型进行计算。

根据环雾流动示意图(图 1.28),由动量守恒原理,对气芯和液膜分别有:

$$A_c\left(\frac{dp}{dL}\right)_c - \tau_i S_i - \rho_c A_c g\sin\theta = 0 \quad (1.95)$$

$$A_f\left(\frac{dp}{dL}\right)_c + \tau_i S_i - \tau_f S_f - \rho_c A_f g\sin\theta = 0$$

$$(1.96)$$

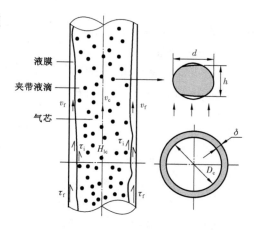

图 1.28 环雾流动示意图

d—液滴直径;h—液滴高度;D—管子直径;

δ—管子厚度;v_f—液膜流速;

τ_f—液膜剪应力;τ_i—气芯剪应力;

H_{lc}—持液率

式中　A_c,A_f——分别为气芯和液膜的截面积;

dp/dL——气芯压力梯度;

τ_i——界面剪应力;

τ_f——液膜界面剪应力;

S_i——界面面积;

S_f——液膜界面面积;

ρ_c——气芯密度;

θ——管子倾角。

膜与管壁间的剪切应力为:

$$\tau_f = \frac{1}{8}f_f\rho_L(1 - F_E)^2\left[\frac{v_{sl}}{4\delta'(1-\delta')}\right] = \frac{D}{4}\frac{(1-F_E)^2}{[4\delta'(1-\delta')]^2}\frac{f_f}{f_{sl}}\left(\frac{dp}{dL}\right)_{sl} \quad (1.97)$$

气芯与液膜界面间的剪切应力为:

$$\tau_i = \frac{D}{4}\frac{1}{(1-2\delta')^2}\frac{f_c}{f_{sc}}\left(\frac{dp}{dL}\right)_{sc} \quad (1.98)$$

其中

$$\left(\frac{dp}{dL}\right)_{sl} = f_{sl}\rho_L\frac{v_{sl}^2}{2D}$$

$$\left(\frac{dp}{dL}\right)_{sc} = f_{sc}\rho_c\frac{v_{sc}^2}{2D}$$

式中　δ——液膜厚度;

f——阻力系数;

E——夹带液滴;

D——管子内径。

下标 sl 表示膜与管壁间;sc 表示与芯与液膜界面。

气芯密度和黏度可分别由式(1.99)和式(1.100)进行计算:

$$\rho_c = H_{lc}\rho_L + (1 - H_{lc})\rho_g \quad (1.99)$$

$$\mu_{sc} = H_{lc}\mu_l + (1 - H_{lc})\mu_g \tag{1.100}$$

式中 H_{lc}——持液率；

  μ——黏度。

下标 l 表示液体；g 表示气体；lc 表示液膜与气芯间。

气芯无滑脱持液率 H_{lc} 可由式(1.101)确定：

$$H_{lc} = \frac{F_E v_{sl}}{v_{sc}} = F_E v_{sl}/(v_{sg} + F_E v_{sl}) \tag{1.101}$$

式中 F_E——夹带液滴阻力系数；

  v_{sc}——气芯与液膜界面动力黏度；

  v_{sl}——膜与管壁间动力黏度。

气芯液滴夹带率、气芯与液膜界面摩阻系数是准确计算气芯密度、黏度与压降的重要参数。Magrini 等通过实验对已有气芯液滴夹带率模型的评价结果中，Pan 模型计算结果最好，其 F_E 计算公式为：

$$\frac{F_E/F_{E,max}}{(1 - F_E)/F_{E,max}} = 6 \times 10^{-5}\left[(v_g - v_{g,cr})^2 D \sqrt{\rho_l\rho_g}/\sigma\right] \tag{1.102}$$

其中

$$v_{g,cr} = 40\sqrt{\sigma/(D\sqrt{\rho_l\rho_g})}$$

$$F_{E,max} = 1 - W_{F,cr}/W_l$$

$$W_{F,cr} = 0.25\mu_l \pi DRe_{F,cr}$$

$$Re_{F,cr} = 7.3(\lg\omega)^3 + 44.2(\lg\omega)^2 - 2631\lg\omega + 439$$

$$\omega = (\mu_l/\mu_g)\sqrt{\rho_g/\rho_L}$$

式中 W——阻力。

对于气芯与液膜界面摩阻系数 Z，当液膜较薄且气芯夹带的液量很高时，采用 Wallis 相关式计算气芯与液膜界面摩阻系数，即：

$$Z = f_c/f_{sc} = 1 + 300\delta' \qquad (F_E > 0.9) \tag{1.103}$$

当液膜较厚时，采用修正的惠利和休伊特关系式，即：

$$Z = f_c/f_{sc} = 1 + 24(\rho_L/\rho_g)^{1/3}\delta' \qquad (F_E < 0.9) \tag{1.104}$$

结合式(1.102)至式(1.104)，可分别得到气芯和液膜的压降梯度方程为：

$$\left(\frac{dp}{dL}\right)_c = \frac{Z}{(1 - 2\delta')^5}\left(\frac{dp}{dL}\right)_{sc} + \rho_c g\sin\theta \tag{1.105}$$

$$\left(\frac{dp}{dL}\right)_f = \frac{(1 - F_E)^2}{64\delta'^3(1 - \delta')^3}\frac{f_f}{f_{sl}}\left(\frac{dp}{dL}\right)_{sl} - \frac{Z}{4\delta'(1 - \delta')(1 - 2\delta')^3}\left(\frac{dp}{dL}\right)_{sc} + \rho_L g\sin\theta \tag{1.106}$$

由于液膜和气芯之间受力平衡,则气芯压降和液膜压降梯度相等,由式(1.105)和式(1.106)可得:

$$\frac{Z}{4\delta'(1-\delta')(1-2\delta')^5}\left(\frac{\mathrm{d}p}{\mathrm{d}L}\right)_{\mathrm{sc}} - \frac{(1-F_{\mathrm{E}})^2}{64\delta'^3(1-\delta')^3}\frac{f_{\mathrm{f}}}{f_{\mathrm{sl}}}\left(\frac{\mathrm{d}p}{\mathrm{d}L}\right)_{\mathrm{sl}} - (\rho_{\mathrm{L}}-\rho_{\mathrm{c}})g\sin\theta = 0$$

$$(1.107)$$

式(1.107)中唯一未知量是无量纲液膜厚度 δ',采用 Newton – Raphson 迭代法求解。根据修正的洛克哈特——马蒂内利参数 X_{M} 和 Y_{M},式(1.107)可简写为:

$$Y_{\mathrm{M}} - \frac{Z}{4\delta'(1-\delta')[1-4\delta'(1-\delta')]^{2.5}} + \frac{X_{\mathrm{M}}^2}{[4\delta'(1-\delta')]^3} = 0 \qquad (1.108)$$

在求得无量纲液膜厚度 δ' 后,利用 $H_{\mathrm{lf}}=4\delta'(1-\delta')$ 求得液膜持液率,进而可由下面两式求出液膜和气芯的总压力梯度为:

$$\left(\frac{\mathrm{d}p}{\mathrm{d}L}\right)_{\mathrm{f}} = \left[\frac{X_{\mathrm{M}}^2}{H_{\mathrm{lf}}^3} - \frac{Z}{(1-H_{\mathrm{lf}})^{1.5}H_{\mathrm{lf}}}\right]\left(\frac{\mathrm{d}p}{\mathrm{d}L}\right)_{\mathrm{sc}} + \rho_{\mathrm{L}}g\sin\theta \qquad (1.109)$$

$$\left(\frac{\mathrm{d}p}{\mathrm{d}L}\right)_{\mathrm{c}} = \frac{Z}{(1-H_{\mathrm{lf}})^{2.5}H_{\mathrm{lf}}}\left(\frac{\mathrm{d}p}{\mathrm{d}L}\right)_{\mathrm{sc}} + \rho_{\mathrm{c}}g\sin\theta \qquad (1.110)$$

(2)温度模型。

根据 Ramey,Willhite,Hasan 和毛伟等的研究,可对井筒传热进行以下简化假设:流体在井筒中的流动为一维稳定流动;气液间不存在质量交换;井筒与地层之间只进行热量径向传递,热量径向传递包括井筒到水泥外沿之间的稳态传热和水泥环外向地层深处的非稳态传热两个过程。

根据能量守恒定律和 Hasan 等提出的无量纲时间函数 $f(t_{\mathrm{D}})$,可以得到气井井筒流动温度梯度方程为:

$$\frac{\mathrm{d}T_{\mathrm{f}}}{\mathrm{d}z} = -\frac{T_{\mathrm{f}}-T_{\mathrm{e}}}{L_{\mathrm{R}}} - \frac{g\sin\theta}{c_{\mathrm{p}}} - \frac{v_{\mathrm{m}}}{c_{\mathrm{p}}}\frac{\mathrm{d}v_{\mathrm{m}}}{\mathrm{d}z} + \alpha_{\mathrm{J}}\frac{\mathrm{d}p}{\mathrm{d}z} \qquad (1.111)$$

式中　T——温度;

z——气井高度;

c_{p}——系数;

v_{m}——混合物流速;

α_{J}——持液率。

下标 f 表示液体,e 表示气体,m 表示混合物。

稳定流动情况下,考虑压降引起的焦耳——汤姆逊效应,可以求得式(1.111)的解析解为:

$$T_{\mathrm{f\,out}} = T_{\mathrm{e\,out}} + L_{\mathrm{R}}\left[1 - \exp\frac{(z_{\mathrm{in}}-z_{\mathrm{out}})}{L_{\mathrm{R}}}\right] \times$$

$$(1.112)$$

$$\left(g_{\mathrm{T}}\sin\theta - \frac{v_{\mathrm{m}}}{c_{\mathrm{p}}}\frac{\mathrm{d}v_{\mathrm{m}}}{\mathrm{d}z} + \alpha_{\mathrm{J}}\frac{\mathrm{d}p}{\mathrm{d}z} - \frac{g\sin\theta}{c_{\mathrm{p}}}\right) + \exp\frac{(z_{\mathrm{in}}-z_{\mathrm{out}})}{L_{\mathrm{R}}}(T_{\mathrm{f}}-T_{\mathrm{e}})$$

其中

$$L_R = \frac{T_f(z) - T_e(z)}{g_f(z)} = \frac{c_p W_m}{2\pi} \left[\frac{r_{to} U_{to} f(t_D) + K_e}{r_{to} U_{to} K_e} \right]$$

式中　W_m——阻力；

　　　　r_{to}——气化潜热；

　　　　U_{to}——传热系数；

　　　　K_e——导热系数。

下标 f out 表示液体出口，e out 表示气体出口，in 表示进口，out 表示出口。

气井流体物性随温度和压力变化非常明显，准确计算流体物性是计算温度和压力分布的基础，因此需要耦合迭代求取温度、压力和流体物性。对于产水气井，需要准确计算天然气压缩因子、天然气黏度和气水界面张力，进而为计算井筒流体密度和携液临界流量提供参数，采用 Dranchuk - Purvis - Robinson 模型计算天然气压缩因子，Lee 模型计算天然气黏度，卡茨模型计算界面张力。

1.6.3.3　水平井压裂裂缝对积液的影响

水力压裂裂缝不仅能解除近井地带的伤害，还能沟通天然气储集区，从而扩大泄气面积，但其最主要的增产机理是将原来近井地带的径向流改变为裂缝内的线性流动和拟径向流动，从而极大地减小了天然气渗流阻力，提高地层能量的利用率。压裂裂缝参数对积液的影响有：

（1）裂缝条数。对于某气田的 X 井，根据 n 条裂缝的压裂水平气井的产能计算公式，分别计算有限导流的 3 条、4 条、5 条、6 条和 7 条裂缝的压裂水平井的产量，并作出其流入动态曲线如图 1.29 所示。从图中可以看出，随着裂缝数量的增加，IPR 曲线向右偏移，对应的无阻流量增大。图 1.30 为有限导流裂缝无阻流量及无阻流量的增量图，从图中可以清楚地看到，随着裂缝数量的增加，无阻流量的增量逐渐减小。所以为了提高经济效益，在现场的压裂工艺设计时，不能盲目地追求裂缝数量，根据计算最佳的裂缝数量为 3 ~ 5 条。

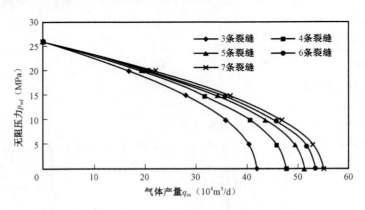

图 1.29　不同裂缝数量对流入动态曲线的影响

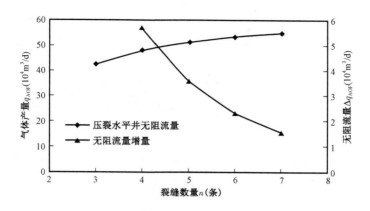

图 1.30　不同裂缝数量的无阻流量和无阻流量增量

（2）裂缝长度。假设裂缝等长,不同长度的 3 条有限导流裂缝的流入动态曲线如图 1.31 所示。从图中可以看出,流入动态曲线随着裂缝长度的增加向右移动,这意味着压裂水平气井的无阻流量随着裂缝长度的增加而增加;从曲线与横坐标的交点可以看出,其无阻流量的增量在减小,但是其幅度变化不明显;这是由于裂缝长度增加,裂缝间的干扰及裂缝产生压降也增加。压裂施工时可适当增加裂缝长度来增加压裂水平井的产量。

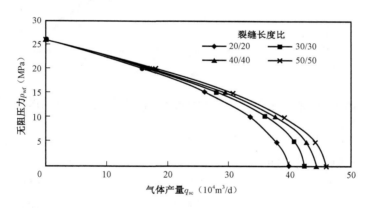

图 1.31　不同裂缝长度对流入动态的影响

（3）裂缝不等长。首先分析裂缝不等长时每条裂缝的产量分布情况,3 条不等长有限导流裂缝每条裂缝的无阻流量如图 1.32 所示。从图中可以看出,当中间裂缝长度固定时,随着两端裂缝长度增加,两端裂缝的无阻流量逐渐增大,中间裂缝的无阻流量逐渐减小。这是因为两端裂缝长度增加,对中间裂缝的干扰增加,中间裂缝产量贡献量减小;两端裂缝的有效泄气面积增大,其产气量增大。且两端裂缝的产量增加幅度明显大于中间裂缝产量减小幅度。

假设裂缝的总长度为 90m,其他参数不变,分析裂缝不等长对压裂水平气井总产量的影响。图 1.33 为有限导流 3 条不等长裂缝流入动态曲线。从图中可以看出,3 条裂缝等长时的水平气井的总产量最大。

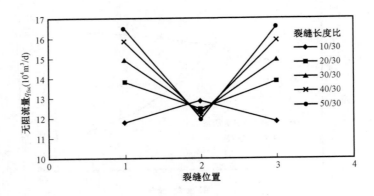

图 1.32 每条裂缝无阻流量随裂缝长度的变化曲线

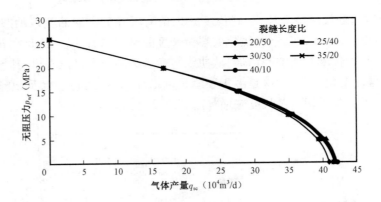

图 1.33 裂缝总长相等的有限导流不等长裂缝对流入动态的影响

1.6.3.4 水平井井身结构对积液的影响

（1）水平段井眼轨迹对积液的影响。

① 井斜角。井斜角越大，水平段越往上倾，流体从趾端到跟端的下降流倾角越来越大，液相重力方向越来越趋于流动方向，表现为持液率显著增大，同时，沿程压降小幅增加。

井斜角越小，水平段越往下倾，流体从趾端到跟端的上升流倾角越来越大，但是，不同井斜角下的水平段压力及持液率剖面差别不大。

井斜角组合下的水平段压力在趾端处差别不大，但越靠近跟端差别越大。不同井斜角组合下的下倾段部分持液率差别不大，但是，不同井斜角组合下的上倾段部分持液率差别较大，轨迹越往上倾持液率越大。

② 靶点高差。水平段井筒倾角越大、积液高度越高，水平井筒中气液两相流型更容易从层流转向非层流，并且气相在水平段井筒中能否携液的关键是水平段中的流型能否由层流转变为非层流，因此，水平段井筒倾角越大、积液高度越高，水平段中的液体也就更容易被气流带出。虽然井筒倾角对气体临界流速的影响较小，但是井筒倾角越大，即 B 靶点比 A 靶点越高，井筒内 A 靶点附近的积液高度更高，液体就更易被气流携带出水平段。

（2）油管管径对积液的影响。

根据 Turner 模型，可以看出油管管径越大，气井临界携液流量越大，对此，川西气田曾利用该理论，对几口井的临界携液流量进行计算，用以对比不同管径对气井积液的影响，见表1.5 和图 1.34。

表1.5　不同油管管径水平井临界携液流量

井号	油压（MPa）	不同管径（内径）水平井的临界携液流量（$10^4 m^3/d$）				实际产量（$10^4 m^3/d$）
		75.90mm	62.00mm	50.30mm	40.30mm	
XS21 - 1H	1.70	2.33	1.56	1.04	0.66	0.93
XS23 - 2H	2.18	2.99	2.01	1.33	0.85	2.17
XS1H	1.56	2.14	1.44	0.95	0.61	0.73
XS21 - 3H	4.20	5.76	3.86	2.57	1.63	1.95

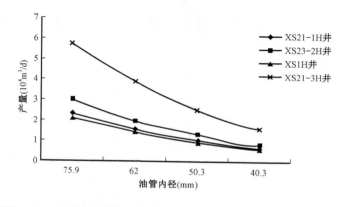

图 1.34　不同油管管径水平井临界携液流量与实际产量对比曲线

由图 1.34 可知，川西气田套管分段压裂水平井多采用内径为 62mm（$2\frac{7}{8}$in）的油管，根据计算结果与气井实际产量对比分析可知，除了 XS23 - 2H 井外，XS21 - 1H 井、XS1H 井和 XS21 - 3H 井的实际产量都低于临界携液流量，井筒依靠自身带液困难，容易造成水淹停产。如果换用内径为 50.3mm（$2\frac{3}{8}$in）的油管，这些井的实际产量都能达到临界携液流量，从而改善水平气井工况。由于水平井都是采用压裂管柱作为后期生产管柱，水平井油管管径越小，压裂施工压力越大，受到压裂施工压力的限制，油管管径不能小于 62mm（外径 73.02mm）。

（3）管柱结构对积液的影响。

① 裸眼分段压裂管柱结构对积液的影响。水平井裸眼分段压裂管柱基本由回接压裂管柱、回接筒、回接密封插头、悬挂封隔器、裸眼封隔器、投球滑套、压差滑套、坐封球座、浮鞋等组成，如图 1.35 所示。目前，裸眼分段压裂井都采取裸眼分段压裂管柱作为后期的生产管柱。川西水平井压裂规模大，入地液量多，并且地层压力低，水平井压后产量不高，压后排液困难。由于悬挂封隔器一般处于水平井的造斜段，悬挂封隔器在压裂施工前已坐封，悬挂封隔器将油套分隔开，油套不连通。如果后期井筒产生积液，无法通过气举排液的方式将斜井段、水平段的积液排出。

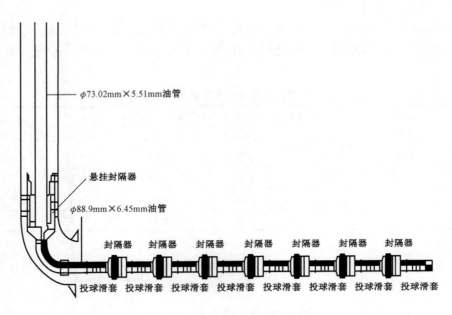

图 1. 35　裸眼分段压裂管柱结构

　　② 套管分段压裂管柱结构对积液的影响。这种工艺的完井管柱是由封隔器 + 喷砂滑套组成,主要通过封隔器和喷砂器将目的层与上下层段分隔开并与压裂管柱内压力系统连接起来,最终实现逐一对各目的层的压裂施工。在后期生产过程中,随着产量下降,气井依靠自身能量携液越来越困难,需要依靠气举、泡沫排水等措施辅助排液。采用封隔器 + 喷砂滑套压裂完井管柱的水平井,由于封隔器和滑套的存在,使油套不完全连通,并且水平段存在一定的倾角,气举、泡排辅助排液时,只能将跟端滑套处的液体排出,如图 1. 36 所示,无法有效通过气举的方式将整个水平段内的液体排出。后期如果采取连续油管排水,连续油管不容易通过滑套球座,妨碍了连续油管排水作业。

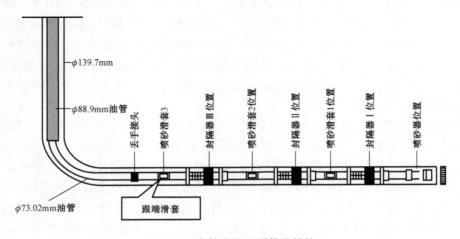

图 1. 36　套管分段压裂管柱结构

1.6.4 水平井积液分析方法

1.6.4.1 临界流量分析法

水平井的直井段的流动状态与直井一致,因此,其积液分析方法可以直接应用直井的临界携液流量计算模型计算分析气井临界携液流量,并与气井实际产气量进行对比分析,实际产量大于临界携液流量时井底不积液,反之井底积液;分析结果可以通过直井段压力梯度测试进行验证。

现场应用时需要结合气井的实际生产数据进行验证,以确定适合的临界携液模型。

1.6.4.2 压力梯度测试分析法

流压或静压梯度测试是确定气井是否积液和积液液面高度最有效的方法。压力测试就是测量关井及生产过程中不同深度的压力,压力梯度曲线与流体密度和井深有关。利用井筒压力梯度测试数据资料回归曲线分析井筒流体相态,当测试工具遇到油管中的液面时,曲线斜率会有明显变化,根据解释结果确定井筒液面深度。

水平井是由直井段、斜井段和水平段组成。当气流携液流动时,在这些段中,其流型、压力降以及携液临界气流量都各不一样,呈现复杂的特点,需要分段分析。

(1)水平井斜井段的积液特点。

水平气井垂直段、斜井段和水平段各段的携液临界气流量相差较大。根据连续性方程,每一段的携液量是相同的,由此看到,决定一口水平井的携液量大小的是最差那一段的能力,也即是斜井段决定了整个水平井的携液量。

荷兰爱因霍芬科技大学 Keuning 测试了管段倾斜角度对连续携液临界气速的影响,西南石油大学也进行了这方面的试验研究,实验研究表明,水平段携液临界气流量最小,倾斜段最大,垂直管段次之。根据直井携液理论,井筒每个位置的气流速必须大于携液临界气流速才能保证整个井筒连续带液生产。这是因为对于直井来说,井口的携液临界气流量一般是最大的,若井口不能连续携液,井筒各个位置都不能连续携液,所以直井必须根据井筒的携液流量的最大值,即井口来确定井筒的携液气流量。但是对于水平井来说,携液流量最大的位置处在水平井井身的中间。

从实验数据中观察到,当注入气量较大时,水平管中大部分液体以较薄液膜的形式沿水平管底部运动,液流连续且移动迅速,水平管中残留的液体较少。垂直管中大部分液体以液膜的形式沿管壁向上运动,少部分液滴分散在气流中,以环状流的形式携带液体。

在倾斜管中(实验角度范围 $30° \leqslant \theta \leqslant 60°$),大部分液体分布在管段底部,管底液膜厚度远大于管顶,部分液体会在液膜重力的作用下回流,液体回流至倾斜管末端后又会在气流的作用下重新携带上升。

当注入气量变小时,实验管段中滞留的液体会增多。此时,水平管管底液膜厚度会增加,且移动速度变慢,被气流卷升形成的液体也逐渐变少。同时,垂直管管壁上的液膜也会增厚,部分液膜会在自身重力作用下回流,部分液膜则会被气流撕裂成液滴。而在倾斜管中底部液膜的回流更加频繁和迅速,且回流的液量也会增加。

在连续携液状态时,垂直管一般以环状流的形式携带液体,越接近临界携液点,液膜厚度越厚,液滴直径越大;水平管则以波动液膜携液为主,形成的液滴较少;而倾斜管中管底液膜存在明显的滑脱现象,呈现来回下降又上升的过程,部分液体直接被携带至垂直管,而部分管底厚液膜会回流至倾斜管末端,然后重新被携带上升。

在倾斜角度范围内,倾斜管中所需的携液临界气量要大于水平管和垂直管。临界携液流动时,倾斜管中虽然有液体回流,但由于处于水平管与垂直管的中间位置,液体回流至倾斜段末端后又会被重新携带上升,而不会积存在管段中,虽然会导致倾斜管中压降增大,但在倾斜管有液体回流的情况下也能连续携液。

试验数据表明。随平均井斜角(井深与垂深之比的反正弦)增大,携液所需要的气流量增大。

将水平气井连续携液模拟实验同直井段、水平井段连续携液模拟实验测试结果对比可以发现,通过室内模拟试验,在相同条件下,垂直管段临界携液流量大于水平管段的临界携液流量。可知增加的水平井段和倾斜段会对水平气井的连续携液产生不利的影响,水平气井连续携液所需的临界流量要大于直井,其连续携液能力要比直井差。

苏里格气田水平井平均井斜角为43°~51°,根据实验结果,需要的临界携液气流量在Coleman模型计算的临界携液气流量的1.2~1.9倍。

(2)水平井水平段积液特点。

水平井或斜井井筒内,液滴经过短距离的上升或者降落就会接触管壁,同时,静水压力在横向井段损失很小,直井段静水压降较大,此时不能直接应用直井的临界流动模型。

通过质点理论推导适合水平井的临界流量模型计算公式为:

$$v_{\text{a}} > \sqrt{40\sigma(\rho_1 - \rho_2)g/\rho_{\text{g}}^2 C_1} \tag{1.113}$$

$$C_{\text{le}} = 5.82\left(\frac{d_1}{2v_{\text{g}}}\left|\frac{\mathrm{d}v_{\text{g}}}{\mathrm{d}r}\right|/Re_{\text{p}}\right)^{\frac{1}{2}} \tag{1.114}$$

式中　v_{a}——临界流速;
　　　σ——表面张力;
　　　ρ_1,ρ_2——密度;
　　　ρ_{g}——气体密度;
　　　d_1——井筒直径;
　　　r——井筒半径;
　　　C_1——举升系数;
　　　C_{le}——有效举升系数;
　　　v_{g}——气体速度,m/s;
　　　Re_{p}——液滴雷诺数。

如果$C_{\text{le}} \geq 0.09$,则$C_1 = C_{\text{le}}$;如果$C_{\text{le}} < 0.09$,则$C_1 = 0.09$。

实际气藏水平井临界携液流量与井筒长度、直径和平滑程度都有关系。在水平井情况下,液滴与管壁距离非常近,缓冲距离短,很容易产生积液。采用液滴质点理论求得的水平气井携液临界流量仅考虑了单个液滴的受力情况,并没有考虑实际气井是大量液滴的集合体,忽略了液滴间和液滴与管壁间的相互影响。另外,当气体流速大到使韦伯数达到临界值时,速度压力起主导作用,液滴容易破坏。因此,上述公式是把韦伯数 30 作为临界值推导出来的,实际应用中还需要根据实际情况进行修正。

1.6.4.3 水平井全井段的积液分析方法

水平井的积液分析可以分别通过直井段和水平井井段的不同方法进行预测,但实际的水平井是一个整体,产液气井中可能出现的流型自下而上依次为泡状流、段塞流、过渡流和环雾流,同一口井内可能出现多样的流型变化,流型的变化对井筒压能损失和气井产能的影响很显著。因此,比较理想的分析方法应该是全井段的综合考虑,最适合的分析方法是通过节点分析软件预测井筒流体状态,从而判断水平井全井段积液。

利用节点分析可以实现水平井全井筒流态及积液分析,它的分析基本流程为:

(1)根据气井的井身结构数据建立气井全井筒模型;

(2)根据测试及试采生产数据,输入井口、井筒及井底参数,预测井筒压力温度分布;

(3)根据压力温度分布情况,确定不同井段的流型以及积液。

1.7 水平气井结构与流动特性

1.7.1 水平气井结构特性

水平井的结构使得流体在水平井中的运动比在直井中要复杂得多。如图 1.37 所示,为加拿大 Greater Sierra 区块在 Jean Marie 地层生产的单水平井典型井身结构图。

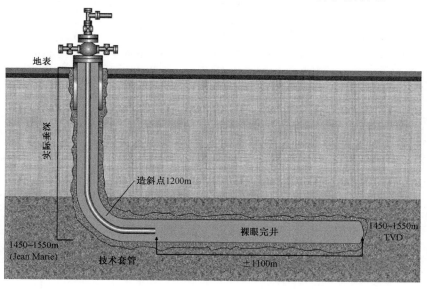

图 1.37 典型的单水平井井身结构示意图

Jean Marie 水平井采用欠平衡钻井方式是为了减小对异常低压储层的伤害并消除对储层的不利影响。为了最大限度地提高初始生产速度,地质工作者通过控制钻头在地层中水平钻进,以确定拥有最佳孔隙度和渗透率的储层的位置。这通常会导致井眼轨迹在垂直方向上发生大约3~12m的起伏。钻达目的层后,一般会下入直径为60.3mm油管,油管下至水平井裸眼段的根部后,开始进行油气生产。

1.7.2　水平气井流动特性

水平井生产和常规的垂直井相比有很多不同之处,因为在生产层中水平段的长度较长,所以水平段的流动状况对水平井的生产动态会产生一定的影响。水平井筒中的流态和常规水平管中的流态有很大不同,根据不同的完井方式,水平井筒的粗糙度大于常规管的粗糙度,并且沿井筒油藏中流体的流入能够引起动量和层流边界层流态的变化,这都会改变沿井筒的压力分布,因此,常规管的摩擦系数相关式不能合理预测水平井。为了简便,开始人们对水平井筒的处理是假设沿整个水平井水平段的压力不变,即称水平段流动为无限导流,认为水平段内具有均匀的压力分布,也是变质量流动水平段内的压力损失可忽略,如图1.38所示。

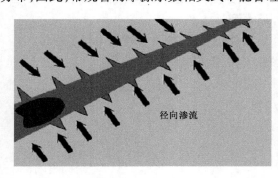

径向渗流

图1.38　水平气井水平段的变质量流动

实际上,为了维持水平井筒内流体的流动,水平井中必然存在压力梯度,因此,水平井产出端的压力要低于水平井顶端的压力,水平井内表现为有压力降或压力损失,该压力降可能影响水平井的流动与渗流特性甚至水平的产量,确切地说,水平段流动是变质量流动。

参 考 文 献

[1] 陈学俊,陈立勋,周芳德.气液两相流与传热基础[M].北京:科学出版社,1995.

[2] Sun Hedong,Gao Chengtai,Qian Huanqun,et al. Gas Flow in a Stratified Porous Medium with Crossflow[J]. Journal of Thermal Science,2002,11(1):35-40.

[3] 吴浩江,周芳德.油气水多相流型智能识别系统的设计与实现[J].西安交通大学学报,2000,34(3):31-35.

[4] 刘翠玲,梁铭全,王进旗,等.水平井中油水两相流型流态的识别模型[J].计算机仿真,2014,31(5):412-414.

[5] Ihara M,Brill J P,Shoham O. Experimental and Theoretical Investigation of Two-phase Flow in Horizontal Wells[C]. SPE 24766,1992:57-67.

[6] Taitel Yehuda,Bornea Dvora,Dukler A E. Modelling Flow Pattern Transitions for Steady Upward Gas Liquid Flow in Vertical Tubes[J]. AIChE Journal,1980,26(3):345-354.

[7] 何安定.垂直上升管内气液两相流流动特性研究[D].西安:西安交通大学,2001.

[8] 谈泊,冯朋鑫,王惠,等.苏里格气田井下节流状态积液井判断方法[J].石油化工应用,2013,32(40):22-26.

2 苏里格气田排水采气技术

2.1 概述

目前,常用的气井排水采气工艺有泡沫排水采气(简称泡排)、速度管柱排水采气、压缩机气举、机抽、柱塞气举、电潜泵等,它们在工作原理和适应性等方面都存在很大差异。由于受到产气量、排液量、井筒几何尺寸、井底流压、储层温度、流体成分、地面管汇、经济能力、电力情况、气举所需气源、是否出砂等因素的限制,每种排液技术都有一定的局限性。因此,在实际应用中,应针对具体井况选择适宜的排液工艺技术。这些排液技术可以单独使用,也可以综合运用,其工艺原理包括以下几方面:

(1)增加近井带地层能量,使气层压力大于井筒液体对气层的回压,达到排液目的。

(2)降低井筒液柱的回压,使其小于地层的压力,达到排液的目的。具体包括如下类型:降低井内液柱高度,以减少对地层的回压,如抽汲排液、气举阀排液;降低井内液体的密度,如泡沫排液、氮气排液、CO_2排液、气举排液等;提高气体携液能力,如速度管柱排液、素流管排液;井筒内提供外部能量,如水力泵排液、螺杆泵排液等。

近年来,苏里格气田排水采气工作逐年快速增加。通过持续多年技术攻关和积极开展各种排水采气工艺现场应用,已形成一套适合各种类型气井、比较完善的排水采气配套工艺,如泡排、优选管柱、柱塞气举等,这些工艺对苏里格气田的稳产和增产作出了重要贡献。然而,各类工艺技术都有其自身的优点和局限性,对于一口具体气井而言,井况千差万别,没有一个统一的固定模式。不同排水采气工艺的优缺点见表2.1。如何根据具体井况条件和不同排水采气工艺的适应性,有针对性地选择适合于某井或某区块的排水采气工艺技术成为排水采气工艺成败的关键[1]。

表 2.1 主要排水采气工艺的特点

举升方法 对比项目	优选管柱	泡排	气举	柱塞气举	连续油管	电潜泵	射流泵	气举—泡排
目前最大排液量(m^3/d)	100	120	500	50	70	500	300	>400
目前最大井深(m)	4000	4500	4910	3000	6000	4752	2800	>3500
井身情况 (斜井或弯曲井)	适宜	适宜	适宜	受限	受限	适宜	适宜	适宜
地面及环境条件	适宜	适宜	适宜	适宜	一般适宜	需高压电	适宜	适宜
开采条件 高气液比	很适宜	很适宜	很适宜	很适宜	较适宜	一般适宜	一般适宜	很适宜
含砂	适宜	适宜	适宜	受限	一般适宜	一般适宜	很适宜	适宜
结垢	化学防垢较好	适宜	化学防垢较好	较差	化学防垢较差	化学防垢较好	化学防垢较好	化学防垢较好
腐蚀	缓蚀适宜	缓蚀适宜	适宜	适宜	较差	较差	适宜	缓蚀适宜

续表

举升方法 对比项目	优选管柱	泡排	气举	柱塞气举	连续油管	电潜泵	射流泵	气举—泡排
设计难易	简单	简单	较易	较易	较易	较易	较复杂	较易
维修管理	很方便	方便	方便	方便	较方便	较方便	较方便	方便
投资成本	低	低	较低	较低	较低	较高	较高	较低
运转效率	好	好	好	较低	一般	较高	较低	一般
灵活性	工作制度可调	注入量、周期可调	可调	可调	可调	变频可调	喷嘴可调	可调
免修期	长	长	长		受限	受限	受限	长

2.2 泡沫排水采气工艺技术

2.2.1 技术原理

泡沫排水采气是从井口向井底注入某种能够遇水起泡的表面活性剂，井底液体与泡排剂接触后，借助天然气流的搅动，生成大量低密度含水泡沫，随气流从井底携带到地面。其实质是将表面活性剂（泡排剂）注入井底，减少液体表面张力，产生大量的较稳定的含水泡沫，减少气体滑脱量，从而使水以泡沫形式顺利排出。目前，泡排剂已从单一的品种发展到拥有各种不同类型、适应不同性质、不同矿化度的泡排剂系列。泡沫排水采气施工工艺，由罐注、泵注发展到泡沫排水专用车车注的不同设备系列。泡沫排水采气技术已成为苏里格气田有效的增产措施。因具有施工容易、收效快、成本低、不影响气井的日常生产等优点，日益受到国内外的普遍关注。

2.2.2 工艺特点及技术关键

泡沫排水采气工艺具备以下特点：（1）工艺简单，操作方便，不需要井下设备，对生产井的积液排除效果好；（2）可根据实际情况随时调整加药周期，有效维护气井正常生产；（3）施工简单，成本低，特别是对于低产井，药剂成本与产液量成正比；（4）对地产渗透率高、压裂等作业后井筒内积液严重的气井，需要与其他排液方法配合进行才能发挥效果；（5）会带来泡沫液处理或液体乳化的问题。

泡沫排水采气工艺技术关键在于：（1）井口有一定压力是泡沫排液工艺实施的基础条件，因此，气井积液停产后应果断关井恢复。（2）选择与地层水配伍性良好的泡排剂是核心，是泡沫排液有效的前提。（3）合理控制开井排液过程。因井筒储容气量有限，能否充分利用有限的井筒储容气量提高发泡效果，维持连续排液是泡沫排液的一个关键。实施中，放喷气量应先大后小，以初始的大气量使井筒产生较大扰动，利于泡排剂与积液充分混合（必要时可采取多次短时开关井反复激动），以后续的小气量使井筒保持良好的泡沫流态，提高排液量和效果。（4）要注意排液过程中的复苏期现象。在开井过程中，当油管储容气量放完后，有一个油压回零、气液产量很小的时间段(通常为 30~90min),表面现象是气井未能复产,实际上这是在微弱气流下,油管内起泡高度逐渐增加,泡沫流逐渐上升的正常反应。在这个时间段后,泡沫流会大量涌出,这个时间段即为泡沫排液的井筒复苏期。这时,一定不能以压力回零的现象为依据而关井,否则,会造成气流扰动停止,井筒自然消泡、液体回落,再次停产。(5)当外输系统回压较高时,出液时应采取走旁通流程进污水罐放空方式,尽量减小井口回压,利于彻底排液。(6)对地层产液量较大的气井,排液复产后要周期性或连续性追加泡排剂,维持气井稳定带液生产,避免再次积液停产。

2.2.3　泡沫排水采气效果影响因素

泡沫排水采气效果影响因素众多,主要包括凝析油、气井产能潜力、泡排剂注入量、油管下入位置、压缩机起停以及井筒积液高度等因素,具体来说:

(1)凝析油的影响。气井中含凝析油对注入泡排剂排水采气是严重不利的,凝析油是天然的消泡剂。据 SanJuan 盆地排水采气经验:在井底积液中如果凝析油的含量超过 50%,泡排效果差。

(2)气井产能潜力。J. P. Mc Williams 等研究发现,产能潜力大的井应用泡沫排水采气后效果比产能潜力低的好很多。分析认为,随着积液排出,井底压力降低,气流就会从储层产出来,如果储层储量不够丰富,没有足够的气流产出,便会影响措施效果。

(3)泡排剂注入量。当注剂装置安装好后,可以连续或间隔一定时期地向井下注入泡排剂以帮助排液,在这过程中泡排剂的注入量并不是越多越好。根据不同井况特点,调节注入控制阀优化注剂量。图 2.1 是欧洲地区的一口气井试验阶段产量曲线图,该井由于产气开采地层压力下降造成携液困难,因而进行注剂排水采气。在试验的初期注入量为 1L/h,产量迅速上升到 $7.0 \times 10^4 m^3/d$,经过 48h 后产量开始稳定下来,产气量大约为 $5.0 \times 10^4 m^3/d$,泡排剂注入量为 25L/h。当注入量变为 5L/h 后,产气量迅速攀升到 $6.5 \times 10^4 m^3/d$。在 7~11 天中连续地进行注入,长期按 6.5L/h 的注入量注入。这期间也试验了 10L/h 的注入量,但效果并不明显,可见泡排剂的注入量并不是越多越好。

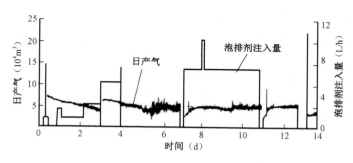

图 2.1　泡排剂注入量优化试验曲线

(4)油管下入位置。J. P. Mc Williams 等研究发现,油管下入到射孔段顶部以上的比下入到射孔段底部的排水采气效果要好。气流刚从地层产出时的能量最大,产生的搅动能量也大(图 2.2)。

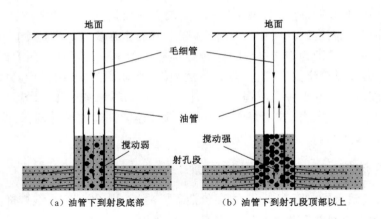

图 2.2　油管下到射孔段底部和顶部起泡效果示意图

油管下到射孔段底部以后,天然气从储层产出后必须下行绕过油管鞋才能进入油管。由于这种绕流损耗了能量,使泡排剂和地层液不能充分混合起泡,排水效果不好。油管下到射孔段顶部时,气流从产层出来就能搅动泡排剂和积液充分混合起泡,泡沫丰富,排水效果好。

(5)压缩机的影响。在开采中后期气井井口压力低,需要地面压缩机进行增压输送。压缩机功率的限制也在很大程度上影响着注剂的排水采气效果。

(6)气井积液高度对泡排的影响。在实施泡排作业时,要根据气井的生产动态及积液高度,分析泡排井的起泡条件,包括:① 最佳起泡浓度(积液量明确,泡排剂剂量准确);② 井筒气流扰动[有一定的能量(压力、气量)];③ 加注部位合理(药剂快速混合,经气体扰动起泡)。

气井的积液高度会影响泡排井的起泡难易程度及加注方式。轻度积液井:积液高度较低,积液量较少,附加给地层的压降较小,少量泡排后,可快速排出井筒积液,恢复正常生产;中度积液井:泡排初期不能快速降低井筒积液高度至一定程度,泡排效果不明显,随着持续泡排,待积液高度降低到一定程度后,附加压降影响消除,气井产能马上恢复,泡排效果明显;泡排措施遵循"定期加注、前密后疏"的原则;重度积液井(尤其是积液停产井):根据气井地层能量的高低,短期泡排和较为稀疏的泡排很难起效,必须通过强排等措施快速降低井筒积液高度后再实施泡排,才能见到效果。

以上分析表明,泡排工艺有效必须满足以下条件:① 药剂与井内积液充分接触混合;② 产出的液体有气流扰动形成泡沫;③ 药剂性能满足流体要求,易溶解,能顺利通行,同时有效作用时间长。

水平井地面泵注泡排剂无法加注到水平段,导致水平段中的液体不能起泡,从而引起泡排效果差。针对水平井井身结构的特殊性,水平井加注从液体泡排剂发展到泡排棒、泡排球加注工艺。水平井泡排工艺效果影响因素见表 2.2。

表 2.2　水平井泡排工艺效果影响因素

药剂类型	加注方式	满足的条件	存在的问题
液体	环空注入	①	油管生产时无气流扰动
	油管注入	①②	为保证泡排效果,注入时需关井,以确保药剂与井底积液充分接触
固体	油管投放	①②	需考虑药剂溶解度、溶解速度、外形尺寸

2.2.4　水平井泡排药剂特点

泡排棒投注工艺必须确保外形尺寸满足要求,泡排棒顺利通过斜井段不被卡,到达水平段跟端。棒状固体药剂在水平井的倾斜段通行与遇卡过程如图2.3所示。

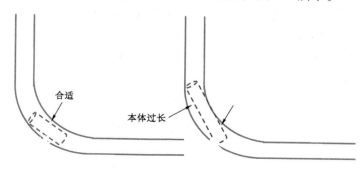

图2.3　棒状固体药剂过弯遇卡示意

据统计,苏里格气田已投产水平井600余口,有60%采用泡排排水采气,且效果十分明显。2015年6月,苏东-X井开始开展泡排施工,投放UT-6固体药剂1.4kg。泡排前油套压差较大,施工后,伴随明显出水迹象,气井油套压差减小,产气量回升(图2.4)。

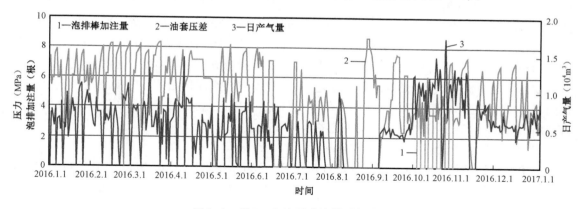

图2.4　苏D-X水平井泡排采气曲线

近年来,长庆气区使用的泡排剂和消泡剂总共达10余种之多,在泡沫排水采气方面取得了一定的认识,但由于试验井次少,试验时间较短,不能对每一种化学药剂的性能有全面的认识。鉴于泡沫排水采气工艺具有试验装置小、投资少、见效快的特点,在气田中后期具有很大的发展潜力。因此,应重新认识该项技术,对泡排剂和消泡剂的性能进行全面地新的研究和评价,筛选评价出适合长庆气区不同区块的泡排剂和消泡剂,完善配套相关技术,使其成为长庆气区今后排水采气实施中一项可靠实用的主体技术。

泡排剂的选择从以下几个方面考虑:(1)井温;(2)凝析油含量;(3)水质矿化度(矿化度增高,水的表面张力增加,排水效果降低);(4)亲憎平衡值(HLB)(排水采气一般要求亲憎平衡值为9~14,其值越大,水溶性越高);(5)表面张力(表面张力会影响润湿、起泡、乳化和分散,所选泡排剂能使表面张力下降得越低越好,这样才能改善垂管气液两相流动中的流态);(6)临界胶束浓度(C.M.C)(临界胶束浓度越大,带水能力越好,起泡性能越好);(7)稳定性

（一般认泡沫的稳定时间为 1~2h，泡沫高度为泡沫始高的 2/3 为好）。

2.2.5 苏里格气田泡排技术难点及对策

苏里格气田气井投产后，压力和产量均递减较快，部分气井无法依靠自身能量将地层水带出井筒，易使井底形成积液，产生回压，导致气井生产压差减小，天然气产量降低，甚至积液停产。通过多年的攻关研究和现场试验，苏里格气田在排水采气工艺方面已形成"以泡沫排水为主，速度管柱排水、柱塞气举为辅"的技术系列，泡沫排水采气工艺由于成本低，易操作等优点在苏里格气田得到广泛应用[5]。

2.2.5.1 泡沫排水采气工艺应用技术难点

面对苏里格气田特殊的生产工艺，泡沫排水采气在实施过程中存在着以下不可回避的技术难题：

（1）井下节流器的影响。

苏里格气田气井井下节流器的节流嘴直径一般为 1.5~2.6mm，泡排药剂在井底通过天然气流扰动形成的携液泡沫直径远大于此。室内实验表明，泡排剂起泡带液通过节流气嘴时，因流通能力有限，泡沫破碎后在气嘴下游再次形成小泡沫，导致携液能力大大减弱。对于积液较严重的气井，通常需要在关井状态下加入药剂（或棒）后快速开井，以提高气井瞬时产量而达到排液的目的。由于实施井下节流工艺后，降低节流器下游的压力不会迅速对上游流体产生影响，故无法有效激动井底，实现辅助带液。同时，对于井筒积液面在节流器以下的气井，不能应用泡排棒，投入泡排棒无法接触井筒积液，甚至可能造成节流嘴堵塞。苏里格气田气井投产初期均下有节流器，为满足地面集输工艺要求，也依靠节流器降压的同时提高气体流速从而提高气井携液能力。随着气井能量的降低，节流器的作用在减弱，目前气田仍有一部分气井没有起出节流器，影响了泡沫排水采气工艺的实施效果。

（2）气井产水量无法准确计量的影响。

苏里格气田前期试采显示气井产量普遍较低，且高压稳产时间短，中低压稳产期长，为降低成本，采用了"井下节流、井间串接、二级增压、集中处理"为主体的"中低压集气模式"。井下节流使气井无真实油管压力，井口的旋进漩涡流量计无法对气井产液量进行计量（且丛式井组多口井共用一台流量计），只能通过站内的采出水罐掌握整个集气站所辖气井产水量，这对气井泡排药剂加注量确定和泡排效果分析带来一定困难。回声仪环空探液面、井筒压力梯度测试等手段对判断苏里格气田气井井筒积液情况提供了途径。但回声仪环空探液面仅能对气井油套环空液面进行探测，井筒压力梯度测试需要起出井下节流器，均存在费时费力、成本高等问题。通过对采气曲线分析，可判断出井筒是否存在积液，但很难定量判识井筒积液量。井筒积液量判识难度大，造成泡排剂（棒）无法准确用量，影响泡排效果，甚至造成井筒更进一步的积液甚至停产。

（3）泡排对后续生产带来的影响。

泡沫进入管网，会导致摩阻增加，大量泡沫在管线低洼处堆积可能造成泡沫堵塞，在冬季易造成管线冻堵。某干线清管资料显示，泡排工作量较多时的清管清出液量达到 8200m³，较泡排工作量较小时多 9 倍。集输系统泡沫量增多，消泡不彻底，影响分离器气液分离效果。苏里格气田采用"二级增压"集输工艺,集气站、处理厂均设置有压缩机组,未分离彻底的泡沫进入压缩机组会导致压缩机缸体水击、腐蚀等风险,增加运行维护成本。泡排剂影响凝析油、甲醇回收及采出水处理工艺运行。采出水中乳化后的凝析油回收困难,统计发现,在产气量基本不变的情况下,泡排工作量较多时处理厂月度凝析油回收量较泡排工作量较小时降低很多。

(4)泡排实施工作量大。

苏里格气田目前每年泡沫排水采气应用井数超过 4000 口,以泡排药剂 7 天加注 1 次计算,每月的泡排工作量超过 12000 井次,工作量巨大。且随着低产气井数量的增多,泡沫排水采气的现场施工工作量也在增大。泡沫排水采气工艺为苏里格气田主要排水采气手段,目前仍以加药车在井口加注或人工投泡排棒为主,所需人力、物力较大,且工作效率低,不利于苏里格气田用工规模的控制。

2.2.5.2 泡沫排水采气技术完善对策

(1)适时起出气井节流器。

在井下节流气井泡沫排水采气特点、积液判识研究和现场实践的基础上,确定了气井节流器打捞时机。对于苏里格气田生产中套管压力小于 10MPa,产气量小于 5000m³/d 的气井,打捞出节流器生产。起出节流器后,气井关井后压力回升较高时采用井口针阀控制开井。同时,对产建无阻流量低于 $4 \times 10^4 m^3/d$ 的气井,不下节流器进行投产。2016 年,已结合气井生产情况,对 340 口产量低、需开展排水采气井的节流器进行了打捞。目前,苏里格气田无节流器开展泡沫排水采气气井已达 1810 口,该类气井泡排措施有效率较上一年提高 4%。

(2)开展气井产水量准确计量。

针对苏里格气田集气工艺特点,结合气藏动态监测要求和排水采气工艺措施实际,采用在线及橇装式气液两相计量装置,辅助气井动态分析技术,掌握了苏里格气田不同类型气井产液规律,对排水采气工艺措施优化提供了依据。

(3)开展消泡工艺研究及试验。

进一步加强消泡药剂的性能评价,加大集气站消泡破乳工艺研究及试验,建立适合苏里格气田的消泡方式,优选效果佳、适应性好的消泡药剂,以降低泡沫对管线摩阻的影响,确保集气站的分离器、压缩机及后续采出水处理设施正常运行。

2016 年,在室内评价的基础上,共开展集气站液体消泡试验 7 座、固体消泡试验 3 座。通过现场对比试验,固体消泡工艺消泡效果相对较好(表 2.3),下一步将加大该工艺的推广应用。在苏 X 集气站开展固体消泡后,储液罐的乳状液由日产 1580L 降为 14L。

表 2.3 固体消泡和液体消泡方式对比表

消泡方式	更换药剂难度	更换药剂频次	受限条件
液体消泡	1 人可操作	2d/次	需用清水稀释药剂,需安装雾化器,气井产水不稳定致药剂加注量偏高或偏低
固态消泡	1 人可操作	2d/次	无

(4)推广应用井口自动加药及投棒装置。

在前期研究试验的基础上,推广应用井口泡排剂(棒)自动加注装置,实现远程定时定量加注,减少员工劳动强度、现场工作量,降低操作成本。

井口泡排剂(棒)自动加注装置主要由井口加注设备、自动控制系统及供电系统3部分组成,井口加注设备可根据控制系统指令完成注剂、投棒等操作;自动控制系统由井口控制器及站内控制软件组成,其利用井口RTU及数传电台实现井口加注设备远程控制;供电系统包括太阳能电池板、风力发电机、蓄电池等组件,太阳能电板无法满足现场供电时由风力发电机供电,风光互补为井口加注设备运行提供电力。装置一次药剂储存容量可满足气井15天左右加注需求。

自动加药及投棒装置在苏里格气田推广应用486口井,自动装置提高了泡排药剂加注的准确性和及时性,已安装自动加注装置的气井现场泡排作业工作量较原来降低70%,措施有效率提高14%。

2.2.5.3 苏里格气田精准泡排技术研究与实践

苏里格气田单井产量低,气井出水量不大,气井深度、天然气气质及产水矿化度等基本满足泡沫排水采气工艺的应用条件。为提高精准泡排的基础环节质量把关,做到"精准选剂",近几年,经过积极开展新药剂试验及现场效果评价,筛选出适合苏里格气田产水水质的泡排剂。经过室内评价及生产实践检验,苏里格气田泡沫排水试验评价结果确定的泡排剂型号主要有:UT-6,UT-8,UT-11C,CQF-1和KPJ-15等。液体药剂从油套环空加注,固体从油管投加。

同时,加强"精准选井""精准加注"技术研究,在泡排加药量及加注周期结合所选泡排井的积液量、泡排剂使用浓度、油管内是否有节流器等情况确定,泡排过程中还要根据油管与套管压力、产气量变化等情况进行加注制度调整,使气井达到稳定生产,如图2.5所示。

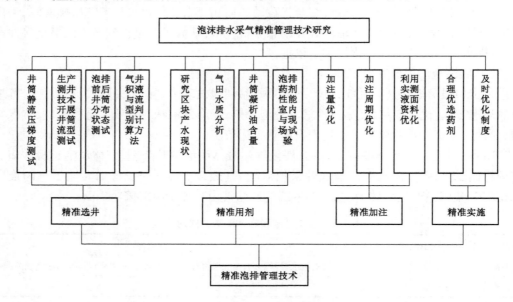

图 2.5　泡沫排水采气精准管理技术图

通过对加注制度持续优化和措施效果评价,考虑压裂方式不同井筒管具组成差异、节流器下入情况、油管与套管是否连通等指标原则,确定了选井原则及药剂加注制度,见表2.4。

表2.4 水平井泡沫排水采气适用条件及泡排制度建议表

压裂方式	井下设备	适用条件			药剂形态	加注方式	加注周期(d)	注意事项
		产量区间($10^4 m^3$)	油管与套管压差(MPa)	生产方式				
水力喷射压裂	节流器	$q \geq 1.5$	$p \geq 5.0$	连续生产	液态	套管	7~10	无积液迹象时不加注
		$1.0 \leq q < 1.5$	$3.0 \leq p < 5.0$	连续生产	液态	套管	4~6	
		$0.6 \leq q < 1.0$	$3.0 \leq p < 5.0$	间歇生产	液态	套管	3	泡排无效果可考虑打捞节流器后泡排,或采取泡排+间歇措施
		$q < 0.6$	$3.0 \leq p < 5.0$	间歇生产	液态	套管	1~3	
	无节流器	$q \geq 1.5$	$p \geq 5.0$	连续生产	液态、固态	油管+套管	5~7	无积液迹象时不加注
		$0.6 \leq q < 1.5$	$3.0 \leq p < 5.0$	连续生产	液态、固态	油管+套管	3~5	泡排无效果可考虑气举+泡排复合排水采气工艺,或间歇生产
		$q < 0.6$	$3.0 \leq p < 5.0$	间歇生产	液态、固态	油管+套管	1~3	
裸眼封隔器压裂	节流器	$q \geq 1.5$	$p \geq 5.0$	连续生产	液态	套管	7~10	无积液迹象时不加注
		$1.0 \leq q < 1.5$	$3.0 \leq p < 5.0$	连续生产	液态	套管	4~6	
		$0.6 \leq q < 1.0$	$3.0 \leq p < 5.0$	间歇生产	液态	套管	3	泡排无效果可考虑打捞节流器后泡排,或采取泡排+间歇措施
		$q < 0.6$	$3.0 \leq p < 5.0$	间歇生产	液态	套管	1~3	
	无节流器	$q \geq 1.5$	$p \geq 5.0$	连续生产	液态、固态	油管+套管	5~7	无积液迹象时不加注
		$0.6 \leq q < 1.5$	$3.0 \leq p < 5.0$	连续生产	液态、固态	油管+套管	3~5	泡排无效果可考虑气举+泡排复合排水采气工艺,或间歇生产
		$q < 0.6$	$3.0 \leq p < 5.0$	间歇生产	液态、固态	油管+套管	1~3	

苏里格气田水平井自规模化开发以来,气井数量逐年递增,截至2016年底,自营区共有水平井677口,其中75%的气井生产时间超过3年,2016年,自营区水平井共计开展排水采气措施296口/3559井次,其中采用泡排措施274口/3542井次,泡排工艺占整个排水采气工艺措施井数的92.5%,增产气量$3.6 \times 10^8 m^3$,占总增产气量的87.4%。

因具备措施执行到位、管理省时省力、制度优化及时的特点,数字化泡排无疑是水平井泡排精准实施的"好帮手"。苏里格气田下一步将加大数字化泡排应用力度,为"精准实施"的精准泡排技术管理提供支撑。

2.2.6 认识

(1)泡沫排水采气工艺对苏里格气田连续稳定生产起到了重要作用,但该工艺在应用过程中存在井下节流器影响泡排效果、无单井液量计量影响药剂加注量确定、泡排剂影响地面工艺运行、泡排施工工作量大等问题。针对泡沫排水采气工艺在苏里格气田应用中遇到的问题，在适时起出节流器、应用橇装计量装置、完善消泡工艺、推广应用井口自动加药装置等方面开展工作，可有效提高泡沫排水采气工艺效果。

（2）随着气田规模开发，泡沫排水采气工艺对苏里格气田水平井稳产的重要性日益突出。结合精细管理降本增效的发展思路，建立了"精准泡排"技术研究思路，从精准选井、精准用剂、精准加注、精准实施等方面深化研究了水平井泡排的选井依据、适应条件及标准流程，为苏里格气田等致密储层气田泡沫排水采气工艺提供了理论基础及技术借鉴。

2.3 连续油管排水采气技术

2.3.1 工作原理

在气井生产过程中，当实际产气量低于临界流量时，选择合适直径的小油管，有助于降低临界携液流量，促使气井恢复一定的携液能力，使气井能正常生产。

苏里格气田水平井采用低压集气模式，气井油压大多在2MPa左右，气井生产管柱采用单一直径管柱（$\phi73.0mm$ 或 $\phi60.3mm$）或组合管柱（$\phi73.0mm + \phi60.3mm$）。通过节点分析法，计算苏里格气田在井深3000m的不同管柱气井最小携液流量及井筒摩阻压降（表2.5）。可以看出，$\phi25.4mm$ 井筒压力损失过大，油管摩阻3.36MPa；$\phi38.1mm$ 油管临界携液流量 $0.3189 \times 10^4 m/d$，井筒摩阻0.61MPa，故选用该油管作为生产管柱可满足苏里格气田气井中后期生产需要。

表2.5　不同尺寸油管最小携液流量和摩阻

井口压力（MPa）	$\phi73.0mm$		$\phi60.3mm$		$\phi38.1mm$		$\phi25.4mm$	
	最小携液流量（m³/d）	摩阻压降（MPa）	最小携液流量（m³/d）	摩阻压降（MPa）	最小携液流量（m³/d）	摩阻压降（MPa）	最小携液流量（m³/d）	摩阻压降（MPa）
1	7455	0.01	4970	0.14	1804	0.97	1788	4.16
2	10524	0.02	7016	0.07	2546	0.61	1919	3.36
4	14830	0.02	9887	0.04	3588	0.33	2160	2.28
6	18098	0.03	12065	0.04	4377	0.23	2320	1.66
8	20821	0.04	13881	0.05	5035	0.19	2520	1.29
10	23192	0.06	15461	0.07	5607	0.18	2728	1.06

连续油管排水采气技术的应用，主要具有以下3点优势：（1）缩小管径，降低临界携液流量，有效提高气井自身携液能力；（2）有效控制气井递减速度，确保气井产量、压力、产水稳定性；（3）部分井排出井底积液后，降低井底压力，增大生产压差，短期内提高了单井产量。

2.3.2 影响因素分析

速度管柱工艺设计主要是优化管柱尺寸和下深，提升气井带液能力，降低井筒压力损失，防止产量大幅降低。

影响管柱压降的主要因素包括管径尺寸、气流量、液流量、管柱下入深度,见表 2.6 和图 2.6。结合气田水平井井身结构建立研究模型。

表 2.6 设计模型基本参数列表

气藏压力(MPa)	气藏温度(℃)	流体介质	井口压力(MPa)	井口温度(℃)
15	105	天然气+水	2	20
造斜点(m)	A 点斜深(m)	A 点垂深(m)	水平段长(m)	
2800	3400	3200	1300	

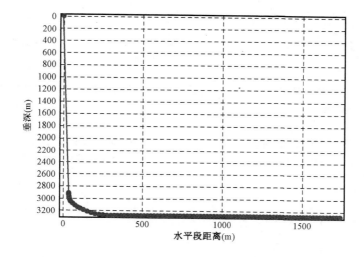

图 2.6 模型井眼轨迹示意图

(1)气、产水量影响。

当产水量一定时,管柱压降均随产气量增加先降低后增加。

原因是气量较小时,气液间的滑脱严重,管柱含液量高,重力举升压降大;气量较大时气液混合物流速高,管柱摩阻压降大。

在相同的表观气流速下,随着液流速增大,管段压降明显增加,如图 2.7 和图 2.8 所示。

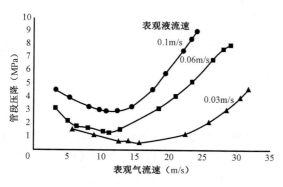

图 2.7 管段压降随表观液流速的变化
(管径 31.8mm)

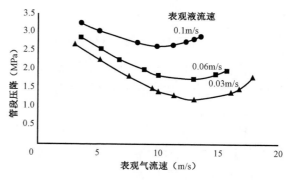

图 2.8 管段压降随表观液流速的变化
(管径 38.1mm)

由于液量增加,液滴间摩阻增大。此外受重力作用影响,管段底端的液膜厚度会增大,即液相的重力增大。达到临界携液时,气相推动液相沿管壁向上流动的剪切力增大,气相速度又与剪切力成正比。所以,随着液流量增大,临界携液气流速也会随之增大,如图2.9至图2.11所示。

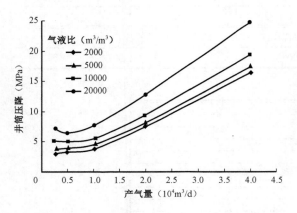

图2.9　不同气液比下井筒压降随产气量
变化曲线图(油管内径31.8mm)

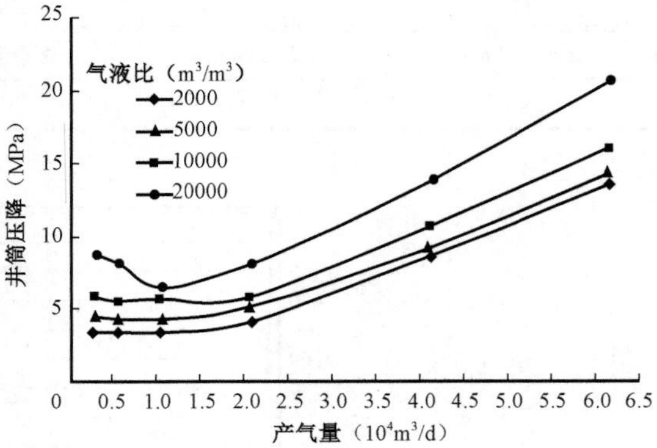

图2.10　不同气液比下井筒压降随产气量
变化曲线图(油管内径38.1mm)

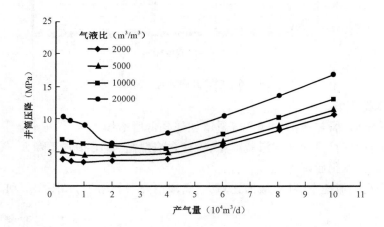

图2.11　不同气液比下井筒压降随产气量变化曲线图(油管内径40.3mm)

产气量一定时,随着气液比的增加,即液量增加,管柱压降增加,且油管尺寸越小,这种随液量增加管柱压降增加的趋势越明显。

(2)管径影响。

当气液混合物流量较小时,随着管柱尺寸越大,滑脱更严重,更容易积液,压降反而越大,故采用小尺寸管柱生产有利于降低滑脱损失和管柱压降,如图2.12所示。当气流量和液流量一定时,管柱尺寸越小,混合物密度大,小管柱持液率大,重力压降大,摩阻越大。

因此,选择合适的气井管柱尺寸,要求不仅有利于降低滑脱损失,而且不增大摩阻压降。

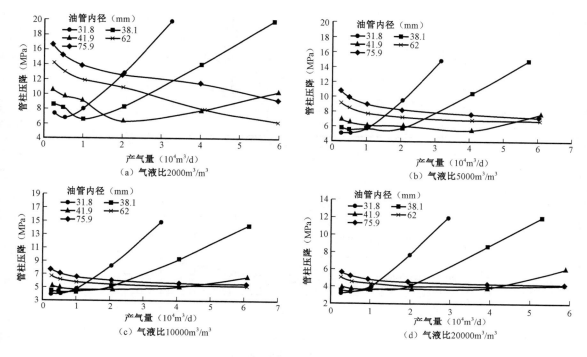

图 2.12 不同气液比不同管径下井筒压降随产气量变化曲线图

（3）管柱下深影响。

速度管下深为造斜点 A1（2800m）、造斜段中部 A2（3100m）、水平段跟端 A3（3400m），对比不同管径下入管柱井筒压降。

气量和液量较小时，速度管下深越小越好，可降低滑脱压降；

气量和液量较大时，速度管下深越大越好，可降低摩阻压降，如图 2.13 所示。

根据不同气流量、气液比及油管尺寸下的管柱压降分布给出了速度管尺寸优选表 2.7。在选取最适宜油管尺寸的基础之上，从压降角度和连续携液角度均为下入造斜点效果最佳。

表 2.7 速度管尺寸优选表

产气量 （$10^4 m^3/d$）	气液比 （$10^4 m^3/m^3$）	管柱内径 （mm）	井筒压降 （MPa）	携液流量 （$10^4 m^3/d$）	管柱适应性排序
0.5~1.5	0.5~2	25.4	3.9~7.5	0.8~1.2	造斜点
		31.8	3.6~6.2	1.2~2.2	造斜段中部
1.5~3.7	0.5~2	31.8	6.2~10.7	1.2~2.2	造斜点
		41.9	3.8~6.5	1.5~3.2	造斜段中部
		25.4	7.5~18.5	1.2~2.0	跟端（降低产量）
3.7~6	0.5~2	41.9	6.5~8.0	1.5~3.2	造斜点
		31.8	10.7~15.8	2.2~4.3	跟端（降低产量）

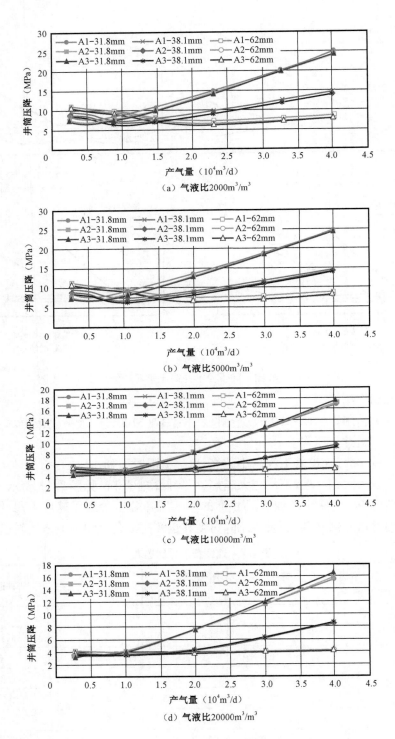

图 2.13　管柱下深影响

2.3.3 连续油管施工过程

（1）通井：采用适宜尺寸通井规通井，确保井筒清洁无异物。

（2）井口设备安装：关井后按设计要求拆除原井口阀门及生产路采气管线，安装悬挂器、安装操作窗、防喷器及管柱注入头。

（3）井下工具安装：对速度管柱下入端部进行45°倒角处理后导入注入头中，下入速度管柱过程中保证速度管柱垂直，对速度管柱内壁打磨后安装堵塞器。

（4）连续油管下入：用作业设备下入选定尺寸连续油管，下入到设计深度后，坐封悬挂器，检验密封合格后，利用防喷器剪切闸板剪断速度管柱，并在注入头、防喷器和操作窗拆除后，在悬挂器之上380~400mm的位置处用割管器剪断速度管柱。

（5）恢复井口采气树：在悬挂器上安装转换法兰，按照生产流程设计要求安装原拆卸井口，并将井口生产闸阀与生产针阀连接，检查安装井口的密封性。安装后1#主闸阀必须为常开状态，应悬挂禁止操作的标识牌。速度管柱安装前后如图2.14所示。

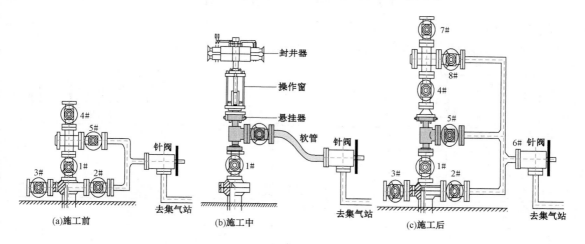

图2.14 连续油管安装前后示意图

（6）打堵塞器：将套管气引入速度管柱中，关闭套管闸阀，采用速度管柱与原油管环形空间生产，依靠速度管柱内部与堵塞器下部形成的压力差打掉堵塞器。若通过气井自身能量不能将堵塞器打掉，将氮气车或天然气压缩机气举车与气井相连，向速度管柱中泵入氮气或天然气，打掉堵塞器。

2.3.4 连续油管现场应用

苏里格气田2012年开展水平井速度管柱措施试验，因井身结构限制，截至2016年共计开展速度管柱排水采气措施井50余口，投放管柱尺寸为1½in和1¼in，设计下深为气井造斜点以下，生产过程中一般间歇措施和辅助泡排剂套管加注，如图2.15所示。

（1）苏6-3-13H2井。

该井于2013年11月投产，投产油管与套管压力18.4/18.4MPa，无阻流量$55.9 \times 10^4 m^3/d$。2015年11月投放1½in连续油管至2918m处。措施前油管与套管压力为2.32MPa/7.38MPa，日

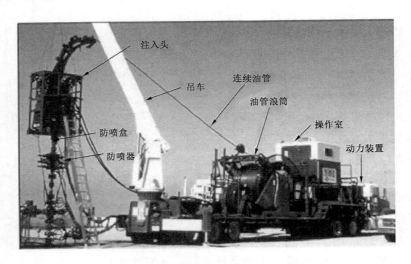

图 2.15 连续油管作业现场施工示意图

产气量 $0.94 \times 10^4 m^3$，措施后初期油管与套管压力为 1.53MPa/6.38MPa，日产气量 $1.57 \times 10^4 m^3$，油管与套管压力差减小，产气量增加，措施效果明显，如图 2.16 和图 2.17 所示。

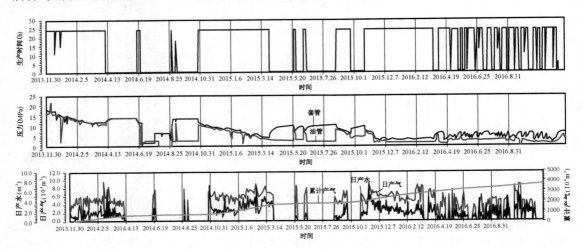

图 2.16 苏 6－3－13H2 井采气曲线

目前，油管与套管压力为 1.27MPa/5.27MPa，无气量。分析认为连续油管下深 2918m，处于气井造斜点之上，初期排出直井段积液。随气井产能降低，造斜段积液导致气井水淹。下一步需气举排液复产，并进行组合排水采气方式（速度管柱 + 泡排 + 间歇）。

（2）苏 6－13－5H 井。

苏 6－13－5H 井于 2010 年 11 月投产，无阻生产，无阻流量为 $6.3 \times 10^4 m^3/d$，投产油管与套管压力为 20.0MPa/22.5MPa。2013 年 9 月投放 1½in 连续管柱至 2980m，距水平段入靶点垂直距离 347m。目前油管与套管压力为 2.9MPa/7.7MPa，如图 2.18 和图 2.19 所示。

效果评价：生产一段时期后措施效果较直井差，主要因为管柱下深不够，下入点至水平段入靶点段积液不能有效排出。

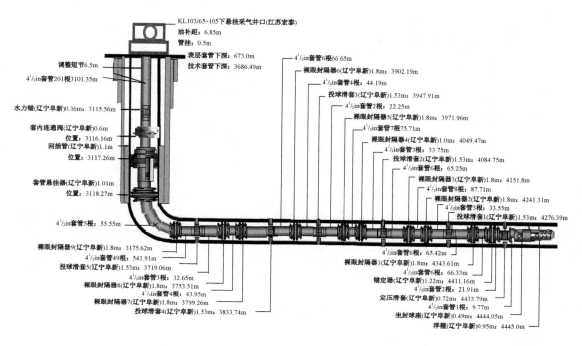

图 2.17 苏 6 – 3 – 13H2 井井身结构图

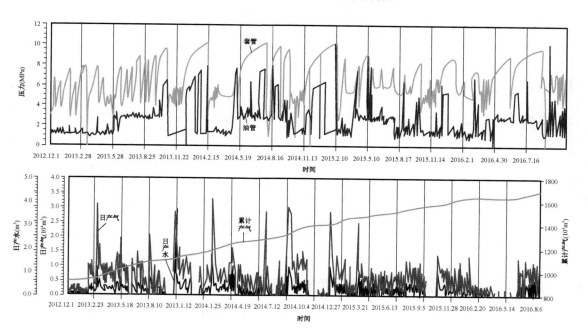

图 2.18 苏 6 – 13 – 5H 井采气曲线

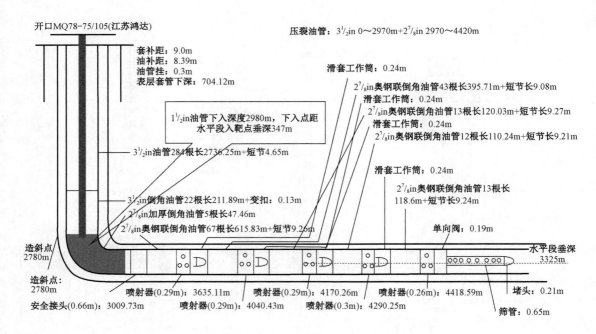

图 2.19 苏 6 – 13 – 5H 井井身结构图

2.3.5 连续油管适用条件

通过总结分析,形成了连续油管排水采气适应性表,见表 2.8。

表 2.8 连续油管排水采气适应性表

工艺适应性	措施适应性
(1)井筒完好畅通; (2)套管压力:5 ~ 15MPa;	$0.8 \times 10^4 m^3/d$ 以上气井应用效果显著
(3)油管与套管压力差:<5MPa; (4)剩余可采储量预测:大于 $500 \times 10^4 m^3$;	$0.5 \times 10^4 \sim 0.8 \times 10^4 m^3/d$ 气井辅助泡排,有效果
(5)水量小于 $10 m^3/d$; (6)井深小于3500m	$0.5 \times 10^4 m^3/d$ 以下气井,辅助泡排,无明显效果、可采用气举排除井底积液,辅助泡排、间开等措施延长有效期

2.4 小直径油管气举阀采气技术

2.4.1 小直径油管气举阀采气技术工作原理

该工艺指在原井采气管柱内,在井口可控条件下,在油管内下入堵塞器,然后下入小油管、异型气举阀及辅助工具进行排水作业,之后在原采气树装置(总阀门上部)上加装小四通、小油管挂进行完井采气。某些水平气井产水量较大,虽然采用小直径油管采气,随着生产时间的延长,也会出现积液严重或水淹停产现象。为此,采用小直径油管 + 气举阀排水采气工艺技术,在油管不同深度装上阀孔,当注入高压气体时,气体从阀孔进入油管,降低阀孔上部油管的混合液密度从而排出上部油管液体。

2.4.2 小直径油管气举阀采气技术优缺点

(1)小直径油管气举阀采气的优点:

① 该完井管柱通过缩小生产管柱横截面积、提高流速、减少滑脱损失,减少井底积水,可大幅度延长气井生产周期。

② 该完井管柱中的气举阀可多次重复使用,只要气井由于积水而造成停产,即可氮气气举诱喷复产。

③ 对地层伤害最小,并可将井底及近井地带的积水排净。

④ 操作简单:使用小型作业机(负荷小于 15tf)即可下管柱。作业时间短,修井成本低。

⑤ 安全可靠:井下堵塞,井口控制。

⑥ 经济性强:为连续油管排水采气工艺成本的 60% ~ 70%。a. 修井成本低。b. 与连续油管对比:抗冲蚀作用强,选择范围广,油管可重复利用。c. 普通油管价格低于连续油管60%。d. 与普通采气完井工艺比,小油管内容积小,环空内容积小,需要较少的气体即可混合降低液柱压力,且压缩机排量低、压力低,从而气体用量小。e. 井控装置完井后拆除,下口井可再使用。

(2)小直径油管气举阀采气的缺点:受小直径油管尺寸的限制,对试验井的选井气量有一定的限制,具体气量因素由小直径油管尺寸所决定。

2.4.3 气举阀结构与工作原理

根据对气举过程中井筒积液流动性及气举启动过程分析发现,压缩机在气举开始初期,启动压力较高,压缩的额定输出压力较高;但是气举系统正常生产时的工作压力比启动压力小得多,造成压缩机功率的浪费,增加投入成本。因此,可采取安装气举阀,降低启动压力,如图2.20 所示。

气举阀气举具有以下特点:气举阀可作为注气通道、举升管柱上注气孔的开关;可以降低启动压力;气举阀可灵活地改变注气点深度,以适应井的供液能力;间歇气举中,气举阀可控制周期注气量;利用气举阀改变举升深度,增大油井生产压差,以清洁油层解除伤害;气举阀的单流阀可以防止产液从举升管倒流。

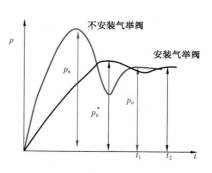

图 2.20 两种气举方式启动过程压力对比图

2.4.3.1 气举阀原理

气举阀按工作原理划分,有压力控制式和压降控制式。压力控制式气举阀又分为由油套环空注气压力来控制和由油管中液体压力來控制两种。按弹性元件的结构型式划分主要有波纹管式、弹簧式、复合式和膜片式 4 种。目前,现场气井使用较多的是套管压力操作波纹管式气举阀,该气举阀是一种靠注入气压力作用在波纹管有效面积上使其打开的气举阀。其主要组成部分为充气室、波纹管、阀球和阀球座,气举阀中的重要部件是波纹管,波纹管是采用蒙乃尔(Monel)合金经冷压加工制成。气举阀开启、关闭状态如图 2.21 所示。

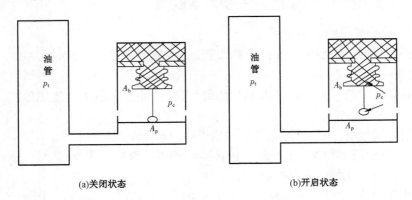

(a)关闭状态　　　　　　　　　　(b)开启状态

图 2.21　气举阀状态

p_t,p_c—阀处的油管压力和套管压力;A_b—封包面积;A_p—阀孔面积

(1)阀的打开。

图 2.21(a)所示的关闭状态下,阀球受油管压 p_t 产生的上顶力,封包受套管压力 p_c 产生的上顶力,两者都试图打开阀,而作用在封包面积上的气室压力则下压使阀保持关闭状态。

试图打开阀的力:

$$F_0 = p_t A_p + p_c (A_b - A_p) \qquad (2.1a)$$

保持阀关闭的力

$$F_c = p_d A_b \qquad (2.1b)$$

若以表示气举阀将要开启瞬间阀处的套管压力(开启压力),则:

$$p_{op} = (p_d - R p_t)/(1 - R) \qquad (2.2)$$

式中　p_{op}——阀在井下的开启压力,Pa;

p_d——阀在井下时封包内的压力,Pa;

R——阀孔与封包的面积比,即 $R = A_p/A_b$。

将式(2.2)改写为:

$$p_{op} = p_d/(1 - R) - R p_t/(1 - R) \qquad (2.3)$$

可以看出,随着油管压力增加,打开阀所需要的套管压力要减小。

当阀处的套管压力 $p_c > p_{op}$ 后,阀就会被打开,如图 2.21(b)所示。

(2)阀的关闭。

阀打开后,保持阀开启的力为:

$$F_0 = p_c (A_b - A_p) + p_c A_p = p_c A_b \qquad (2.4a)$$

试图关闭阀的力为:

$$F_c = p_d A_b \tag{2.4b}$$

当 $F_0 \le F_c$ 时,阀就会关闭。

以 p_{sc} 表示阀即将关闭瞬间阀处的套管压力(关闭压力),则:

$$p_{sc} = p_d \tag{2.5}$$

可以看出,阀的关闭压力仅与封包内的压力有关,而与油管压力无关。

(3)阀的距。阀开启压力 p_{op} 与关闭压力 p_{sc} 之差称为阀的距,是表征封包式阀工作特征的一个主要参数。用 p 来表示,其值为:

$$p = p_{op} - p_{sc} = (p_d - p_t R)/(1 - R) - p_{sc} \tag{2.6}$$

又 $p_{sc} = p_d$,代入式(2.6),整理后可得:

$$p = (p_d - p_t)R/(1 - R) \tag{2.7}$$

即阀的距随油管压力的增大而减小,当 $p_t = p_d$ 时,为最小等于零;当 $p_f = 0$ 时其值最大等于 $p_d R/(1 - R)$。

2.4.3.2 气举阀类型

气举阀有多种分类方法,这里介绍4种压力控制式气举阀。

(1)ZBG 型气举阀。ZBG 型气举阀属于非平衡式套管压力操作阀,主要由充气室、波纹管、阀球、球座、单流阀5个部分组成。

(2)ZBF 型气举阀。ZBF 型分流式气举阀主要由上阀、中阀、下阀、单流阀4个部分组成,相比于普通的气举阀,ZBF 型气举阀多了节流套,减少了液流对阀座的冲击。

(3)ZBB 型气举阀。ZBB 型气举阀属于非平衡式波纹管保护气举阀,主要组成部分与ZBF 型气举阀基本相同,同时在阀杆上设计了缓冲气流的结构。

(4)ZBY 型气举阀。ZBY 型气举阀设计有注气转向阀座,使控制气举阀开启和关闭的力由原来的套管压力改为油管压力,套管压力只起辅助作用。

2.4.3.3 气举阀位置的确定方法

(1)计算法。

① 第一个阀的下入深度 L_1。L_1 一般可根据压缩机最大工作压力来确定。其中又有两种情况:

a. 井筒中液面就在井口附近,在压气过程中即溢出井口时,可根据式(2.8)计算阀深度:

$$L_1 = \frac{p_{max}}{\rho g} \times 10^5 - 20 \tag{2.8}$$

式中 L_1——第一个阀的安装深度,m;

p_{max}——压缩机的最大工作压力,MPa;

ρ——井内液体密度,kg/m³;

g——重力加速度,m/s²。

减 20m 是为了在第一个阀处,在阀内外建立约 0. 2MPa 的压差,以保证气体进入阀。

b. 井中液面较深,中途未溢出井口时,可由式(2.9)计算阀安装深度:

$$L_1 = h_s + \frac{p_{max}}{\rho g} \times 10^5 \times \frac{d^2}{D^2} - 20 \qquad (2.9)$$

式中　h_s——施工前井筒中静液面的深度,m;

　　　d——油管内径,m;

　　　D——套管内径,m。

应用式(2.8)和式(2.9)可算出两种情况下的第一个阀的安装深度。

② 第二个阀的下入深度 L_2。第二个阀的下入深度可根据套管环空压力及第一个阀的关闭压差来确定。当第二个阀进气时,第一个阀关闭。此时,阀Ⅱ处的环空压力为 p_{a2},阀Ⅰ处的油管压力为 p_{t1}。

阀Ⅱ处压力平衡等式为:

$$p_{a2} = p_{t1} + \rho g \Delta h \times 10^{-5} \qquad (2.10)$$

$$\Delta h_1 = L_2 - L_1 = \frac{1}{\rho g}(p_{a2} - p_{t1}) \times 10^5 \qquad (2.11)$$

则:

$$L_2 = L_1 + \frac{(p_{a2} - p_{t1})}{\rho g} \times 10^5 - 10 \qquad (2.12)$$

式中　Δh_1——第一阀进气后,环空液面继续下降的距离,m;

　　　p_{a2}——第二阀处的环空压力,MPa;

　　　p_{t1}——第一阀将关闭时,油管内能达到的最小压力,MPa;

　　　L_1——第一阀的安装深度,m;

　　　L_2——第二阀的安装深度,m。

减 10m 是为了在第二个阀内外建立约 0. 1MPa 的压差,以保证气体能进入阀。

同理,第 i 个阀的安装深度 L_i 应为:

$$L_i = L_{i-1} + \frac{\Delta p_{i-1}}{\rho g} \times 10^{-5} - 10 \qquad (2.13)$$

$$\Delta p_{i-1} = p_{max} - p_{t\,i-1} \qquad (2.14)$$

式中　L_i——第 i 个阀的安装深度,m;

　　　L_{i-1}——第 $(i-1)$ 个阀的安装深度,m;

　　　Δp_{i-1}——第 $(i-1)$ 个阀的最大关闭压差,MPa;

　　　p_{max}——压缩机(气源)的最高排出压力,MPa;

　　　$p_{t\,i-1}$——油管内第 $(i-1)$ 个阀处可能达到的最小压力,MPa。

由此可见,若要确定某级气举阀的安装深度,则必须求出阀处油管内可能达到的最小压力。在设计时,为了更加安全,可按正常生产计算得到的油管压力分布曲线来确定最小压力。

（2）图解法。气举阀位置确定的图解法步骤如下：

① 确定注气点，在坐标纸上绘制静液柱压力梯度曲线和井下温度分布曲线。

② 从已知井口油管压力，利用设计产量和定注气量确定出的井口到注气点的最小油管压力分布曲线，代表气举情况下气液比最大时的油管压力。

③ 若井内充满液体，可用上面公式计算顶部阀的位置；如果静液面不在井口，顶部阀位置应置于静液面处；也可以从井口油管压力处作井内液体梯度曲线与注气压力深度曲线相交，该点即为顶部阀位置，有：

$$L_1 = \frac{p_e - p_{wh}}{G_s} \qquad (2.15)$$

式中 L_1——顶部阀位置；

p_e——启动注气压力，MPa；

p_{wh}——井口压力，MPa；

G_s——静液柱压力梯度，MPa/m。

④ 从顶部阀位置点向左作水平线与最小油管压力线相交，交点为顶部阀最小油管压力。

⑤ 根据顶部阀处注气压力和管内油管压力，查图版确定阀嘴尺寸。

⑥ 将注气压力减去 0.35MPa，作一条平行于注气压力的深度线。

⑦ 从顶部阀最小油管压力作井内液体梯度线与减去 0.35MPa 的注气压力深度线相交，即为第二个阀的位置。

⑧ 从第二个阀的位置向左作水平线与最小油管压力相交，交点即为第二个阀的油管压力。

⑨ 根据第二个阀处的注气压力和油管压力，查图版确定第二个阀嘴的尺寸。

⑩ 利用同样方法确定第三、第四及以后的阀的位置，一直计算到注气点以下为止。

⑪ 封包充气压力 p_{bt}，由式（2.16）计算：

$$p_{bt} = p_c\left(1 - \frac{A_v}{A_b}\right) + p_t\frac{A_v}{A_b} \qquad (2.16)$$

式中 p_{bt}——气举阀在不同井温下腔室内的充气压力，MPa；

p_c——作用于波纹管的注气压力，MPa；

p_t——阀嘴处的生产压力，MPa；

A_b——封包有效面积，mm^2；

A_v——阀嘴有效面积，mm^2；

$\left(1 - \dfrac{A_v}{A_b}\right)$ 和 $\dfrac{A_v}{A_b}$——参数，由气举阀制造厂家提供。

地面充气压力 p_b 由气体状态方程求得。

2.4.4 小直径油管气举阀试验选井原则

（1）小直径油管能下入到造斜点以下，尽可能下入距离水平段 A 靶点位置距离较近的地方；因此，以水力喷射压裂方式井为首选。

（2）气井积液比较严重，但具有较高的压力和一定的产能，满足气举复产后生成的需要。

（3）现有井身结构及下入后井身结构，满足气举的需要。

（4）井筒无落物、无节流器等影响管柱下入的物体。

2.4.5 小直径油管气举阀试验现场施工步骤

钢丝作业通井、测静压梯度、投堵—拆卸采气树—安装小油管悬挂器及防喷器组—下小油管及气举阀—拆卸防喷器组—安装采气树—解堵、氮气气举排液—完井、恢复采气井口。不同管径对应的堵塞器规格见表2.9。

表2.9 不同油管外径对应堵塞器规格表

油管外径（in）	堵塞器规格
$2\frac{7}{8}$in	ϕ55mm ~ ϕ57mm 油管堵塞器，堵塞口内通径20mm，承压35MPa
$3\frac{1}{2}$in	ϕ70mm 油管堵塞器，堵塞器内通径20mm，承压35MPa

2.4.6 小直径油管气举阀应用与分析

苏××-×-××井生产层位盒8、试气无阻流量2.17×10^4m³/d，于2012年7月14日投产。该井采用无节流器生产。初期日产0.5×10^4m³，油管压力3.45MPa，套管压力19.09MPa。试验前该井日产为0，油管压力1.02MPa，套管压力17.00MPa，累计产气432.6009×10^4m³。

2015年6月25日进行回声仪探液面测试，测得该井油套环空液面高度2313m。于2015年7月7日进行了压力计梯度测试，通井至3330m，井筒内无异常。测得油管内积液，液面距离井口深度为392.5m。预估计井筒内积液量为40.3m³，积液严重。

该井于2015年10月13日通井后，顺利下入可捞式堵塞器于3290m处。经过现场安全检查后，于2015年10月18日开展现场小直径油管下入工作，共计下入小直径油管337根，下入深度3137.71m。期间，配套下入四级气举阀为1564.1m，2128.59m，2587.89m和2943.69m处。2015年10月22日，组织安装采气树，打堵塞器解堵，并组织气井复产作业。

经下入小直径油管及三次气举复产措施后，油管压力由1.07MPa增至8.40MPa，套管压力由试验前17.96MPa增至22.19MPa，累计举出液量38.5m³，气量由试验前的积液停产，恢复至日产气量0.8343×10^4m³ 开井正常生产，试验效果良好。

2.5 柱塞气举排水采气技术

2.5.1 柱塞气举排水采气法工艺原理及步骤

柱塞气举实质上是间歇气举采油的一种特殊形式，是通过在举升气体和被举升液体之间提供一种固体的密封界面，利用气井自身高压气体能量推动油管内的柱塞进行举水，由于柱塞在举升气体与采出液之间形成一个固体界面，从而有效地防止气体上窜和液体回落，减少滑脱损失，增加举升液体效率，使井的产量大大提高。

这项工艺技术适用于高液气比的气水井,在气井出水初期它能延长出水井自喷带水能力。在常规间歇气举效率不高、效果不明显的井,采用柱塞气举可以提高生产效率,避免气体的无效消耗。柱塞气举还可以用于易结蜡、结垢的油气井,沿油管上下来回运动,柱塞可以干扰、破坏油管壁结蜡、结垢过程,可省去清蜡除垢的工序,节约生产时间和费用。

柱塞气举井下工具的安装都非常简便,只需利用钢丝绳就可以完成安装和打捞工作,避免了修井作业,这样既可以减少作业对油气储层的伤害,同时,也可以节约生产时间。

柱塞气举整个生产周期划分为首尾相接的 3 个阶段:柱塞上升、柱塞下降、压力恢复,如图2.22 所示。

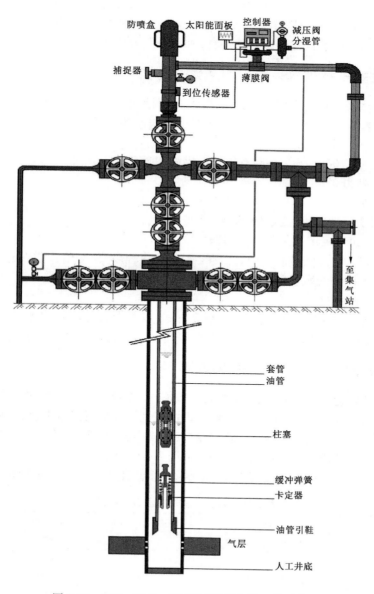

图 2.22 PLS – 27/8 – 35SW 型柱塞气举工艺示意图

（1）柱塞上升阶段。控制器打开，液柱向上运动，空气体下降：环空内液体和气体向下流动，最后气体和液体分界面上到管鞋位置。空气体上升：依靠泰勒泡气体膨胀作用，液体继续上行；液体上行段塞充满油管，漏失量的大小由段塞活动速度控制。部分液体开始进入生产管线，柱塞液柱加速上行。

（2）第二阶段为柱塞下降。柱塞待进入捕捉器，控制器关上，柱塞加速下落最后达到匀速下降。若井底流压小于油藏压力，油藏流体可流入井筒。在第一阶段中漏失的液体在井底聚集起来成为下一循环液体段塞的一部分。

（3）第三阶段，压力恢复。柱塞下落到达缓冲弹簧位置，气液混合物流入井筒，液体流入井底增加段塞体积，气体增加环空压力，最后达到最大压力，控制器开启，下一周期开始。

对于地层能量充足的气藏，实施井筒举水措施。以段塞流的方式将水举升到生产管线，避免井筒积液产生回压影响正常生产。部件有井口装置、游动活塞、井下定位器、投捞系统等。

2.5.2 柱塞气举排水采气适用条件及特点

柱塞气举排水采气主要适用于低井底压力、高气液比的气藏，其适用条件：

（1）气井自身具有一定的产能，带液能力较弱的自喷生产井；

（2）产水量小于 50m³/d；

（3）气液比大于 500m³/m³，井底有一定深度的积液；

（4）温度：最高为 288℃；

（5）井深：原则上没有限制，但一般低于 4500m；

（6）适用性：腐蚀性地层，成本低，约 4372 美元/套；

（7）井身要求：直井、定向井（井斜不超过 38.1°）。

优点：工艺简单，容易安装和检修；地面设备自动化程度高；对低产量井适用；适用于多种尺寸油管；经济；可以和间歇气举同时应用；可以根据井的状况及时调整举升方式；长庆现场先导试验较好。

缺点：不能开采至枯竭，需要更换其他举升方式；需要专人管理，由于管理制度需要不停地变化，需要根据气井开发动态设置开关井时间；速度过快时易对井口设备造成冲击。

2.5.3 柱塞气举排水采气关键技术

（1）选井。柱塞选井需要对气井的地质动态条件、井身结构等方面进行分析。关键点在于分析气井的地质动态条件，通过对苏里格气田柱塞气举井进行产量拟合，分析不同剩余可采储量气井的实施效果。柱塞气举较大程度依赖气井自身产能，所以了解柱塞气井当前生产状态所处气井开发阶段是选井的一个重要依据，如图 2.23 所示。

（2）井身结构。由于柱塞在油管内做机械往复运动，对管柱有一定的要求，见表 2.10。

表 2.10 各类柱塞规格及适用条件

序号	柱塞类型	柱塞外径（mm）	柱塞长度（m）	适用井斜（°）	维护周期（d）
1	刷式柱塞	可收缩（缩52；扩62）	0.6	<20	92
2	鱼骨柱塞	58	0.4	<38	181
3	衬垫柱塞	可收缩（缩58；扩64）	0.8	<20	92
4	组合柱塞	58	0.6 + 0.5	<25	92

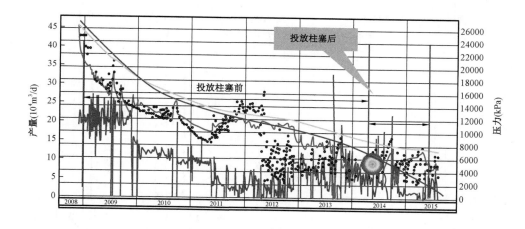

图 2.23　柱塞气井当前生产状态

变径管柱组合影响：以 3in + 2⅞in 管柱组合为例，柱塞外径约为 2⅛in。当柱塞由上向下运动容易卡阻在管柱组合变径接箍处，柱塞由下往上排液时，液柱通过变径处滤失量会增加；

井斜度影响：从各类柱塞设计规格以及在苏里格气田的应用情况来看，井斜小于 38.1° 是柱塞的安全运行范围。

（3）载荷因数。载荷因数（K）是柱塞是否可以通过当前压差进行往复运动的参数。其对于判定柱塞投放时机十分重要。一般的，当 $K > 50\%$ 时认定柱塞无法上行举升排液，当 $0 < K < 50\%$ 时，可以上行举液。合理的载荷因数十分重要，长时间过小或过大都不合理，需根据气井生产情况及时调整。

$$K = \frac{p_c - p_t}{p_c - p_p} \times 100\% \tag{2.17}$$

式中　K——载荷因数，

　　　p_c——套管压力，MPa；

　　　p_t——油管压力，MPa；

　　　p_p——回压，MPa。

（4）柱塞排液周期。柱塞在自身重力影响下，自动沉没到安装在生产管柱底部的卡定器上，然后同时关井。在柱塞下方和油套环空中天然气逐渐聚集，恢复井底天然气能量。在井底压力加大到一定数值的情况下，打开井口阀门。之后，油套环空中的天然气在压差作用下进入油管，用凭借自身能量使柱塞及其上方液体同时向上升起，从而液体排出井筒，产出天然气。在天然气产出后，气井依然可以持续生产。当井底重新积液、聚集起来的天然气能量得以释放时，柱塞气举排水采气才正式完成一个周期。结束后，关闭井口，柱塞将会自动落在卡定器顶部，开始下一个工作周期，如图 2.24 和图 2.25 所示。

（5）柱塞运行速度。由于苏里格气田地面管网为中低承压（<5MPa），针对气田实际，既

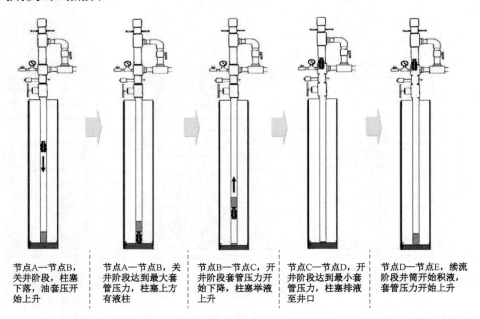

节点A—节点B，关井阶段，柱塞下落，油套压开始上升

节点A—节点B，关井阶段达到最大套管压力，柱塞上方有液柱

节点B—节点C，开井阶段套管压力开始下降，柱塞举液上升

节点C—节点D，开井阶段达到最小套管压力，柱塞排液至井口

节点D—节点E，续流阶段井筒开始积液，套管压力开始上升

图 2.24　柱塞排液周期

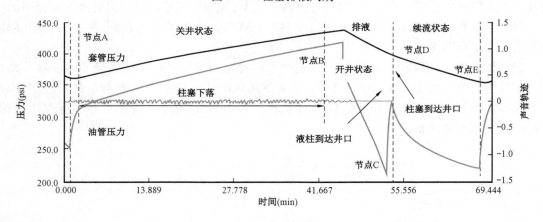

图 2.25　柱塞气举典型排液曲线

要防止柱塞上行速度过快超压，也要确保柱塞运行滤失量的最小，保证排液效率，为此需要对柱塞的运行速度进行分析。通过现场数据建立柱塞运动冲量模型，确定柱塞不同速度形成的上冲压力，分析柱塞不同举液高度所对应的安全及最优运行速度范围，同时，考虑柱塞举液过程中液体滤失的影响，分析柱塞最佳运行速度范围。

$$m(v_{初} - v_{末}) = Ft \tag{2.18}$$

式中　m——液柱质量，kg；

v——柱塞上行速度，m/s；

F——撞击力，N；

t——撞击时间，s。

从压力—速度坐标系来看,当速度达到警戒值 300m/min 时,开井前最大套管压力必须要低于 6MPa,否则可能会出现柱塞在井筒内超压运行,系统自动关井,如图 2.26 至图 2.28 和表 2.21 所示。

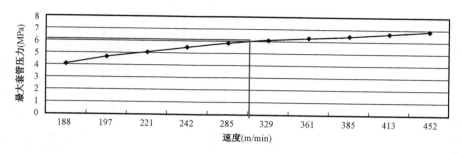

图 2.26 柱塞举升速度与最大套管压力对比关系图

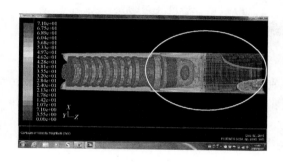

图 2.27 Fluent 模拟初始套管压力(1MPa) 　　 图 2.28 Fluent 模拟初始套管压力(2MPa)

表 2.11 不同高度液柱在井口对应上行速度范围

液柱高度(m)	速度范围(m/min)
100	100 ~ 450
200	179 ~ 317
300	214 ~ 284
400	246 ~ 268
500	259 ~ 261
600	
700	
800	238 ~ 252
900	
1000	

2.5.4 柱塞气举排水采气平台系统

2016 年苏里格气田已有 237 口柱塞井运行数据接入柱塞气举排水采气分析平台,如图 2.29 所示。目前,现场主要通过该系统对柱塞实施效果进行分析。

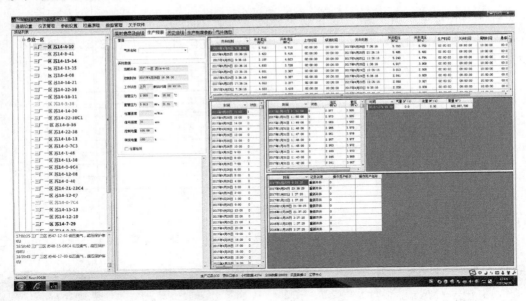

图 2.29　柱塞气举排水采气系统操作界面

该系统具有柱塞运行参数实时调控功能,分别有:实时信息及曲线模块、生产报表模块、历史曲线模块、生产制度参数模块、气井信息模块等 5 个模块。主要用来监控柱塞往复周期、排液特征曲线,使用定压或定时运行制度。

(1)排液周期。该系统可以选择 2h 至 15 天作为时间单位,来监控柱塞的往复运行情况,图 2.30 至图 2.33 为不同监控周期的正常排液曲线。

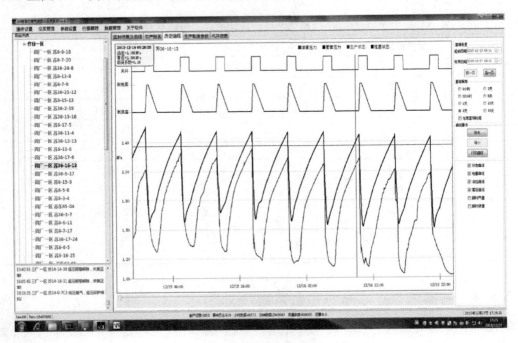

图 2.30　正常排液曲线(每 2 天)

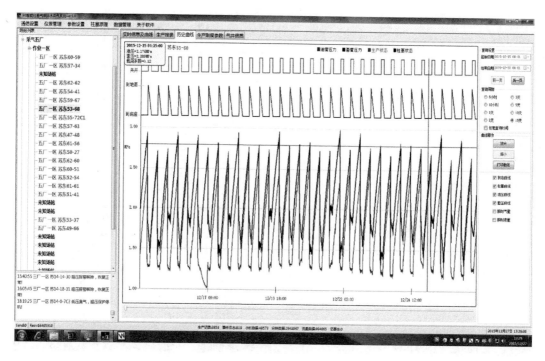

图 2.31 正常排液曲线（每 1 天）

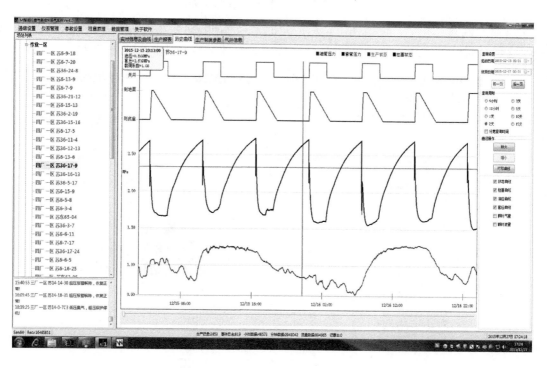

图 2.32 不正常排液曲线（每 2 天）

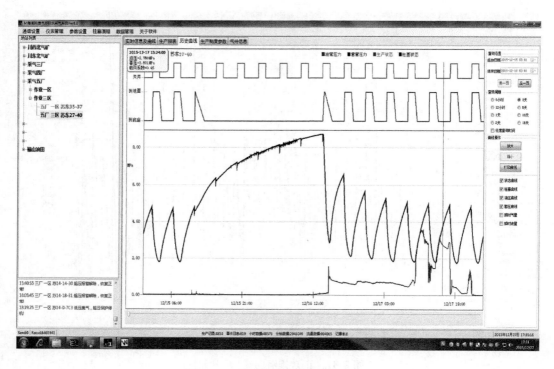

图 2.33　不正常排液曲线(每 3 天)

(2)制度调整。在平台可以利用定压或定时调整制度,需要在开发过程中根据气井的套压、产气量及时调整柱塞井的工作制度,保证柱塞井高效运行,如图 2.34 和图 2.35 所示。

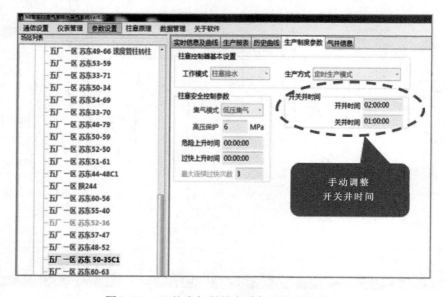

图 2.34　MI 柱塞气举排水采气调整制度平台

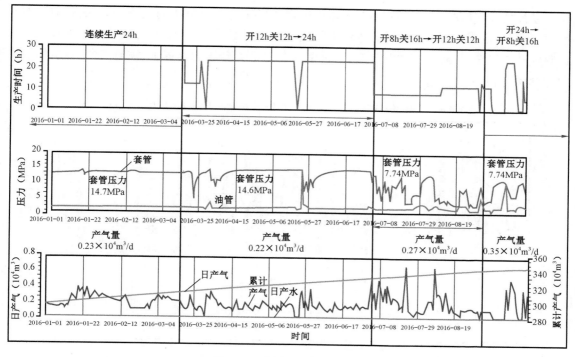

图 2.35　制度调整生产曲线

2.5.5　柱塞实施效果分析

SD1 井生产日志(运行周期)见表 2.12。

表 2.12　SD1 井生产日志(运行周期)

周期	关井时间	关井前		开井时间	开井前		载荷因数
		油管压力,MPa	套管压力,MPa		油管压力,MPa	套管压力,MPa	
1	6 月 16 日 8:00	4.81	9.26	6 月 22 日 17:18	10.08	10.17	0.0096983
2	6 月 25 日 16:40	3.27	8.7	6 月 26 日 17:25	7.89	8.92	0.128269
3	7 月 3 日 13:45	3.28	9.14	7 月 4 日 15:50	7.8	9.2	0.2684717
4	7 月 8 日 12:30	3.22	8.35	7 月 9 日 16:00	7.7	8.85	0.2444724
5	7 月 11 日 13:15	3.34	8.46	7 月 14 日 16:05	9.43	9.2	0.027677
6	7 月 16 日 13:15	3.4	8.29	7 月 17 日 12:05	7.75	8.69	0.2205128
7	7 月 18 日 14:25	3.34	7.88	7 月 19 日 17:00	7.56	8.57	0.2315104
8	7 月 20 日 11:45	3.28	7.61	7 月 22 日 12:00	9.12	8.96	0.019827
9	7 月 23 日 11:05	3.4	7.78	7 月 24 日 16:08	7.43	8.63	0.2550388
10	7 月 25 日 15:30	3.34	7.69	7 月 27 日 13:50	8.65	8.86	0.0263488
11	7 月 28 日 10:55	3.32	7.5	7 月 30 日 9:30	8.55	8.8	0.0316056
12	7 月 31 日 12:05	3.28	7.76	8 月 2 日 12:05	8.78	8.86	0.0100376
13	8 月 3 日 15:00	3.34	7.72	8 月 5 日 17:15	9.14	9.09	0.006098

在投放柱塞后的 13 个排液周期中显示出两个特征：(1)柱塞上行速度随开关井时间呈线性对应变化,说明柱塞上方液量较少。(2)柱塞载荷因数均小于 1,说明该井产液速度较慢。该井生产能量充足,时间模式制度良好,可考虑在满足大套压的前提下,需延长气井的续流时间,使运行压力保持在合理范围,如图 2.36 和图 2.37 所示。

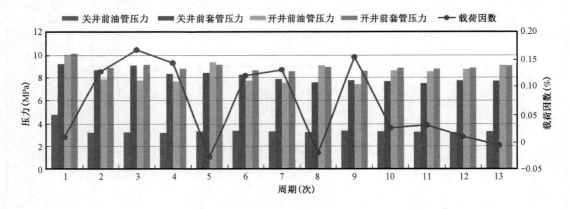

图 2.36　SD1 井生产参数变化情况(运行周期)

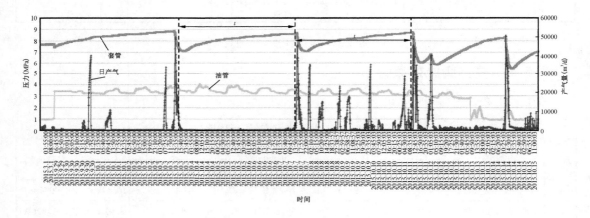

图 2.37　SD1 井生产曲线(运行周期)
t—排液周期

2.5.6　认识

综上所述,柱塞是一种可以辅助气井间歇、气举的机械排液工艺,通过机械密封面举升井筒内的积液,大大提高了排液效率。该工艺可以从气井投产一直使用至气井衰竭。该工艺在提高气井采收率、恢复井底生产压差、调整气井配产等方面具有重要意义。该工艺有一定的适用范围:(1)具有一定自喷生产能力并且在 $0.1 \times 10^4 \, \mathrm{m^3/d}$ 的气井;(2)最大井斜角度不大于 38.1° 并且油管管柱内壁平整光滑;(3)需要根据生产状态不断调整工作制度。

2.6 气举排水采气技术

2.6.1 气举排水采气技术工作原理

气举是通过油管或油套环空向气井井筒内注入高压气体,经油管鞋或气举阀在井筒中形成回路,利用高压气体的膨胀举升作用来排出井筒积液,实现诱喷或排液目的的常用排液采气工艺。

气举井与自喷井,有许多相似之处,气举井的主要能量是依靠外来高压气体的能量,而自喷井主要依靠油层本身的能量。为了获得最大的油管工作效率,应当将油管下到油层中部,这样可使油管在最大的沉没度下工作,即使将来油层压力下降,也能使气体保持较高的举液效率。

气举按注气方式可分为连续气举和间歇气举。所谓连续气举就是将高压气体连续地注入井内,排出井筒中液体的一种举升方式,适应于供液能力较好、产量较高的油井。间歇气举就是向井筒周期性地注入气体,推动停注期间在井筒内聚集的油层流体段塞升至地面从而排出井中液体的一种举升方式。间歇气举主要用于油层供给能力差,产量低的油井。

2.6.2 气举排水采气技术优缺点

(1)气举排水采气的优点:

① 当气液比超过某一界限值时,气体的干扰比较严重,大部分泵系统将会失效。尽管对常规举升系统可以采取一些补救措施,但气举系统能够直接应用于此类高气液比井,因为高地层气液比减少了降低地层流压而额外补充的气量。

② 生产过程中产生的固体杂质将降低安装在生产管线内任何设施的使用寿命,如有杆泵或电潜泵。气举系统一般不易受产砂所引起的腐蚀的影响,且能比常规泵系统处理更多的固体杂质。

③ 由于安装电缆与抽油杆间以及有杆泵与油管间存在机械磨损,因此在大斜度井中应用泵抽系统比较困难。而气举系统则能够应用在大斜度井中无磨损问题,不过在接近水平的区域内注气将降低重力效应且增加摩擦损失。

④ 工艺井不受井斜、井深和硫化氢限制及气液比影响。

⑤ 排液量较大($350 \sim 400 m^3/d$),单井增产效果显著。

⑥ 可多次重复启动,与投捞式气举装置配套,可减少修井作业次数。

⑦ 设备配套简单,管理方便投资少。

(2)气举排水采气的缺点:

① 工艺井受注气压力对井底造成的回压影响,不能把气采至枯竭。

② 封闭式气举排液能力小,一般在 $100 m^3/d$ 左右,使工艺的应用范围受到一定限制。

③ 需要高压气井或工艺压缩机作为高压气源。

④ 套管必须能承受注气高压。

⑤ 高压施工,对装置的安全可靠性要求高。

2.6.3　井筒积液流动性及气举启动

2.6.3.1　气举过程中井筒积液流动性分析

气井关井时，整个井身系统受主要受井口油管压力(p_{th})、井口套管压力(p_{ch})、套管气压力(p_{cg})、套管液柱重力和浮力(G_{wc}/F_{wc})、油管气压力(p_{tg})、油管液柱重力和浮力(G_{wt}/F_{wt})、地层压力(p_{fp})的影响，如图2.38所示。根据连通器原理，这几个力之间存在如下关系：

$$p_{ch} + p_{cg} + G_{wc} = p_{th} + p_{tg} + G_{wt} = p_0（油套连通点的压力）\qquad(2.19)$$

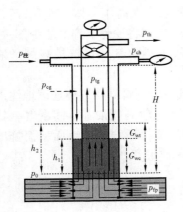

图2.38　井筒受力分析

当$p_{fp} > p_0$时，地层压力高于井底近井筒压力，储层内的天然气和液体流入井筒，导致井筒积液高度增加，套管气和油管气受到压缩，井口油管压力、套管压力升高；

当$p_{fp} < p_0$时，地层压力低于井底近井筒压力，井筒的天然气和液体流入储层，导致井筒积液高度降低，套管气和油管气受到膨胀，井口油管压力、套管压力降低。

2.6.3.2　气举过程中井筒积液流动性变化

没有采取气举措施前，油套连通点的压力(p_0)与近井筒地层压力(p_{fp})基本相等，并随着地层能量的恢复而一起增大。当采取向积液井井筒注气的方式恢复气井产量时，气井还会受到井口注气压力($p_{注}$)的影响。以正举（套管注气，油管出气）为例，随着注气压力($p_{注}$)的增大，井筒原有的压力平衡被打破，套管气压力(p_{cg})增大、油套环空液柱高度降低、套管液柱重力(G_{wc})减小，油套连通点的压力(p_0)增大。

对于积液井而言，受储层供给能力限制，短期内近井筒地层压力(p_{fp})的增加速度非常小；而气举时，由于注气压力较高、注气排量较大，短期内，井筒压力增加幅度会很大，导致油套连通点的压力(p_0)快速增大，且增加幅度大于地层压力(p_{fp})的恢复程度。因此，气举时井筒内一定有一部分流体会被压回地层。在相同举升压力和排量条件下，如果气井关井气举，则油管内液柱高度增加、油管气压力增大，表现为油压快速升高；如果开井气举，油管内液柱高度在增加的同时，油管气压力无明显增加或者增加速率很小。

对于气举过程中油管生产的气井而言，在整个气举过程中，井筒流体的流动方向和积液高度实际上存在以下3个过程：

（1）气举刚开始时，随着注气压力和注气量的增加，套管气压力增大，油套环空积液高度逐步降低，油管内的积液面会逐步升高，油管压力开始缓慢升高，部分井筒积液被压回地层。在此过程中，套管气和套管积液面类似一个活塞界面，井口注入气和套管气并不能穿过油套环空积液进入油管或者被注入地层。随着注气量的增加，套管积液面逐步降低，并不断接近油套连通点。

（2）当油管环空积液高度降低至油套连通点时，油套环空内油套连通点以上井筒全部充满气体，并且开始向油管流动。套管气一经流入油管就驱使油管积液向井口流动，导致注气压力出现下降、而油管压力快速升高。此过程中，虽然油管积液被连续不断带出井筒，但由于井口注气压力、油管液柱附加压力较大,短期内,油套连通点的压力(p_0)大于地层压力(p_{fp}),部分井筒积液和气体被压回地层。

(3)随着油管内积液被快速带出井筒,油管内积液产生的附加压力开始减小,油套连通点的压力(p_0)开始降低,井口注气压力随之进一步降低。如果井口注气压力一直较高,致使油套连通点的压力(p_0)始终大于等于地层压力(p_{fp}),当井筒积液被全部举出后,注入套管的气体会全部通过油管从井口排出,此时注气量等于出气量。如果井口注气压力有所降低,导致油套连通点的压力(p_0)小于地层压力(p_{fp}),则地层内的天然气和近井筒储层内的积液会流入井筒,并随着气举过程的持续,被连续不断的带出井筒。

2.6.3.3 气举启动

在中深井,特别是深井和超深井中,如果油管下入较深,地面供给气体的压缩机将需要足够的压力,才能将气体注入环空的预定深度使气井投入正常工作。当气井停产时,井筒中的积液将不断增加,油套管内的液面在同一位置,当启动压缩机向油套环形空间注入高压气体时,环空液面将被挤压下降,如不考虑液体被挤入地层,环空中的液体将全部进入油管,油管内液面上升。随着压缩机压力的不断提高,当环形空间内的液面将最终达到管鞋(注气点)处,此时的井口注入压力达到最高值称为启动压力。当高压气体进入油管后,由于油管内混合液密度降低,液面不断升高,液流喷出地面,井底流压随着高压气体的进一步注入,也将不断降低,最后达到一个协调稳定状态。在此过程中,井口注入压力随时间的变化如图 2.39 所示。当井底流压低于油层压力时,液流则从油层中流出,这时混合液密度又有所增加,压缩机的注入压力也随之增加,经过一段时间后趋于稳定。气举井的上述启动过程实际上是降低井内流体载荷的过程。因此,也称为"卸荷"过程。

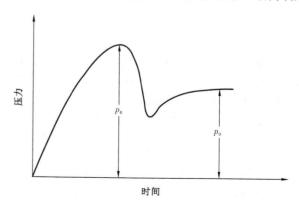

图 2.39 中,p_e 为启动压力,它是气举井启动过程中的最大井口注入压力。p_0 为趋于稳定时的井口注入压力,称为工作压力。如果当压缩机的最大额定压力小于启动压力时,气举将无法举出井筒的液体。

图 2.39 气举井启动时的井口注入
压力随时间的变化曲线

启动压力与油管下入的深度、油管直径以及静液面的深度有关。当静液面深度一定时,降低油管下入深度,可降低启动压力,但随着静液面的下降,油井将无法正常生产。所以,计算启动压力时,必须考虑下述两种情况:

(1)第一种情况,环空液面降低到管鞋时,液体并未从井口溢出,启动压力与油管液柱相平衡。

即:

$$p_e = (h^* + \Delta h)\rho g \tag{2.20}$$

Δh 由式(2.21)确定:

$$\frac{\pi}{4}(D^2_{套内} - d^2_{油外})h^* = \frac{\pi}{4}d^2_{油内}\Delta h \tag{2.21}$$

式中　$D_{套内}$——套管内径，m；

$\quad\quad d_{油外}$——油管外径，m；

$\quad\quad d_{油内}$——油管内径，m；

$\quad\quad h^*$——静液面距管鞋的深度；

$\quad\quad \Delta h$——油管液面上升的高度。

求出 Δh 后代入式(2.21)得：

$$p_e = h^* \rho g \frac{D^2_{套内} - d^2_{油外}}{d^2_{油外}} \tag{2.22}$$

(2)第二种情况，静液面接近井口，环形空间的液面还没有被挤到油管鞋时，油管内的液面已达到井口，液体中途溢出井口。此时，启动压力就等于油管中的液柱压力：

$$p'_e = L\rho g \tag{2.23}$$

式中　p_e——启动压力；

$\quad\quad p'_e$——最大启动压力；

$\quad\quad L$——油管长度；

$\quad\quad \rho$——液体密度。

当油层的渗透性较好时，且被液体挤压的液面下降很缓慢时，则从环形空间挤压出的液体有部分被油层吸收。在极端情况下，液体全部被油层吸收，当高压气到达油管鞋时，油管中的液面几乎没有升高。在这种情况下，启动压力由油管中静液面下的沉没深度确定，即最启动压力 $p''_e = h^* \rho g$。一般情况下，气举系统的启动压力只能在 p'_e 和 p''_e 之间。

2.6.3.4　气举方式的选择

气举注气方式包括套管注气和油管注气两种方式，如图 2.40 和图 2.41 所示。根据产液量相关条件进行选择。

图 2.40　正举方式下井筒压力
平衡关系示意图

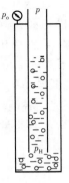

图 2.41　反举方式下井筒压力
平衡关系示意图

气举复产模型:实现气举诱喷的关键是气源压力大于气体到达管鞋时井底流压,即:
油套连通

$$p_t + \rho g h_1 = p_C + \rho g h_2 \tag{2.24}$$

反举

$$p_H > \rho g \left(h_1 + \frac{V_2}{V_1} h_2 \right) + p_0 \tag{2.25}$$

正举

$$p_H > \rho g \left(h_2 + \frac{V_1}{V_2} h_1 \right) + p_0 \tag{2.26}$$

式中 p_t, p_c——油管、套管压力;

p_0——压缩机最高排气压力;

V_1, V_2——油管、环空体积;

h_1, h_2——气举前油管、环空液柱高度。

井筒积液量计算方法:对已积液的气井采用井筒压力梯度测试或回声仪油套环空测试方法判断油管与套管气液界面位置,计算井筒积液量。

井筒压力梯度测试法:根据压力梯度测试曲线拐点位置确定油管气液界面深度 $h_界$。压力梯度 δ 大于 0.1MPa/100m 表明测试流体为气液混相,压力梯度越大,液相含量越高。

节流器井:若节流器上方存在积液,则节流器上方积液量为:

$$Q = \pi \frac{d^2}{4} (h_{流器} - h_界) \delta \tag{2.27}$$

式中 Q——积液量,m^3;

$h_{节流器}$——节流器坐封深度,m;

$h_界$——节流器上方气液界面深度,m;

d——油管内径,m;

δ——压力梯度系数,取 0.1~1.0。

回声仪油套环空测试法:根据声波从发射到接收的时间差计算油套环空气液界面深度 $h_{环界}$。

无节流器井或节流器下方积液井:井筒积液主要包括油套环空、油管内及油管鞋以下井筒3个部分,则积液量:

$$Q = Q_环 + Q_油 + Q_{井底} = \frac{\pi(D_{套内}^2 - d_{油外}^2)}{4} h_{环界} + \frac{\pi d_{油内}^2}{4} h_{油界} + \frac{\pi D_{套内}^2}{4} (H - h_油) \tag{2.28}$$

式中 $D_{套内}$——套管内径,m;

$d_{油外}$——油管外径,m;

$d_{油内}$——油管内径,m;

$h_{环界}$——油套环空内气液界面深度,m;

$h_{油界}$——油管内气液界面深度,m;

$h_{油}$——油管下深,m;

H——完钻井深,m。

2.6.4 压缩机气举排水采气技术

目前,对于积液严重的停产气井,开展了氮气、天然气压缩机增压气举试验,利用氮气和天然气增压回注,从而达到水淹井复产的目的。

2.6.4.1 压缩机气举排水采气技术工作原理

压缩机气举排水采气技术是利用压缩机将地面增压气(氮气或天然气)注入气井油套环形空间或油管,使气体在液体中膨胀,从而降低混气液体的密度、油管内液柱的重量、油管内的流动压力梯度及井底流动压力,由此建立起将液体从油管举升到地面的生产压差。

目前,大部分压缩机气举排水采气技术采取关井后打压至一定压力界限开井的做法,通过调研及实践证明,高压气举有一定的缺陷:

(1)利用外来能量举升油管液柱的同时,也可能渗入地层,压抑地层能量,不利于激活地层能量;

(2)高压气举不利于排出近井区域积液,相当多气井一旦停止作业气井即又被水淹;

(3)高压大排量气举可能造成地层复杂情况,特别是地质结构较为脆弱的气田、砂体气田,高压气举常常发生下井壁遭到破坏,产层垮塌,或者加重出砂,甚至气层被砂埋的情况;

(4)低压、低产量气田的气、水关系复杂,地层能量低,采用高压大排量气举,会破坏地层气水关系。

因此,针对苏里格气田气井地质、生产特征,开展不关井气举排水采气措施。主要是以天然气(氮气)为气源,不关井情况下利用气体压缩机加压,缓慢向井筒内注入高压天然气(氮气),从而提高油管内气体流速,增加气井举升能量,提高气井携液能力,从而达到气举排水的方法。

2.6.4.2 压缩机气举排水采气流程设计

使用天然气或氮气作为气源,气举气要满足压缩机性能,压缩机性能应满足设计要求。

采取天然气压缩机设备气举:干管(邻井)天然气作为气源气通过稳压器控制在 0.5 ~ 2.0MPa,经压缩机增压后注入气井油套环空(油管),将井筒积液从油管(油套环空)中举出,使气井恢复生产。从油管(油套环空)举出的天然气经橇装式分离器进行气液分离后与干管来气混合作为气源气进入压缩机,液体分离后经排污阀进入污水罐。其工艺流程示意如图 2.42 所示。

气举工艺:邻井来气—采气管线—井口稳压器—压缩机、发动机—被举井油套环空—油管返出—生产针阀—气液分离—经采气管线进站

采取氮气举压缩机设备流程设计:将氮气车出口管线接入采气树 2#阀处法兰,在流程中需安装橇装气液两相计量仪,计量井筒出液量。根据需要,考虑两种方式对排出积液进行处理:一种方式是在橇装两相流量计后安装井口分离器,井口分离液量排至污水罐,流程图如图 2.43 所示;另外一种方式是将排出积液通过采气管道输送至集气站拉运。

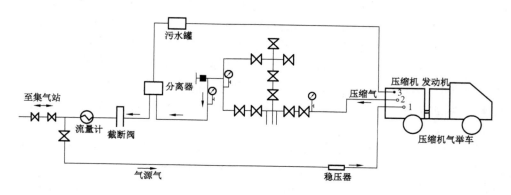

图 2.42 气举工艺流程图

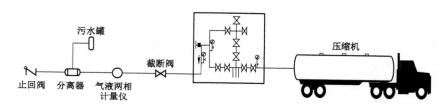

图 2.43 氮气气举工艺流程图

2.6.4.3 气举过程控制

受井深和积液高度影响,如果注气压力和注气排量相对较小,难以快速将井底积液举升出井筒;受增压气举装置无法进行变排量作业,在井筒积液被明显排出后,如果不降排量或者停机,一方面前期压入地层的积液难以回流进入井筒,另一方面井口无液量排出、井口的出气量等于注入气量,气举措施属无效作业。

持续有效的气举措施,不仅要将井筒的积液举升出排出井口,而且还必须将近井筒储层内的积液引流进入井筒并举升排出井口。为了确保积液井采取气举复产措施后能够连续稳定地生产,气举过程控制,建议按照 3 个阶段实施,如图 2.44 所示。

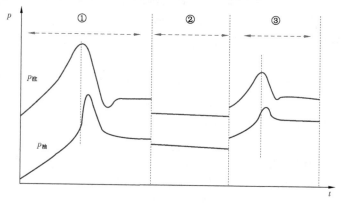

图 2.44 气举阶段以及注气压力与油压变化示意

（1）气举设备启动后，采用最大排量进行气举，快速降低油套环空积液高度，争取最短时间，使得套管气向油管内流动；当井口开始排液时，通过井口针阀控制井口出气量略大于气井的临界携液流量确保连续带液，同时防止井口出气量过大导致井筒积液滑脱。

（2）随着井口注入压力的先升高后下降，井筒积液被大量排出，地层流体开始向井筒流动。此时，降低注气排量，控制注气量为气井临界携液流量的 2/3 左右甚至更小，持续进行小排量气举。降低的注气压力会增加地层与井筒的压力差，快速将近井筒储层内的积液引流至井筒。

（3）当井口出气量减小、无明显产液时，再次增加注气排量、提高注气压力。通过井口针阀控制，将井口出气量控制在气井临界携液流量大小，持续排液。

（4）当井口基本不再出液时，停止小排量气举，并关井恢复。根据井口油管与套管压力的恢复情况，判断再次气举的间隔周期。再次气举时，按照①—③步骤进行气举排液。理论上第二次注气压力从气举开始到上升至最高点的时间要短很多。如果井口油管压力紧随井口注入压力快速升高，并很快接近持平，则说明井筒积液量非常小，可以考虑结束气举；如果时间较长，油管与套管压力差较大，则需要持续小排量气举，并且根据排出液量多少和注入压力变化，考虑是否再次进行气举。

2.6.5　气举排水采气应用与分析

苏里格气田现场应用的气举复产技术主要有天然气压缩机气举、制氮车气举、安装气举阀等，2011—2016 年苏里格气田自营区共实施各类气举复产井 748 口井口，累计增产气量 4010 × $10^4 m^3$，其中水平井 16 口井，累计增产气量 214 × $10^4 m^3$。

从气举井试验数据发现，气井产能、气举频次、井筒状况和气井压力是决定气举复产效果的主要因素，气举后增产气量及有效生产时间与气井无阻流量正相关，无阻流量小于 $6.0 × 10^4 m^3/d$ 的气井单次作业累计增产气量小于 $5.0 × 10^4 m^3$，经济效益较差。

总体效果分析：

（1）气举复产，采取正反举结合、持续正举，相对单一的反举措施而言，气举复产后的效果要好。

（2）气井经过 2～3 次的多次气举，可以有效排出井筒积液，多次气举复产井，一方面复产井的比例要高，另一方面复产后有效生产的时间较长。

（3）相对节流器气井而言，无节流器气井气举复产的井数、复产成功率相对较高，具有更好的气举复产效果。

（4）统计发现，低产及无气量气井，以井口套管压力为 5～15MPa、累计 IC 值介于 50～100 的气井，气举复产效果最好；相同气举频次、气举时间下，累计 $IC > 100$ 的气井气举后效果比较明显，（其中累计 IC 值为累计套管压力降产气量：IC = 产气量/（投产前套管压力 – 目前套管压力）。

（5）关于气举复产井目前的气举方式（正反举）、气举频次，需要在思想上进行转变，气井单次气举、还是多次连续气举，需要在实际气举工作中进行明确。

（6）对于实施速度管柱（小油管）气井实施气举，由于气举前均有产气量，受积液程度不同的影响，气举后气井均出现套管压力降低，产量增加现象，但是速度管柱下入时间较长的气井效果不明显。

典型井苏 D16 – 32H1：

苏 D16 – 32H1 井于 2013 年 7 月 18 日投产，投产前套管压力 20.1MPa，日均产气量 $1.3639 \times 10^4 m^3$，累计生产天然气 $238.921 \times 10^4 m^3$，气举前无节流器生产，油管压力 3.29MPa，套管压力 15.24MPa，日均产气量 $0.0494 \times 10^4 m^3$。2014 年 10 月 21 日，测量油套环空液面为 2633m；2014 年 10 月 22 日至 26 日采气天然气压缩机气举，反举 3 次，累计 15.6h，累计排液 $11m^3$。10 月 24 日至 10 月 27 日进行两相气液计量装置继续监测 4 天。累计产液 $0.53m^3$，累计产气量 $1.03 \times 10^4 m^3$。水气比 $0.52m^3/10^4 m^3$。2014 年 10 月 28 日测量油管液面位置为 2044m，液面下降 589m。苏东 16 – 32H1 气举施工后，油管与套管压差减小 1.04MPa，日产气量 $0.5038 \times 10^4 m^3$，日均产气量 $0.0721 \times 10^4 m^3$。气举效果明显。

2.7 同步回转压缩机排水采气技术

目前，多相混输泵开始在气田使用，用来对单井井口增压，如双螺杆泵、往复压缩机等。苏里格气田也进行了各种试验研究，从得到的试验数据来看，单井螺杆压缩机增压试验、站内二级增压改造试验、单井干管增压试验等均能打破气井原有系统平衡，实现延长气井生产寿命，促使单井增产，提高气藏最终采收率的目的，但是效果不一，总体增产效果有限。单井螺杆压缩机组和干管 GasJack 机组属于低压小排量机组，精密度高，对液体的包容性差，一旦液体进入分离器，形成高液位，就会造成停机，影响试验进行和试验效果。站内二级增压改造试验，需要对站内压缩机进行改造，技术要求高，改造费用较高，对站场所辖单井进站压力可以降低 0.3MPa 左右。2013 年，针对同步回转多相混输泵在油田取得的成功和其独特的功能，结合苏里格气田气井产液状况，该装置在苏里格气田进行单井增压试验，初期的目的是通过降低井口压力以提高气井的产气量和开井时率，为苏里格气田中后期生产摸索一套新的增压集输工艺。

2.7.1 同步回转压缩机

同步回转多相混输泵来源于 1588 年拉迈尔利针对往复压缩机缺点提出的一种滑片式压缩机，该压缩机与常规的泵和压缩机不同，它是一种集气体压缩机和液体泵为一体的多相增压设备，既能用于油气混输，也可用于天然气的混输，气液比可为 0 ~ 100%，具有很强的工况适应性，可以适用于不同的气体和液体混输和单输。该装置 2010 年首先在长庆油田伴生气回收中开始试验，经过不断优化和完善，逐渐在油气混输领域得到应用，近年在国内特别是在长庆油田得到推广。

（1）工作原理。同步回转压缩机核心装置为同步回转多相混输泵，其结构主要为转子、滑板和气缸。采取径向吸入、轴向排出的布置方式，转子与气缸偏心布置，分别绕自身轴心旋转；滑板一端通过圆头与转缸连接，另一端嵌入转子滑板槽内。转子与转缸之间形成的月牙形工作腔，通过滑板分割成周期性变化的吸入腔与排出腔，从而实现工作介质的吸入与增压排出。

（2）机组结构。同步回转压缩机装置主要由同步回转多相混输泵、变频电动机、排气缓冲罐、储液罐、冷却器等构成，整体采用橇装式结构（图 2.45）。

图 2.45 同步回转压缩机机组结构示意图

（3）工艺特点。

① 摩擦磨损小：多相混输泵转子与气缸之间"同步回转"，降低了相对运动速度，减少了转子与气缸之间的磨损。密封性能卓越：通过对转子与气缸之间偏心距的合理设计和二者间隙的合理控制，少量润滑油（或液体）即可形成较大的密封面，润滑密封性能良好。

② 动力平衡性能好：回转式运动部件皆绕自身轴心旋转，仅有质量较小的滑板产生一定的往复惯性力，动力平衡性能良好。

③ 工况适应性强：同步回转多相混输泵设有独特的旋转式吸入和排出孔，无论吸入压力如何变化，介质进入并充满外壳与气缸之间的容积，随着吸入过程的进行腔体内压力实现自动平衡；在增压过程中，当腔体内压力大于系统外输压力时，介质开始排出。

④ 介质适应性宽广：混输泵不存在高压封闭容积，无固定压缩比，可满足任意比例气液的增压混输，具有泵和压缩机的双重特性。

（4）基本参数。同步回转压缩机吸气压力最低可以达到 0MPa，排气压力在 6.3MPa 之内。理想状态下机组排量最大可以达到 $3.36 \times 10^4 m^3/d$。无固定压比，压比随着进气压力的变化而变化。

同步回转压缩机基本参数见表 2.13。

表 2.13 同步回转压缩机基本参数

型号	Rpp - 6	吸气腔容积（L）	6
吸气压力（MPa）	0 ~ 2	排气压力（MPa）	≤6.3
吸气温度（℃）	5 ~ 45	排气温度（℃）	30 ~ 100
驱动方式	变频电动机	润滑方式	润滑油
主电动机	75kw/590r/min	转速（r/min）	105 ~ 210
机组尺寸（长×宽×高）（m×m×m）	6 ×2.5 ×2.5	机组重量（tf）	12

同步回转压缩机一方面通过抽吸降低井口压力，短时间内增加井筒压差，提高气井的举液能力，同时降低临界携液流量，提高气流带液能力；另一方面增大气井生产压差，提高地层供给能力。同步回转压缩机通过抽吸以降低压力，进而降低气井的临界携液气量，如图 2.46 所示。随着气井生产压差增大，其日产气量也逐渐增大，如图 2.47 所示。

同步回转压缩机排液可分为两种情况：积液井生产至系统压力，直接抽吸排液；先关井恢复井筒压力，然后再抽吸排液。

（5）回转式压缩机直接抽吸降压可举通的井筒积液量分析。压缩机直接抽吸降压可一次举通的最大井筒积液高度（抽吸前井口油压 2MPa），如图 2.48 所示。

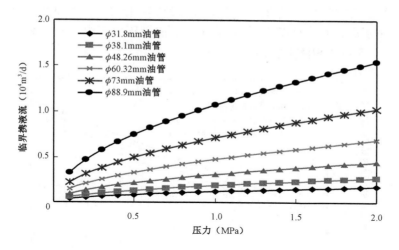

图 2.46 不同井口压力下气井临界携液流量曲线

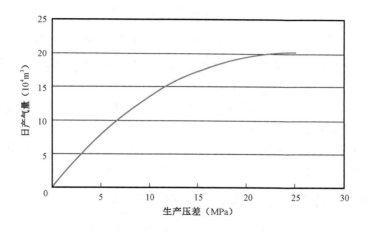

图 2.47 不同生产压差下日产气量曲线

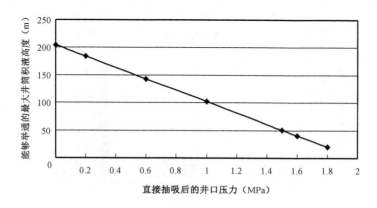

图 2.48 一次举通最大积液高度随压缩机抽吸后井口压力的变化曲线
（压缩机抽吸前的井口油压 2MPa）

回转式压缩机直接抽吸,油管压力 2MPa 降至 0MPa,能够一次举通的纯积液高度不会超过 200m。关井恢复后,抽吸至 0MPa,积液举通要求油管压力至少恢复至套管压力 1/2,最大可举通套管压力 0.5 倍的积液高度,如图 2.49 所示。

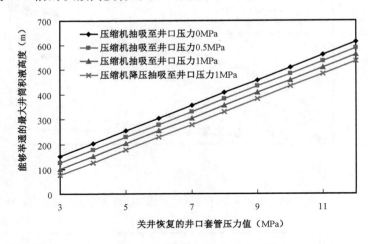

图 2.49　抽吸降压可一次举通的最大积液高度随套压恢复值的变化曲线

（6）同步回转压缩机排水采气工艺的适用条件。作为短期内的排出井筒大段积液的技术,回转式压缩机排水采气工艺的适用条件：

① 气井生产至系统压力,直接采用回转式压缩机抽吸,气井抽吸前的油套压差最大不能够超过 2MPa,最大能够排通 200m 的井筒积液;

② 关井恢复后再抽吸,井筒积液能够排通的条件要求油管压力至少恢复至套管压力的 1/2,最大能够举通重力损失相当于套管压力值 1/2 的井筒积液。

2.7.2　同步回转压缩机排水采气效果

试验表明,产能越高的气井,其同步回转压缩机排水采气增产效果越好;试验前产气量越高,同步回转压缩机排水采气增产效果越好,如图 2.50 和图 2.51 所示。

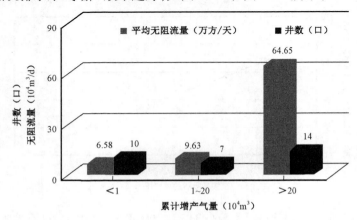

图 2.50　累计产气量

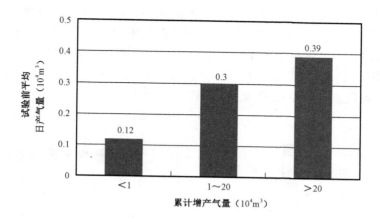

图 2.51 试验前天然气产量

（1）第一类井，气井自身能够连续携液，抽吸降压起到一定放压生产效果。典型井：苏东 24－53H1、苏东 24－54H1。

特征：气井无积液或积液量相对较少；气井产量大，均高于临界携液流量，试验期间气井自身生产就能够连续带液；气井产量较高，压缩机抽吸降压的效果有限；抽吸降压起到一定放压生产的效果。

（2）第二类井：抽吸降压具有一定排水采气效果井。典型井：苏 14－03－33 井。

特征：井筒积液量较低（液柱低于 200m），气井产量接近临界携液气量，通过抽吸降压，降低气井的临界携液流量，进而实现连续携液。

（3）第三类井：产量低、积液严重，抽吸降压无明显排水采气效果。典型井：桃 7－14－23X3、桃 7－14－23X1、桃 7－14－23X4。

特征：井筒积液量较大（积液高度一般在 500m 以上），不能排通。气井产量非常低，远低于临界携液流量，压缩机抽吸没有起到排水采气效果。

综上所述，通过分析同步回转压缩机排水采气试验效果，取得的认识如下：

（1）该技术对具有一定产能和生产潜力的Ⅰ类和Ⅱ类气井，具有明显的助排效果，可降低井口压力、放大生产压差排出井筒积液，恢复气井产能。

（2）该技术较氮气气举或压缩机气举不受气源限制、不受井筒工艺约束，具有绿色环保等优势，较其他类型气举措施具有气液混输、进气压力低等特点，可对自身有一定产能的井实施高效排液复产。

（3）现有型号同步回转压缩机，设备处理能力有限，不适用于多井同时抽吸，其单井抽吸排水效果优于多井抽吸排水。

2.8 涡流工具排水采气技术

2.8.1 基本原理

涡流工具使流体快速旋转，加速度使得较重的液体甩向管壁，气体沿中心线向上流动，从而分离气液两相,也就是把油管中的二相气液紊流流态,改变为涡旋的二相层流流态,降低介质间的摩擦力,提高天然气的携液能力。与紊流状态相比,涡流比紊流流态具有更大的携液能力和更低的能量消耗。其优点体现在以下几个方面:(1)降低油管内的压力降;(2)增强携液能力;(3)增加最终采收率;(4)延长自喷生产的时间;(5)与速度管柱、柱塞等排水采气工艺相比,成本较低,可以重复使用,如图2.52和图2.53所示。

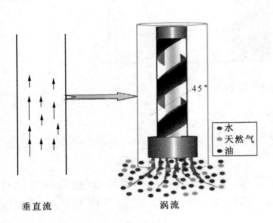

图2.52　安装涡流工具前后井筒流体流态示意图

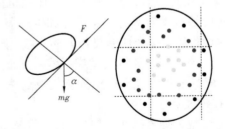

图2.53　涡流工具结构示意图

在两种流态对液滴受力进行分析:在二相气流紊流状态,忽略液体所受摩擦力则液滴受力。气体要携带液滴在垂直方向向上运动,必须施加 $F_1 > mg$ 的力才能满足条件。而在涡旋的二相层流状态,气体携带液滴以一定的角度螺旋运动,则在忽略液滴所受摩擦力的情况下,液体受力 $F_2 > mg\sin\alpha$ 即可满足条件。

显然,最小 F_1 要大于最小 F_2。也就是说,在涡流二相层流状态比二相紊流状态更容易携液,如图2.54和图2.55所示。

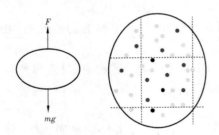

图2.54　二相气流紊流态液滴受力图　　　图2.55　涡旋的二相层流态液滴的受力图

2.8.2　应用效果分析

2.8.2.1　选井原则及投放位置设计

(1)选井原则。井筒及井底积液导致产量下降井;气井具有一定的自喷能力;气井为油管生产,且油管完好;流体介质腐蚀性不强。

（2）工具投放深度优化设计。

依据涡流流态维持 $\delta_m = \delta_d / \delta_0$ 公式（δ_m——二级井口涡流流态维持率；δ_d——井深 d 处涡旋环膜流膜厚；δ_0——涡流工具出口涡旋环膜流膜厚），确定最佳投放位置。

一级工具下入深度靠近气层（安全接头位置）；二级下深取 $\delta_m = 20\%$ 为第二级涡流接续点，此时二级井口涡流流态维持率 δ_m 约为 30%。如图 2.56 所示。

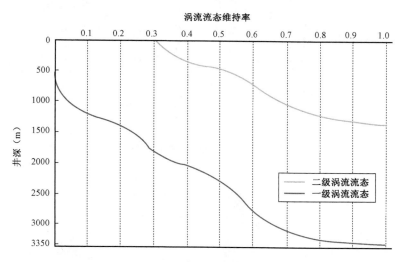

图 2.56　一级和二级涡旋流态沿井深分布图

2.8.2.2　应用效果分析

苏里格气田历年累计试验涡流排水采气技术 50 余口井（包含直井和水平井），试验前平均气量 $0.4539 \times 10^4 \text{m}^3/\text{d}$，试验后平均气量 $0.5817 \times 10^4 \text{m}^3/\text{d}$。

通过对 21 口试验井进行分析，投放涡流工具后两个月，无节流器井多数表现出了增产趋势，有节流器井则多数表现为不变或略微下降，无节流器效果相对好。且初步判断下入两级涡流工具增产效果要优于一级，如图 2.57 至图 2.59 所示。

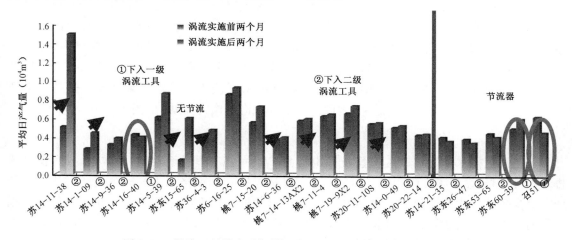

图 2.57　涡流工具排水采气措施实施前后增产效果对比柱状图

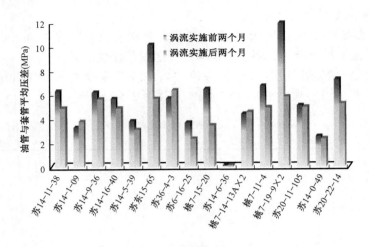

图 2.58　无节流气井排液效果柱状图

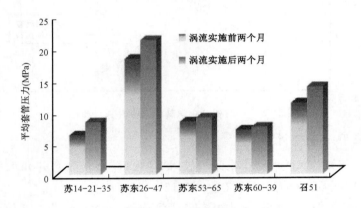

图 2.59　有节流气井排液效果柱状图

典型井:苏 14 – 11 – 38 井于 2011 年 8 月 27 日进行涡流试验工具现场投放安装。由于井下涡流工具有一定的有效作用距离,所以在考虑涡流流态接续问题的前提下,为苏 14 – 11 – 38 井设计安装井下涡流工具两套,其中第一级工具下入深度靠近气层在 3360m,取涡流流态维持率 20% 为第二级涡流接续点,第二级下深 1772m,二级工具井口涡流流态维持率为 30%。从生产曲线图(图 2.60)可以看出,安装涡流工具后,产气量从安装前的 $0.7 \times 10^4 m^3/d$ 上升到 $1.9 \times 10^4 m^3/d$,油套压差由 5.85MPa 下降到 4.07MPa,涡流工具排水效果明显。但是在生产四五个月后套压出现逐渐上升趋势,因此进一步采取泡排作为辅助措施生产。

2.8.2.3　认识

通过涡流排水采气工具在苏里格气田的应用表明,该工具易于安装,成本低,具有良好的排水采气效果,显示了良好的发展前景。下一步建议针对苏里格气田的气井生产工艺参数开展涡流参数的优化设计理论研究,可通过涡流工具气液两相流场的数值模拟,进一步研究涡流工具的工作机理及效果影响因素,有针对性地设计涡流工具的下入深度、下入级数、螺旋角度等重要参数,以确保涡流工具在苏里格气田的排水采气效果。

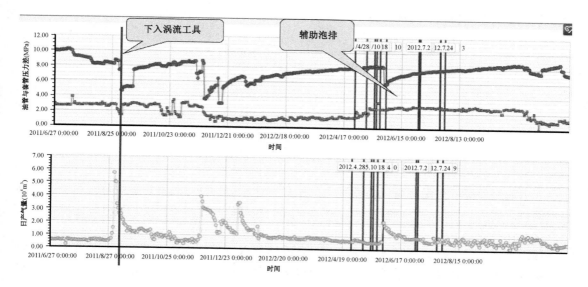

图 2.60 苏 14 – 11 – 38 井安装涡流工具前后生产曲线对比图

2.9 超音速喷管雾化排水采气新技术

高超音速喷管使得喷管出口处天然气和水的混合物达到 3 倍以上音速,从而撕裂液滴,成为极其微小的液滴,也就是降低了单位截面面积上的平均混合物密度,即使天然气流速很低,也可以将水携带出来。因此,这种方法的关键技术是研制高超音速喷管[9]。

2.9.1 高超音速喷管雾化的理论研究

降低气液两相流动中混合物密度和流动阻力是最节省天然气自身能量,排水效果最好的方法。喷管能够在高超音速条件下运行,可以产生几倍音速。液体在高高超音速气流中被强制剪切和撕裂而成为微小液滴,气流速度越高,被撕裂成的液滴越微小,最小液滴直径小于 $10\mu m$。应用微型拉伐尔喷管让天然气在流过喷管时产生高高超音速,从而实现液体雾化。

2.9.1.1 临界流喷嘴

当气体流经一个渐缩喷嘴时,如果保持喷嘴上游端压力 p_0 和温度 T_0 不变,使其下游压力 p_2 逐渐减小,则通过喷嘴的气体质量流量 q_m 将逐渐增加。当下游压力 p_2 下降到某一压力 p_c 时,通过喷嘴的质量流量将达到最大值 q_{max},此时喷嘴出口的流速已达到当地音速 a。如果继续降低下游端压力 p_2,通过喷嘴的质量流量将不再增加,流速也保持音速不变。将喷嘴出口的流速达到音速的压力 p_c 称为临界压力,p_c/p_0 称为临界压力比,此时通过喷嘴的流量称为临界流量,如图 2.61 所示。

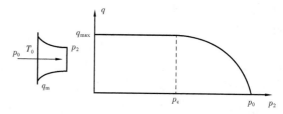

图 2.61 音速喷管的流动特性

由连续性方程和理想气体一维定常等熵流的假设可得,质量流量

$$q_{\mathrm{m}} = \frac{A_{\mathrm{t}}p_0}{\sqrt{T_0}}\Big(\frac{2}{K+1}\Big)^{\frac{K+1}{2(K-1)}}\Big(\frac{K}{R}\Big)^{\frac{1}{2}} = \phi A_{\mathrm{t}}p_0 \big/ \sqrt{T_0} \tag{2.29}$$

式中　ϕ——临界流函数;

　　　K——等熵指数;

　　　R——气体常数;

　　　p_0,T_0——分别为喷嘴入口处气体滞止压力和滞止温度;

　　　A_{t}——喷嘴喉部面积。

表示流经喷嘴的质量流量仅与喷嘴入口处介质性质(K,R)及热力学参数(p_0,T_0)有关,而与下游状态无关。也即,当下游压力p_2下降到临界压力以下时,即使有所变动,通过喷嘴的质量流量也保持恒定。

使用拉伐尔喷管可以把气体的压力降低到临界值以下得到高超音速气流。由于拉伐尔喷管的结构是由一定形状的渐缩管和渐扩管组成的,因而在不同压比下它的工作特性与渐缩喷管的工作特性差别很大。

2.9.1.2　超音速喷管的数值模拟

传统喷嘴的设计以试验为基础,分析的周期较长,试验费用较高,CFD(Computational Fluid Dynamics)是有效研究流体力学的数值模拟方法。它大大减少了实验时间费用。近年来,CFD越来越应用于流体设备的设计和流场的分析中。在计算机上完成1次完整的计算及分析,就相当于实际的1次物理实验。数值模拟可以形象地再现流动情景。

一般来说,喷管分为直孔型亚音速喷管、收缩型等音速喷管以及缩扩型超音速喷管。随着计算流体力学和计算机科学迅速发展,数值模拟方法在解决流体力学问题中的地位和作用也发生了很大变化,要使数值模拟技术为工程设计提供高质量、短周期且可靠的分析设计依据,必须要求数值模拟过程中每一环节(数学模型、网格生成、数值算法)及边界条件等都是领先的,这决定了数值模拟结果最终的可靠性和实用性。

(1)雾化模型。在已有的数值分析中有5种雾化模型:平口喷嘴雾化、压力—旋流雾化、转杯雾化模型、气体辅助雾化、气泡雾化。这些模型的工作条件和井筒内高温高压相比,差别很大。这些在常规条件下容易实现的雾化方法在井底下几乎无法实现。

如平口喷嘴是最常见也是最简单的一种雾化器。液体在喷嘴内部得到加速,然后喷出,形成液滴。这个看似简单的过程实际却极其复杂。平口喷嘴可分为3个不同的工作区:单相区、空穴区以及回流区。不同工作区的转变是个突然的过程,并且产生截然不同的喷雾状态。喷嘴内部区域决定了流体在喷嘴处的速度、初始颗粒尺寸以及液滴分散角。而在井底这种方法难以实现雾化。

目前来说,使用Fluent软件分析喷嘴雾化只能是初步的,无法实现喷嘴的全过程模拟。Fluent中几个雾化器模型一般实现的是次级雾化(液滴碰撞、蒸发等)模拟,雾化模型能够根据你设置的喷嘴的尺寸参数和运行参数来计算出雾滴的雾化情况,然后根据你给出的雾化喷嘴的位置和喷射点的位置,将雾滴喷出去。对雾化喷嘴进行简化,确定尺寸和运行参数、喷射点位置,然后就能计算。但是,由于雾化机理本身现在就不是很明确,因此Fluent里面很多雾化

模型的计算都是带有经验性的,许多参数的设置也需要在计算过程中不断修正。

采取空气辅助雾化来进行喷管的数值模拟。而 Fluent 软件中对气泡雾化模型的实现主要采用其自带的离散相模型。此模型是以欧拉—拉格朗日方法为基础建立的。它把流体作为连续介质,在欧拉坐标系内加以描述,对此连续相求解输送方程,而把雾滴颗粒群作为离散体系,通过积分拉氏坐标系下的颗粒作用力微分方程来求解离散相颗粒的轨道,可以计算出这些颗粒的轨道以及由颗粒引起的热量/质量传递。同时,在计算中,相间耦合以及耦合结果对离散相轨道、连续相流动的影响均可考虑进去。当计算颗粒的轨道时,Fluent 跟踪计算颗粒沿轨道的热量、质量和动量的得到与损失,这些物理量可作用于随后的连续相的计算中去。于是,在连续相影响离散相的同时,也可以考虑离散相对连续相的作用。交替求解离散相与连续相的控制方程,直到二者均收敛(二者计算解不再变化)为止,这样,就实现了双向耦合计算。

Fluent 中的离散相模型假定第二相(分散相)非常稀薄,因而颗粒—颗粒之间的相互作用、颗粒体积分数对连续相的影响均未加以考虑。这种假定意味着分散相的体积分数必然很低,一般说来要小于 $10\% \sim 12\%$。但颗粒质量承载率可以大于 $10\% \sim 12\%$。

在 Fluent 模型中,可以通过定义颗粒的初始位置、速度、尺寸以及每个(种)颗粒的温度来使用此模型。依据对颗粒物理属性的定义而确定的颗粒初始条件可以用来初始化颗粒的轨道和传热/质计算。当颗粒穿过流体运动时,颗粒的轨道以及传热量、传质量可通过当地流体作用于颗粒上的各种平衡作用力、对流/辐射引起的热量/质量传递来进行计算。可通过图形化界面或文本界面输出计算出的颗粒轨道以及相应的传热/质量。

既可以通过在一个固定的流场中(非耦合方法)来预测离散相的分布,也可以在考虑离散相对连续相有影响的流场(相间耦合方法)中考察颗粒的分布。相间耦合计算中,离散相的存在影响了连续相的流场,而连续相的流场反过来又影响了离散相的分布。可以交替计算连续相和离散相直到两相的计算结果都达到收敛标准。

(2)数值模拟结果分析。为了详细了解喷管结构对流动的影响,也为喷管的设计提供基本数据,对各种喷管尺寸在不同工作条件下进行了各种数值模拟:直管流动的数值模拟、缩口扩口尺寸不同的流动模拟、喷管出口处压力不同的数值模拟、喷管喉部直径改变的数值模拟以及大扩口喷管的数值模拟。数值模拟结果表明,喷管的优化设计可以得到高超音速气流(图2.62)。

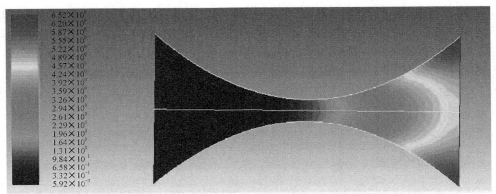

图2.62　超音速喷管数值模拟结果

扩口处马赫数 $Ma = 6.5$ 马赫,喉部处 $Ma = 1$

对各种几何结构的喷管在各种流动参数下进行了多种数值模拟,得到以下结果:自主独立研究设计出的高超音速喷管在井筒工作条件下,能够得到高高超音速天然气流动,从而在扩口处带有液体的高速气流形成强烈的卷吸、剪切,将液体撕裂和剪切成极其微小的液滴。气液间急剧混合、卷吸、均匀化,从而达到雾化,如图 2.63 所示。在相同的工作条件下,收缩口与扩口尺寸不同,在扩口出口处得到的气流马赫数也不同。喷管出口压力变化对出口气流速度的影响很小。优化设计的喷管可以得到马赫数为 6.5 或更高的高超音速气流。

图 2.63　雾化试验

压力 0.5MPa,气量 2400m³/d,液量 190kg/d

2.9.2　喷管雾化技术的试验研究

2.9.2.1　排水采气的实验室试验

应用马尔文 Spraytec 实时喷雾粒度分析仪对经过喷管之后的雾化液滴的粒径和分布进行了测量,并对所得数据进行了分析。

实验的采样频率为 1s,每次采集时间为 2min。喷管试验压力为 0.3MPa,0.4MPa 及 0.5MPa,分别调整大、中、小 3 组液量,即共测量了 9 组工况。整体而言,测试区间内,雾化是比较稳定的。在测试区间内任取某一时刻的粒径分布图,如图 2.64 所示。

由图 2.64 可知,粒径在 $10 \sim 20 \mu m$ 范围内的液滴所占比重最大(峰值区)。由图中累积分数曲线(图中红色曲线)可见,粒径小于 $20 \mu m$ 的液滴大约要占到 65%。由于大液滴的存在使得平均粒径测量值会偏大。

在气体量一定的条件下,随着携带液体量的增加,雾化后液滴的粒径分布趋于增大。

2.9.2.2　现场试验

根据气井的工作条件,设计出实际应用的高超音速喷管,用氧化锆材料制出喷管,超音速喷管雾化装置结构如图 2.65 所示,下到气井一个位置时被固定。装置将井筒上下两部分隔离,让天然气全部流经喷管。

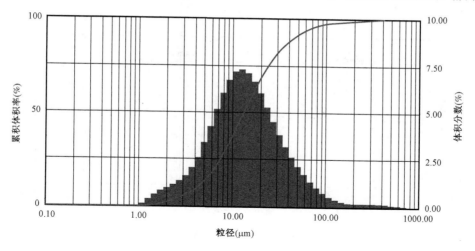

图 2.64 工况 2 某一时刻的粒径分布图

图 2.65 喷管及定位器结构图

从 2013 年 9 月开始,连续 3 年进行了排水采气现场试验。2013 年试验 3 口气井(A 井、B 井、C 井),2014 年有 50 口气井,2015 年有 60 口气井进行了试验。

可以看到,喷管安装后井筒内的压力梯度远远小于安装喷管前的压力梯度(图 2.66 和图 2.67)。安装喷管后的压力梯度只有安装前的 10%。由气液两相流动产生的摩擦阻力大大降低;这能够大大减小气层压力能的消耗,有利于长期稳定压力能,起到了节能效果。这表明井下的水经过喷管雾化,改变了井筒内的流态。把在井筒中上下起落波动的塞状流变成稳定上升的雾状流,气液两相雾状流动的摩擦阻力要远小于泡状流和塞状流的摩擦阻力。把同等产量天然气排出的压力能大为减小。气层压能损失大为减小,起到了节能效果。

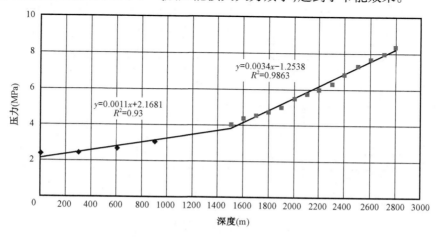

图 2.66 A 井喷管安装前压力梯度

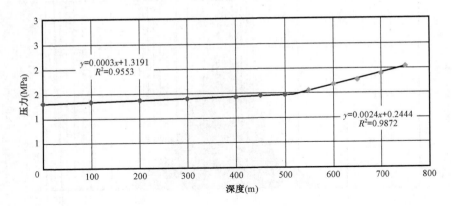

图 2.67　A 井喷管运行中的压力梯度

气井安装喷管后排水效果良好。

苏 D60 - 64 井,投产初期配产 $2.8 \times 10^4 m^3/d$,投放节流器生产,套管压力有上升趋势,后阶段生产不稳定,受积液影响关井时间延长,间歇影响产能发挥。2014 年 8 月 29 日投放雾化喷管,喷管安装深度为 2000m,位于液位面之上。投放后维持原配产,在地面管压间歇变化情况下,生产期产量平稳,压降速率 0.027MPa/d,下降平缓,目前套管压力 8.6MPa,气井稳定生产且生产曲线表明井筒内无积液,典型反应喷管对高产气井的携液、排水采气具有积极作用,如图 2.68 所示。

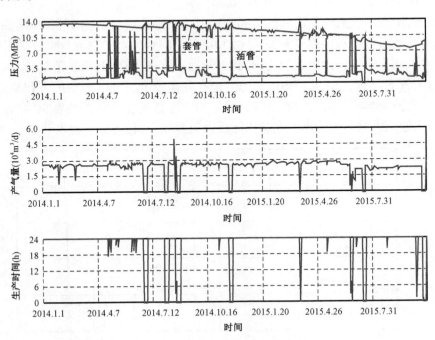

图 2.68　苏 D60 - 64 井生产图表

苏 D59 - 31H2 井(水平井)(图 2.69),投产初期配产 $1.5 \times 10^4 m^3/d$,投放节流器生产,套管压力和产量波动大,生产不稳定,积液影响产能发挥合最终采收率。于 2015 年 9 月 19 日投放雾化喷管,投放后配产 $1.0 \times 10^4 m^3/d$,喷管安装深度为 2500m,位于液位面之上。在地面管压 2.5MPa 和低于临界流量配产情况下,生产期产量压力平稳下降,压降速率 0.012MPa/d,目前套管压力 10.36MPa,气井稳定生产且生产曲线表明井筒内无积液,典型反应喷管对水平井排水采气的积极作用。

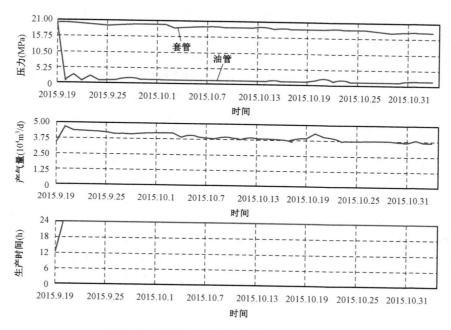

图 2.69　苏 D59 - 31H2 井(水平井)生产图表

苏 D44 - 63 气井是 2013 年 11 月 30 日安装喷管,连续运行 6 个月,排水效果良好,产气量稳定,如图 2.70 所示。

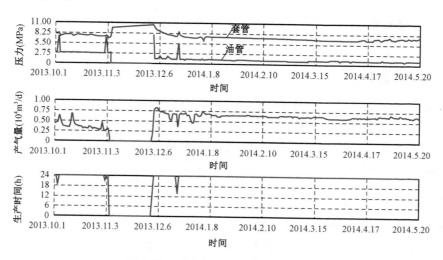

图 2.70　苏 D44 - 63 气井生产图表

2.9.3　成果与应用

在国内外首次提出应用高超音速喷管对气井内液体进行雾化实现排水采气新方法、新技术。独立自主设计出高高超音速喷管,实现天然气气井不需要外界动能,将液体完全排出。特别适用于低产天然气井的排水,天然气气井最低产量为 $1000m^3/d$ 时还能自动排水。对高产气井来说,早期就开始雾化排水能够节约地层压力能,为长期稳定生产提供保证。

数值模拟和实验室试验结果表明,当喷管设计优良,喷管出口处可以达到 $5\sim6$ 倍音速,速度越高,雾化效果越好。雾化液滴大小为 $10\sim50\mu m$,远小于能够被排出气井的最小临界液滴。

现场试验表明,安装高超音速喷管后,气井内液体被完全排出,气井长期保持生产稳定。液体雾化后,气液两相混合物平均密度降低,气井井筒内压力降损失同时降低,易于将液体排出,使得天然气产量稳定。目前,在苏东气田近 100 口气井安装了高超音速喷管,排水效果明显。

(1)高超音速喷管排液是依靠天然气自身的能量将液体雾化实现排水采气的新方法,实现了气井不需要外界动能来排水。

(2)气井底部的水经过喷管雾化变成液滴,均匀分布在气流中上升,改变了井筒内的流态,极大地降低了气体在井筒内的摩擦压力损失,起到了节能效果。气井早期就开始安装超音速喷管雾化排水能够节约地层压力能,为长期稳定生产提供保证。

(3)超音速喷管雾化特别适用于低压力、低产气量气井排水。对于低压力气井,只要井筒底部压力是井筒出口处压力的 1.5 倍以上,喷管就可以将液体雾化排出。

(4)喷管同时具有节流功能,取代节流器,可以按照预定产气量设计制造。节省气井运行成本。

(5)超音速喷管设备成本低,可以长期连续使用而不维护,连续运行时间超过两年。运行中不需要更换、维修。从排水效果和经济投入来说,能够在气田大规模应用。

2.10　井间互联气举排水采气技术

2.10.1　工艺原理

井间互联气举排液复产工艺技术是将接入同一集气站的高压气井(丛式井组)的气,通过现有的地面工艺流程引入停产井的油套环空(或油管),将积液停产井井筒内及近井地带的部分积液从油管(或油套环空)举出,在井口放空,以降低积液停产井井筒内的水气比、液柱高度及由此引起的回压,使积液停产井恢复生产,如图 2.71 所示。

2.10.2　应用条件

(1)复产井油管和油套环形空间必须连通;

(2)复产井所在集气站需有目前井口压力较高的气井作为气源井(气源井的选井原则是:低产水或不产水,且井口恢复压力应略高于复产井套压的气井);

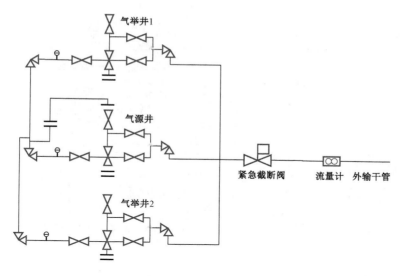

图 2.71　苏 D××井组井间互联气举流程改造示意图

（3）气源井的高压天然气能够满足现有流程或简单改造即可引入复产井。

2.11　机抽排水采气技术

2.11.1　工作原理

机抽排水采气（简称机抽）是将有杆泵下到井内液面以下一定深度,利用地面抽油机作动力,通过抽油杆柱上下往复运动带动抽液泵柱塞运动,安装在柱塞上的游动阀和泵筒底部的固定阀交替开关,将井内液体不断排出地面,以降低井底流动压力,增大生产压差,实现油管排水、套管产气的一项人工举升工艺,如图 2.72 所示。

（1）工艺优点：

① 装备简单,使用广泛,形成规模生产后操作维护费用低,易于实现自动化管理；

② 设备可靠程度高,零部件易于获取且重复使用率高；

③ 适应范围广,工艺井不受采出程度的影响,理论上能把天然气采至枯竭；

④ 采用玻璃钢抽油杆可有效降低驴头悬点负荷,可解决深抽问题,扩大了有杆泵的使用范围；

⑤ 初次投资费用相对较小,可比较大面积地实施机抽排水工艺措施,这对于减小压降漏斗,提高气藏最终采收率具有明显意义。

（2）工艺局限性：

① 深井泵属往复式容积泵,气体对泵效的影响大；

② 排量范围小,一般为 50 ~ 150m³/d,不能完全适应气藏强排水井的需要；

③ 井下有往复运动件,砂、垢对检泵周期影响大；

④ 井口、地面设备较大,边远井不便管理。

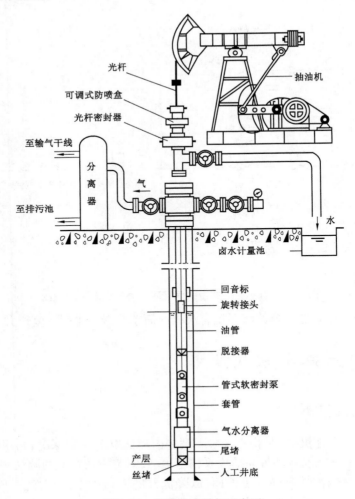

图 2.72　机抽排水采气示意图

图 2.73　机抽排水采气工艺现场

2.11.2　苏里格气田应用效果

针对苏里格气田部分储层好,地层产水量大的高水气比井(地层产水量 $10 \sim 40m^3/d$)进行机抽排水采气工艺试验,已经实施了 5 口机抽排水采气工艺(包含直井和水平井),取得效果,为后续工艺实施积累了丰富的技术积淀(图 2.73)。

(1)典型井:苏 59 – 15 – 49 井。

苏 59 – 15 – 49 井静态 I 类、动态 I 类,测试日产气 $2.28 \times 10^4m^3$ 、日产水 $32.8m^3$ 、无阻流量 $10.85 \times 10^4m^3/d$ 。于 2010 年 11 月 16 日投产,初期配产 $1 \times 10^4m^3/d$,因产水量大,携液困难调配产为 $2 \times 10^4m^3/d$ 。生产初期产气 1.6 ×

$10^4 m^3/d$、产水 $12 m^3/d$,至 2012 年 10 月因地层水量大,携液困难停产。于 2013 年 6 月 9 日开展机抽排水采气试验,初期产气 $0.7 \times 10^4 m^3/d$、产水 $15 m^3/d$,机抽运行生产时间 272 天,产水 $2105 m^3$,阶段增产 $227 \times 10^4 m^3$,如图 2.74 所示。

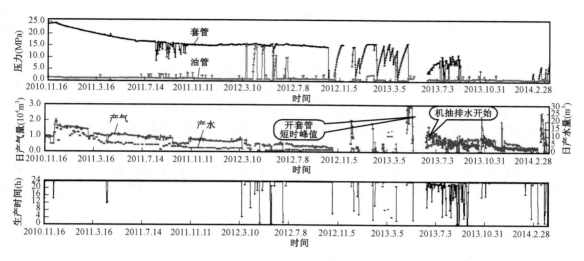

图 2.74　苏 59 - 15 - 49 井试验生产曲线图

(2)典型井:苏 5 - 2 - 42H 井。

苏 5 - 2 - 42H 井生产层位为盒 8 段,动态分类Ⅲ类井,测试产气量 $1.95 \times 10^4 m^3/d$、产水 $36 m^3/d$、无阻流量 $3.11 \times 10^4 m^3/d$。于 2012 年 8 月 12 日投产,配产 $2.0 \times 10^4 m^3/d$,投产即因产液多而关井,2012 年 11 月 2 日开井产量 $0.90 \times 10^4 m^3/d$,测试环空液面 2816m,因产液量大,产量下降较快。2013 年 5 月 21 日打捞节流器进入试采阶段,2013 年 8 月 30 日测试环空液位 2838m,10 月 19 日试采结束下机抽泵开始机抽,初期日产气约 $1.0 \times 10^4 m^3$,机抽运行 118 天,增产气量 $113 \times 10^4 m^3$。如图 2.75 所示。

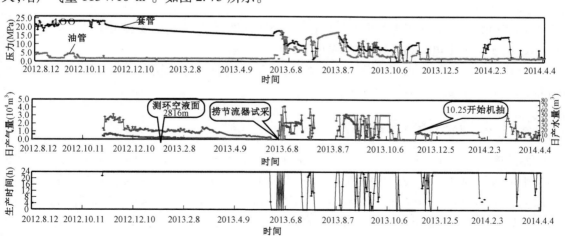

图 2.75　苏 5 - 2 - 42H 机抽排水采气试验生产曲线图

2.12 电潜泵排水采气技术

2.12.1 工作原理

电潜泵排水采气工艺是将电潜泵井下机组随油管一起下入井底,将井下积液通过油管排出,从而降低井筒内静液面高度,形成一定的复活压差,降低对井口回压,使气井重新获得正常生产所需要的压差,使其复产的一种排水采气工艺。随着很多气田进一步开采,地层能量继续衰竭,目前所采用的一些常规排水工艺,如泡排、气举、螺杆泵、机抽等由于其自身的局限性而无法被使用,最终将使用电潜泵完成开采。

电潜泵排水采气工艺原理是通过地面变压器、控制柜将交流电通过动力电缆传至井下电动机,在电动机的带动下多级离心泵和分离器高速旋转,在井下进行气液分离,水从油管举出地面,气体从油套环空进入输气管线,达到排水采气的目的。

电潜泵由7个部分组成:电动机、保护器、分离器、泵、动力电缆、控制柜和变压器。与其配套使用的还有小扁电缆护罩、电缆保护器、传感器、单流阀、泄油阀等。

(1)工艺优点:

① 电潜泵排量范围大、扬程高,尤其适用于产水量大、地层压力低、剩余储量多的水淹井。电潜泵排水可形成较大的压差,理论上可将气井采至枯竭。

② 自动化程度高,具有较强的自我保护能力,操作管理灵活方便,容易实现自动控制。

③ 易于安装井下温度、压力传感元件,在地面通过控制屏,随时直接观测出泵的吸入口处温度、压力、运行电流等参数。

④ 用于举升大排量液体,其费用相对较低。

⑤ 变频控制器的使用,可根据井况条件适时调节电泵的排量及相关参数。

(2)工艺局限性:

① 多级大排量高功率潜油电泵比较昂贵,初期投资大,特别是电缆费用高。

② 由于高温下电缆易损坏,使电泵的下入深度受限。

③ 由于气井中地层水腐蚀及结垢等影响,使得井下机组寿命较短,部分设备重复利用率不高,从而使得装备一次性投资较大,采气成本高。

2.12.2 苏里格气田应用效果

苏里格气田于2013年开展水平井电潜泵试验。试验井苏59-15-48H,生产层位盒8,水平段长度600m,试采过程中产水严重,于2013年9月28日开始电潜泵排水采气,泵悬挂深度2946m,初期日产气由$2.8\times10^4m^3$下降到$1.6\times10^4m^3$,日产水由300m³下降到90m³,水气比呈逐渐下降的趋势,10月20日测量环空液面2216m。累计实施544天,生产稳定,增产气量$4\times10^4m^3$,产水18910m³。如图2.76和图2.77所示。

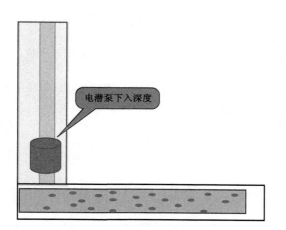

图 2.76 苏 59 – 15 – 48H 井下管柱示意图

（泵下在直井段,泵挂深度 2946m）

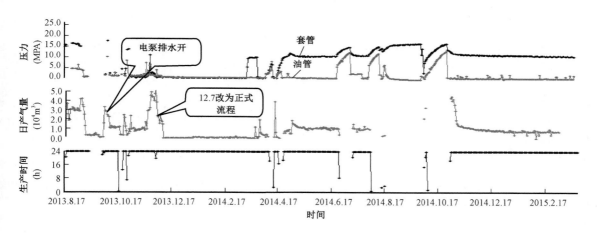

图 2.77 苏 59 – 15 – 48H 机抽排水采气试验生产曲线图

2.13 复合排水采气工艺技术

近年来,随着气田地层压力的进一步下降,原来依靠单一的排水采气工艺效果越来越差。为此,逐步摸索出一些复合排水采气工艺方式,如气举 + 泡沫复合排水采气工艺、间歇 + 泡沫复合排水采气工艺、气举 + 柱塞复合排水采气工艺、气举 + 机抽复合排水采气工艺和气举 + 小油管等。针对苏里格气田工艺现状,通过推广应用气举 + 泡排复合排水采气工艺,使得一批气井恢复并维持了气井的生产能力。

参 考 文 献

[1] 王尧. 水平井排水采气工艺优化研究与应用[D]. 成都:西南石油大学,2014.

[2] 王琦. 水平井井筒气液两相流动模拟实验研究[D]. 成都:西南石油大学,2014.

[3] 邹小龙,曹世昌,魏伟,等.毛细管技术在川东气区气井的应用前景分析[J].中外能源,2009,14(11):61-63.

[4] 田建峰,曹成寿,刘建英,等.苏里格气田泡沫排水采气工艺应用技术难点及对策[J].钻采工艺,2016,39(3):67-69.

[5] 常鹏,李大昕,白建收,等.苏东区气井排水采气技术应用效果[J].石油化工应用,2015,34(6):59-64.

[6] 尹国君.气举排水采气优化设计研究[D].大庆:东北石油大学,2012.

[7] 蔡海强,张永斌,张占峰,等.气举排水采气工艺在涩北气田的研究和应用[J].天然气技术与经济,2015,9(4):33-35,78.

[8] 白晓弘,田伟,田树宝,等.低产积液气井气举排水井筒流动参数优化[J].断块油气田,2014,21(1):125-128.

[9] 曹朋亮,常永峰,张林,等.音速雾化节流器排水技术探讨[C].第十届宁夏青年科学家论坛论文集,2014:409-412.

[10] 吴僖,向伟.联合增压和气举优势的新型排水采气工艺——BASI工艺[J].石油工业技术监督,2012,28(6):10-12.

[11] 胡述明.喷射泵排水采气技术在低压天然气采输中的应用[J].石油矿场机械,2011,40(8):62-64.

3　国内其他气田典型排水采气技术

3.1　四川气田水平井排水采气技术

3.1.1　川东地区大斜度水平井排水采气技术

川东地区现有 50 多口大斜度水平井,其中约 25% 的井处于关井或间开状态,约 25% 的井明显受积液的影响,且受井深、完井方式等的限制,大斜度水平井的排水采气难度大,特别是水平段的排水更是难上加难,已严重影响大斜度水平井的开发效果,因此迫切需要探索大斜度水平井排水采气的新思路。目前,主要对未下悬挂封隔器的大斜度水平井采取了泡排和气举措施。截至 2014 年 7 月,川东地区共有 52 口大斜度水平井投入生产,占总投产井数的 13.2%,目前日均产气量约 $242.7 \times 10^4 m^3$,占日总产气量的 20.09%,日均产水量约 $97m^3$,占日总产水量的 10.21%。在已投产的大斜度水平井中有 13 口井处于关井或间隙生产状态,39 口生产相对稳定的气井中现有 7 口井实施泡排工艺,2 口井实施了气举工艺,其中 13 口井井筒带液矛盾较为突出[1]。

3.1.1.1　大斜度水平井排水采气应用现状

目前较为成熟的单一排水采气工艺主要有优选管柱、泡排、气举、柱塞举升、机抽、电潜泵、螺杆泵、射流泵、连续油管等。复合工艺主要有优选管柱 + 泡排、泡排 + 增压、气举 + 增压、气举 + 泡排等。在川东气田应用较多的主要有泡沫排水采气、优选管柱 + 泡排、泡排 + 增压、气举、气举 + 增压等工艺。截至 2014 年 7 月,共有泡沫排水采气工艺井 171 口,增压机气举排水采气工艺井 16 口,螺杆泵排水采气工艺井 1 口,电潜泵排水采气工艺井 1 口,柱塞排水采气工艺井 2 口。

川东地区目前生产的大斜度水平井中,衬管完井 8 口、射孔完井 3 口,油管和油套环空均连通,见表 3.1;裸眼封隔器完井 41 口,其中 15 口井油套不连通,26 口井油管和油套环形空间通过在悬挂封隔器上方安装筛管或反循环阀实现油套连通,如图 3.1 所示,当反循环阀内压与外压压差达到设定值时销钉剪断,活塞下行,过流孔打开,从而油管和油套环形空间连通。大斜度水平井生产情况,截至 2014 年 7 月底,川东地区已投产大斜度水平井 52 口,其中出水气井 24 口(其中生产过程中出水井 15 口)。从生产情况看,大斜度水平井投产后具有以下特征:(1)投产后压力和产量下降快,稳产期短;(2)完钻气水同产井大部分无法连续自喷生产;(3)生产气井出水后带水生产困难。

表 3.1　大斜度水平井油套连通情况统计

类别	完井方式	油套连通方式	井数（口）			
			间隙开采或关停井	生产相对稳定	生产相对稳定，但受积液影响	合计
油套连通	裸眼完井	悬挂封隔器上方有筛管	4	1	2	7
	裸眼或射孔完井	悬挂封隔器上方有反循环阀	2	6	8	16
	裸眼完井	悬挂封隔器上方油管未连接	1			1
	裸眼或射孔完井	酸化封隔器	1	2	1	4
	衬管完井	光油管	0	7	1	8
	射孔完井	光油管（有两级气举阀）	1			1
不连通	裸眼完井		4	10	1	15
合计			13	26	13	52

大斜度水平井排水采气工艺应用分析，目前仅有 7 口油套连通的大斜度水平井实施泡排工艺，2 口井开展了气举排水采气工艺。通过泡排及气举排水采气，带出了井筒积液，使气井恢复了正常生产，并达到增产目的。此外，还进行了 UT – 6 型和 UT – 9 型固体泡排试验，泡排效果总体较好。

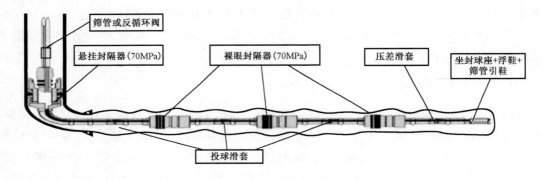

图 3.1　大斜度水平井裸眼完井示意图

由于川东地区大斜度水平井的井斜角大，水平段长，井下有"悬挂封隔器 + 裸眼封隔器 + 滑套"等系列工具串，因而，排水采气难度大，主要体现在以下几个方面：

（1）井深限制。川东地区井深一般都在 5000m 左右，超出了机抽、射流泵、电潜泵、毛细管、连续油管等排水采气工艺的应用深度，且连续油管下入水平段难度大。

（2）井身结构限制。井眼轨迹特殊，完井管柱复杂，一般都为一次性复合管柱，有永久式悬挂封隔器、井下节流器，产层段有裸眼封隔器、内径逐步变小的投球滑套等，限制了柱塞、机抽、连续油管、电潜泵等工艺的应用，油套环空不连通的气井限制了连续泡排、气举工艺的实施。

（3）现场条件限制。多数新建单井站无水无电，周边高压气举气源缺乏，导致新上排水采气措施成本大幅增加，效益难保证。由于受完井管柱及现有排水采气技术适应性的限制，目前适用于川东地区大斜度水平井的排水采气工艺以泡排和气举工艺为主,可先解决封隔器之上的井筒矛盾,即先排出悬挂封隔器之上的井筒积液,封隔器之下依靠气井自身能量将积液带至油套连通点,以减缓井筒矛盾。

3.1.1.2 大斜度水平井排水采气适应性分析

目前,川东地区大斜度水平井中有 37 口井油套管已连通,水平段长度为 16 ~ 1074m,而悬挂封隔器至水平段最低点垂深为 57 ~ 550m,一般为 150m 左右,平均垂深约 200m,悬挂封隔器以下液柱对井底回压较小,这就为在悬挂封隔器之上开展泡排、气举排水采气创造了有利条件。龙岗 001 - 18 井产层中深 6430m,井深 5657m 有永久式封隔器,于 2012 年 3 月在井深 5233 ~ 5235m 处对油管打孔,有效孔数 10 孔,有效孔径 6 ~ 7mm/孔。气举进气点距离产层中部 1196m,气举复产初期最高产气量 $15.38 \times 10^4 \mathrm{m}^3/\mathrm{d}$,最高产水量 $271\mathrm{m}^3/\mathrm{d}$,目前注气压力 24.00 ~ 26.00MPa,油管力压 6.00 ~ 10.00MPa,产气量 1.5×10^4 ~ $3.0 \times 10^4 \mathrm{m}^3/\mathrm{d}$,产水量 160.0 ~ $200.0\mathrm{m}^3/\mathrm{d}$,气举生产平稳。龙岗 001 - 3 井产层中深 6112m,井深 3202m 有永久式封隔器,于 2013 年 2 月在 3000m 打孔实施气举成功复产,复产初期最高产气量 $3.4 \times 10^4 \mathrm{m}^3/\mathrm{d}$、产水量 $124\mathrm{m}^3/\mathrm{d}$,目前产气量 2.5×10^4 ~ $4.0 \times 10^4 \mathrm{m}^3/\mathrm{d}$,产水量 30.0 ~ $50.0\mathrm{m}^3/\mathrm{d}$,一直连续生产至今,累计增产天然气 $1766.7 \times 10^4 \mathrm{m}^3$,产水 $18205.5\mathrm{m}^3$。油管射孔是一项成熟的工艺,在油管上均匀布孔后其作用就如同筛管,可作为泡排或缓蚀剂加注、气举的通道。油管打孔后使用净化气作为气举气源,在龙岗礁滩气藏成功实施了连续气举工艺,为油套环空不连通的气井实施排水采气提供了参考。

3.1.1.3 大斜度水平井排水采气试验井优选

(1)选井条件。从悬挂封隔器之上的油套环空实施排水采气主要存在以下风险:① 气举时,进气点位置固定且深度大,硬举需要的启动压力高,液面太高易导致硬举失败;② 泡排时,若油套环空存在积液,从油套环空加注起泡剂将由于气流扰动小甚至不存在气流扰动,导致泡排难见效;③ 随着地层压力的降低,排水采气效果可能会越来越差。因此,要保证工艺的成功,需要考虑满足以下地质及工程条件:气井有一定的剩余储量;地层压力足够高,地层压力建议大于 13MPa;进气点至水平段垂深尽量小,建议控制在 300m 以内;水平段相对较短。

(2)试验井优选。从保护气藏和维持甚至恢复气井产能的角度,重点针对间开井和受积液影响的气井,综合地质及工程因素,初步推荐天东 017 - H5 井和天东 017 - H6 井直接在现有生产管柱基础上分别开展气举、泡排试验,七里 013 - H1 井油管打孔后实施气举排水采气。

(3)措施认识。

① 试验之前要摸清气井的动静液面深度。

② 地面气举工艺流程最好具备油套连通功能,以降低气举启动压力。

③ 气举之前可提前加入适量起泡剂,辅助气举,以确保复产成功。

④ 在以后新完钻的大斜度水平井中如果邻井有出水气井,那么在新井完井时可以预先安装同心投捞式气举阀工作筒,在工作筒内部安装盲阀,在需要实施气举工艺时采用绳索作业更换盲阀为气举阀,便可实施气举排水采气。

（4）结论。

① 大斜度水平井虽然能提高单井产能，因受管串结构影响，排水采气难度大。

② 由于受完井管柱及现有排水采气技术水平的限制，目前适用于川东地区大斜度水平井的排水采气工艺仍以泡排和气举工艺为主。

③ 虽然大斜度水平井的排水采气难度大，一次性解决水平段的排水存在技术瓶颈，建议采取分阶段逐步攻克难题的策略，先对封隔器之上的井筒逐步开展排水采气探索试验。

④ 优先选择有一定剩余储量、地层能量相对充足、水平段相对较短、油套连通点至水平段最低点的垂深相对较小的气井开展泡排或气举工艺，先行排出封隔器之上的井筒积液，封隔器之下依靠气井自身能量将积液带至油套连通点。

⑤ 下步新完钻的大斜度水平井完井时需提前考虑后期排水采气工艺的要求。

3.1.2 电潜泵排水采气技术

电潜泵作为一种行之有效的排水采气工艺现在越来越多地被应用于气田生产。随着气田开发程度的逐步增大，有些气田逐步地进入了开发后期，地层压力下降，产水量增大，井口压力下降，产气量下降，有些井甚至出现被水淹而无法生产。随着气田的进一步开采，地层能量继续衰竭，目前所采用的一些常规排水工艺，如：泡排、气举、螺杆泵、机抽等由于其自身的局限性而无法被使用，最终将使用电潜泵完成开采[2]。

20世纪80年代初，电潜泵就被用于川渝气田。最初是从美国引进变频机组2套和沈阳定频机组1套，分别在2口井进行现场摸索试验。迄今，已完成20多口井的电潜泵排水采气应用。通过20多年的摸索实验现场施工，已经形成了比较成熟的适应于气田排水采气的电潜泵工艺技术。

3.1.2.1 电潜泵排水采气工艺技术原理

电潜泵由7个部分组成：电动机、保护器、分离器、泵、动力电缆、控制柜和变压器。与其配套使用的还有小扁电缆护罩、电缆保护器、传感器、单流阀、泄油阀等。

电潜泵排水采气工艺是将电潜泵井下机组随油管一起下至井底，将井下积液通过油管排出，降低对井口回压，使气井重新获得正常生产所需要的压差，使其复产的一种排水采气工艺。其工艺原理是通过地面变压器、控制柜将交流电通过动力电缆传至井下电动机，在电动机的带动下，多级离心泵和分离器高速旋转，在井下进行气液分离，水从油管举出地面，气体从油套环空进入输气管线，达到排水采气的目的。

3.1.2.2 电潜泵排水采气适应范围

电潜泵具有排水量大、扬程高、适应各种工况等优点，现在越来越多地被应用于生产。由于其投资高于其他排水采气工艺且地面建设复杂，目前只用于以下几种情况，但是作为唯一一种枯竭式的开采方式，未来将会应用于更多老气田和油田。

（1）气藏排水采气。对于边水、底水水体封闭的产水气田的气藏，利用电潜泵排水量大的特点，通过强排水，达到控制水侵，阻止边底水干扰气藏其他气井生产，从而提高有水气藏的最终采收率。

（2）单井排水采气。将变频电潜泵用于复活各类水淹井和单井排水采气井。特别适用于产水量大、扬程高、单井控制的剩余储量大的水淹气井。通过强排水，降低井底回压，使这类"气水同产井"保持足够的"生产压差"生产，达到边排水、边采气的目的。

3.1.2.3 电潜泵排水采气井中问题及改进

（1）电潜泵机组入井。电潜泵在井下能否正常运转，入井安全是最为关键的。以往电潜泵入井，只是用与电潜泵机组相同外径的通井规进行通井后下入电潜泵机组，这并不能完全保证电潜泵机组及动力电缆下入过程中的安全。而现在采用全尺寸模拟通井工具，即采用和电潜泵机组相同外径和长度的模拟机组进行通井，这大大提高了机组入井的安全性，为电潜泵机组正常运转打下了坚实基础。

（2）电潜泵机组对接。整套电潜泵机组是通过电动机、保护器、泵、分离器等部件对接后入井的，这些部件都是通过花键套连接，在连接的过程中对司钻的熟练程度要求很高，下方和上提的精度要求在1cm左右，而川渝地区电潜泵工艺的普及率较低，目前没有形成一支专业化队伍，所以为了避免出现对接失败损坏机组的事故发生，采用了双千斤顶作业。利用千斤顶顶起下部机组连接花键套，这样有利于花键套入位，盘轴钳盘轴，保证机组安装成功。

（3）电缆跨接。动力电缆在井中不但要受到水、CO_2、和 H_2S 等介质的腐蚀，而且在井下长时间运行发热所造成的三相电流不平衡都会影响动力电缆的寿命。在电潜泵机组工作时，动力电缆 B 相所散发的热量最大，为延长电缆使用寿命，采用电缆跨接，这样可有效地解决 B 相发热及散热问题，延长电缆使用寿命

（4）电潜泵运行参数获取。井下电动机在运行中，井下温度和压力、电动机温度、电动机振动、吸入口压力、吸入口温度、三相电流对电潜泵工况的判断至关重要。老式变频柜中的电流卡片已经无法满足对井下电动机工况的判断。目前，川渝地区所下电潜泵机组采用井下传感器技术，即通过安装井下传感器，传感器通过动力电缆，将井下工况直观地反映在控制屏上，这使得对井下工况的判断即直观又准确。

3.1.2.4 认识

随着气田开发进入后期，地层压力越来越低，产水量加大，常规工艺已无法满足气田开发要求，电潜泵排水采气将会越来越多地应用于气田后期开发。虽然电潜泵在气井中的应用已日趋成熟，但还有很多问题需要解决，如：如何在高气液比气井生产中气液充分分离；井下动力电缆材质在气井中的耐腐蚀问题等。

3.1.3 毛细管排水采气技术

四川某气田的储层类型多属于低孔、低渗透型细粒岩屑砂岩储层，近年来应用水平井开采的主要产层是沙溪庙组和须家河组，其产水特征是：前者含水饱和度高，产水来源于地层产水和压裂液；后者则属于有水气藏，为典型的气田产水主体。目前，大多数水平气井在生产初期其产水量就上升很快，当井底积液越来越多时，气井产量递减很快，影响气井正常生产，但经过一段时间的排水后，气井恢复正常生产，为了尽量做到产气量稳中有升，某气田投入众多力量研究和应用了采气新工艺，充分利用有限的储量资源，使气田自然递减率降到最低的程度。多种常规的排水采气方法得到了广泛应用，相应配套的工艺技术也得到大力发展[3]。

3.1.3.1 某气田水平井排水采气工艺技术应用现状

目前,某气田水平井开采技术已成为提高该气田增产的核心,近年来已钻了约 60 口生产水平气井,产气量占日产总量的 22.3%。由于水平井开采的主要产层含水饱和度高,绝大多数水平气井在生产初期就携液生产,随着生产的进行,井筒液越来越多,产量呈现不断递减的趋势,为了解决井筒积液问题,恢复气井正常生产,该气田已先后采用了泡排、车载气举、气举与泡排联作等排水采气工艺技术。泡排采气工艺适用于弱喷、间喷、产水量较少的气井排水。该气田水平井先后采用了 UT – 5D,SP – 10,SP – 7,XHG – 10C 和 XHG – 10A 等排水药剂,但水平井采用泡排工艺还处于起步阶段,存在许多问题和难题,诸如:环空加注泡排药剂无法与井底积液有效混合;油管投棒方式加注泡排棒只能到 A 靶点以上;斜井段引起泡沫破裂,造成滑脱损失,排液量少;产量压力低泡排效果差,且有效期短。因此,在水平井泡排工艺方面,亟须在药剂选型、加注方式以及药剂配比等方面开展进一步研究。

车载气举排水采气工艺适用于水淹井、井底积液严重井,压裂砂、压裂液与乳化液等固液堵塞导致停产气井。但是,车载气举一般都间歇运用于气井排水采气,针对水平井来说,由于气举只能有效排出水平井垂直段积液和第一个喷砂滑套以上的积液,水平段积液不能有效排出,气举后井底又快速形成积液,恢复到气举前的生产状况,因此,气举排水效果持续周期短,且作业费用较高,经济效益差,它主要是作为气井复产的手段,无法作为一种长期有效的排水采气措施。另外,当气井地层压力很低时,气举造成较高的井底回压,排水采气效率十分低下,有时压缩机供气比地层产出气还多。气井废弃压力大,大量的剩余储量无法开采。近年来,寻求和探索新的接替常规排水采气工艺技术,已成为气田水平井开发提高采收率的迫切需求。毛细管排水采气是采用地面专用设备将连续油管下入井筒原有生产管柱内,利用地面泵注设备将泡沫排水剂注入积液内部,在井内流体搅拌的作用下使泡沫排水剂在井筒中产生泡沫,降低液体密度,减少液体表面张力和气体的滑脱损失,提高气体携液能力,从而有效减少井筒积液,提高气井产气量。某气田开展了水平井毛细管排水采气工艺生产试验。

3.1.3.2 毛细管技术在水平井中应用

(1)选井依据。

毛细管排水候选井需要含水稳定或上升缓慢,液相中凝析油含量小于 50%,没有结垢、结蜡、结盐和出砂的历史的积液气井;无落鱼、堵塞以及井身损坏等问题。

候选井产水量较大,井筒流体携液能力不足,造成积液;因起泡剂的注入量与日产水量成正比,产水量过高的井需要的药剂量相应增大,而毛细管泡沫排水采气工艺正是采用连续注入的方式,有效降低井底回压,使井底积液更易被井筒流体从井底携带至地面。

(2)毛细管排水采气工艺设计。

① 工艺所需设备构成。毛细管排水采气作业设备主要由盘管绞车、注入头、防喷系统与注剂系统等四大系统组成,具体包括以下几个部分:橇体、控制台、绞车系统、注剂泵、导向器、注入头、防喷系统、井下工具串、液压控制系统、动力系统、$\phi 9.525\,mm$ 毛细管。

② 毛细管排水采气方案设计。在分析实验井的井况和生产情况的基础上,完成毛细管排水采气工艺实施前准备工作,包括测液面与通井;毛细管设备进场进行调试安装,完成井口作业装置安装并试压合格后,利用橇装式毛细管作业设备将毛细管下至设计井深,根据研究发现

产能潜力大的井应用毛细管排水采气措施后效果要比产能潜力低的好很多。因为随着积液的排出,井底的压力降低,气流就会从储层产出来,如果储层的储量不够丰富,就没有足够的气流产出,影响措施的效果,因而,候选井剩余储量大,具有较大的挖潜潜力,通过毛细管泡沫排水措施能够获得较好的经济效益。根据以上选井依据,结合现有生产水平井的情况,选择两口井进行了生产试验。两口试验井基本的数据。接着固定好作业设备滚筒和关闭注入头动密封,通过泡排剂注入泵按药剂加注方案开始向井内注入起泡剂,并记录相关的作业参数,包括井口压力、泵压、注入量、注入比等;另外,在注剂过程中,实时根据井口压力和产气量的变化不断调整优化加注方案,以最优的注剂方案获得最佳的排水采气效果。

(3)生产试验情况及效果分析。

① 生产试验情况。两口试验井入井工具串初始下入井深分别为2360m和2350m,后根据泡排情况,活动管柱后又调整下深为2370m和2360m。在生产试验过程中,两口试验井保持持续生产状态。

② 试验效果分析评价。两口试验井在实施毛细管排水采气工艺后,通过加注泡沫携液生产;在试验过程中根据生产数据的实时变化,不断调整和优化注剂方案,经过10多天的生产试验,两口试验井获得如下试验效果:试验井1,井口压差由1.8MPa下降至0.2MPa,气井最高产气量为10688m^3,平均日产量增加0.5738×10^{4}m^3,平均产水量增加0.438m^3。试验井2,压差从2.2MPa减小到0.8MPa的情况下,气井日产量最高达到3.3334×10^{4}m^3,平均日产量增加约0.6896×10^{4}m^3,平均日产水量增加约0.7m^3。

3.1.3.3 结论

(1)在生产试验过程中发现,针对不同的井,最佳的注剂方案和毛细管工具串的入井深度各不相同,两者对水平井的排水采气效果都起着非常重要的影响,必须根据井口压力和产量的实时变化做出相应的调整才能摸索出适合不同水平气井的注剂方案和工具串的入井深度。

(2)毛细管排水采气工艺技术成功应用于低压低产水平气井恢复生产在国内尚属首次,拓宽了毛细管的应用范围。

(3)毛细管利用地面专用设备可以尽可能地下至水平井水平段,能有效地对水平井最深产层进行排水,解决了常规排水采气工艺无法处理水平段积液问题。

(4)水平井毛细管排水采气工艺技术在现场试验成功,为四川某气田水平气井排水采气工艺技术的发展探索了一条新途径。

3.2 大牛地气田水平井排液技术

水平井开发作为一种提高储量动用程度的有效手段,于2012年初开始大规模在大牛地气田实践和探索,目前形成了水平井多级管外裸眼封隔器分段压裂以及其他开发相关配套技术,改造效果较好,成功实现了水平井的工业化开发的目标。

水平井压裂规模较直井大,入地液量大,投产时残留在井底的压裂液较多,如果不能及时排除会影响压裂改造的效果,同时随着开采时间的延长,气井压力和产能的下降,造成水平井井筒积液,需要采取排水工艺保证水平井正常携液[4]。

3.2.1　水平井临界携液流速计算

水平井井筒内气液流动规律与直井存在明显的差异,其携液规律不能简单地使用 Turner 公式或者其修正公式去模拟和计算。水平井流体流动包含水平段、造斜段和垂直段 3 种不同的流动状态,不同段的携液规律也不一样,其临界流速模型计算公式可以根据西南石油大学李颖川等研究成果来计算。

直井段的临界携液流速模型公式为:

$$v_{cr} = 2.35 \times \left[\frac{(\rho_L - \rho_g)\sigma}{\rho_g^2} \right]^{0.25} \tag{3.1}$$

水平段的临界携液流速模型公式为:

$$v_{cr} = 2\sqrt{2} \times \left(\frac{g\sigma\cos\theta\rho_L}{\rho_g^2} \right)^{0.25} \tag{3.2}$$

造斜段的临界携液流速模型公式为:

$$v_{cr} = 4.3 \times \left[\frac{\sigma(\rho_L - \rho_g)}{\rho_g} \right]^{0.25} \frac{[\sin(1.7\theta)]^{0.38}}{0.74} \tag{3.3}$$

式中　v_{cr}——临界流速,m/s;

ρ_g——气相密度,kg/m³;

ρ_L——液相密度,kg/m³;

σ——表面张力,N/m;

θ——倾斜角,(°)。

由式(3.1)至式(3.3)可得水平井临界携液流量呈 3 段分布:水平段最大,造斜段次之,垂直段最小。水平井积液的判断和计算由于大部分采用多级管外裸眼封隔器分段压裂的水平井油套环空不连通,套管无压力,因此无法通过油管与套管压力差来判定水平井是否积液。一般水平井在生产中出现产气量不稳定,明显下降或产液量明显下降或者不产液的现象时,可以初步判断有积液影响,并可及时进行液面测试。要较准确地计算水平井积液量利用油管与套管压力差法已无法实现,目前主要采用视流压压差法。视流压压差法原理是用分别适用于垂直和水平井气液两相管流压降计算的 H - B 模型和 B - B 模型,利用井口油管压力来计算得到的井底理想流压,通过产能方程或流压测试得到积液气井真实的井底流压。于是真实井底流压与理想流压之差可视为积液水柱作用在井底的压力。

$$p_{wf} - p'_{wf} = \rho_w g h \tag{3.4}$$

式中　p_{wf}——实测井底流压,MPa;

p'_{wf}——两相流模型计算井底流压,MPa。

由此得积水柱垂直高度为:

$$h = p_{wf} - p'_{wf}$$

$$\rho_w g = 100(p_{wf} - p'_{wf}) \tag{3.5}$$

该积水柱高度仅为垂直高度,还需要转换为积液的井段长,进而计算积液量。积液面垂深(H_w)为气井总垂深(H_v)与水柱高度(h)之差:

$$H_w = H_v - h \tag{3.6}$$

气井总斜深为H,则液面以下井段长度为:

$$L_w = H - H_w \tag{3.7}$$

于是流通截面积与积液井段长度相乘得积液量(W):

$$W = AL_w = \frac{1}{4}\pi D^2 L_w \tag{3.8}$$

综上,水平井积液量公式为:

$$W = AL_w = \frac{1}{4}\pi D^2 H - H_v + 100(p_{wf} - p'_{wf}) \tag{3.9}$$

以上参数含义如图3.2所示。

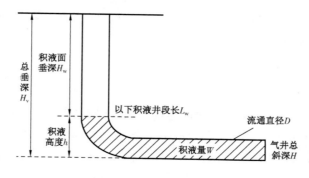

图3.2 参数含义示意图

水平井排水采气工艺应用综合考虑大牛地气田水平井井下管柱结构、工艺实施难度以及投资成本等因素,优选出适合气田的排水工艺为优选管柱、泡沫排水、临井高压气举或这几种工艺的组合应用。

3.2.2 优选管柱

3.2.2.1 工作原理

优选管柱排水采气的主要技术原理就是通过减小生产管柱的直径,改变气井垂直管流的流速,使得气井临界流速减小,从而利于低产能、高气液比井的排水。在气井投产初期,地层能量高,采用小油管可以充分利用气井的自身能量,延长气井携液自喷期。目前,气田常用生产管柱有$\phi 60mm$,$\phi 73mm$和$\phi 89mm$,主要以$\phi 73mm$为主。井口压力不同,油管内径不同,气井生产需要的临界携液气量就不同,采用直井段的临界携液流量模型公式,分别以4MPa,8MPa,

12MPa、16MPa、18MPa 和 20MPa 为井口压力,计算不同油管内径不同压力下的临界携液气量。计算结果可知:气井排液临界流量受到压力和管径等因素的制约,油管直径对临界流量最明显,气井排液临界流量随油管管径的变大而增大,使用小油管有利于排液。

3.2.2.2 应用情况

DPS - 2 井投产于 2011 年 7 月 20 日,生产层位为 S1,无阻流量为 $5.2722 \times 10^4 m^3/d$。投产时油管压力 21.5MPa,初配产 $3 \times 10^4 m^3/d$,生产管柱为原压裂管柱 $\phi88.9mm$,油管与套管不连通。投产后自身带液困难,油管压力和产量不断下降,采取泡沫排水、放空等效果差,井筒积液严重。2012 年 2 月 27 日,井口油管压力降至 3.0MPa,水淹。于 2012 年 4 月实施了作业,把悬挂式封隔器以上 $\phi88.9mm$ 油管更换成 $\phi60.3mm$ 小油管,提高垂直管段排液效果,更换管柱后带液能力明显增强,产气量稳定在 $1.5 \times 10^4 m^3/d$,产液量稳定在 $1.5m^3/d$ 作业,实现了自身连续携液,累计增产 $20 \times 10^4 m^3$。

3.2.3 泡沫排水

3.2.3.1 工艺简介

泡沫排水采气工艺是向井内注入一定数量的起泡剂,通过气流与井底积水的搅动,生成大量低密度的含水泡沫,达到清除井底积液的目的。具有设备简单、施工容易、见效快、成本低的优点,在大牛地气田得到了广泛应用。

3.2.3.2 工艺优化调整

(1)药剂优化。

在泡排剂上,针对水平井主要是改进起泡剂性能,增强泡沫稳定性,降低泡沫含水率,以降低携带泡沫所需的能量。研究出了稳定性好低含水率的起泡剂 UT - 12。针对水平井油管与套管不连通,造斜段和水平段液体泡排剂与固体棒状泡排剂进入难度大的问题,改进了泡排剂的形状(球状)和密度,以有利于进入造斜段。

(2)制度优化。

改变过去"等积液形成才实施泡排"的思想,以"预防"为主,按照"少量多次"的原则,做到"产一点排一点"。具体做法分两类:① 水平井投产的生产初期,压裂液未排完,产出液为压裂液和地层水的混合液,日产液量为 $10m^3$ 以上,这类井泡排剂的加注周期越短、越均匀,越好,最好是连续加入;② 压裂液返排完稳定生产的水平井,日产液量为 $0 \sim 5m^3$,宜采用间歇加注方式,时间间隔根据气井生产情况确定。

(3)应用情况。

2012 年共在 30 口水平井实施泡沫排水工艺,占总水平井数的 60%,通过应用大密度的球状起泡剂后,泡排成功率从 50% 提高到了 80%,基本上保证了水平井井筒不积液、生产正常。如 DP27H,该井生产层 H1 层,无阻流量为 $15.3689 \times 10^4 m^3/d$,于 2011 年 11 月 7 日投产,生产管柱为原压裂管柱 $\phi88.9mm$,油套不连通,投产时压力 17.30MPa。投产后压力下降快,当压力降至 10MPa 以下时,自身携液能力下降,产液量呈下降趋势,井筒开始出现积液。自 2012

年5月份开始实施泡排排水以来,DP27H产液量上升、产气量稳定,生产正常,泡沫排水效果好。

3.2.4 邻井高压气举 + 泡排

3.2.4.1 工作原理

邻井高压气举工艺原理就是用同一集气站的高压气井作为气源,将高压气从被积液井油套环空注入井内,通过反举排水,携带井筒液体上行到达地面,排除井筒积液。该工艺要求:(1)被举气井有一定的试采或生产资料;(2)水平井不连通;(3)放空流程安装齐全,确保安全、可靠;(4)高、低压气井间集气站内连通可行、方便,操作快捷、安全;(5)高压气源井不含水或低含水,井口压力大于被举气井井筒不积液时的关井井口套管压力。

大牛地气田水合物防止主要采用单井注甲醇工艺进行防堵解堵,所以就可以运用注醇管线(内径19.5mm)来使高、低压气井间在站内连通,操作方便、快捷安全。西南石油大学胡厚猛等研究认为,使用小管径注醇管线进行高压气举是可行的,能够满足压力和注气量的要求。

"邻井高压气举 + 泡排"联合复产工艺就是气举前首先向井筒内加入泡排剂,利用高压气源搅动起泡剂,使井筒积液变成气、液混合相的泡沫,迅速改变油管内低部位流体的相对密度,从而减小井底回压,提高了气体举升的能力。

3.2.4.2 应用情况

DPH – 18井生产层位 H1,无阻流量 $2.1169 \times 10^4 \mathrm{m}^3/\mathrm{d}$,配产为 $5000\mathrm{m}^3/\mathrm{d}$,2012 年 8 月 8 日 10:00 投产,投产时井口油管压力 9.4MPa,套管压力 14.0MPa,投产 2h 后该井进站压力降至管网,无法生产。12:00 站内降压带液,半小时后井口油管压力归零,无气流声也未出液,探明液面514m,井筒积液严重水淹。水淹后试验投 UT – 6B 自发泡型泡排棒 2 次(约20kg),依靠自身能量放空,油管压力都很快降为 0MPa,泡沫排水措施未见成效。8 月 20 日投 UT – 6B 泡排棒 17 根(约12kg),利用邻井 DPS – 9 井作为气源,导通两井流程,几小时后气井开始出水,随后油管压力持续上升,出水连续,累计排水 $11.08\mathrm{m}^3$,复产后油管压力 12.2MPa,套管压力 13.1MPa,导入流程生产,配产 $1 \times 10^4 \mathrm{m}^3/\mathrm{d}$,气井恢复正常生产。复产后生产 38 天,累计产气 $21 \times 10^4 \mathrm{m}^3$,累计排水 $493\mathrm{m}^3$。通过试验可以看出,该联合工艺不仅具有施工简单、方便、费用低等优点,还具有复产周期短,气井容易复活的特点,采用该工艺可以使积液较严重或水淹停产的水平井恢复生产。

3.2.4.3 认识

(1)水平井临界携液流量呈 3 段分布:水平段最大,造斜段次之,垂直段最小。

(2)优选管柱改变了多级管外裸眼封隔器分段压裂管柱结构不利于排水的问题,对新水平井投产时生产管柱优选及老井生产管柱更换具有指导意义,适用于压力和产能低的水平井。

(3)在大牛地气田水平井应用时,主要根据水平井井身结构、生产特点,优化了药剂,开发了稳定性好、低含水率的液体泡排剂 UT – 12 和利于进入造斜段的球状 UT – 6 固体泡排剂。

(4)大牛地气田气井井况、采气流程可以满足邻井高压气举的要求,具有投资小、施工安全简单等优点,与泡排联合应用具有复产周期短,气井容易复活的特点。利用注醇管线广泛开展邻井气举,可以使积液较严重、水淹的水平井恢复生产。

(5)随着产量和压力的降低,优选管柱、泡沫排水和邻井气举等工艺也不能完全解决水平井排液的问题,需要继续开展一些新工艺研究,例如速度管、毛细管、车载压缩机气举等,做好技术储备。

3.2.5 大牛地气田速度管气井压降模型的评价

大牛地气田属于低渗透致密砂岩气藏,气藏埋深为2500~2900m,气、水产量均较低,气液比较为恒定,地层一直稳定出水,当开发进入中后期时,井筒滑脱压降增加,给气井稳产带来困难。收集了大牛地气田34口速度管气井(其中管柱内径为31.8mm井有29口,管柱内径为41.9mm井有5口)在安装速度管后的流压测试数据。

(1)31.8mm速度管。

整理了大牛地速度管管径为31.8mm的29口气井基础数据,因测试时间不同,共有53组流压测试数据。其测试数据范围见表3.2。

表3.2 速度管流压测试基础数据范围

油管压力(MPa)	3.9~12.8	日产气量(10^4m³)	0.567~3.376
井口温度(℃)	12.9~27.7	日产气量(m³)	0.14~14.01
压力计下深(m)	2000~2790	气液比(m³/m³)	984.54~76700
压力计处压力(MPa)	5.039~18.335	油管尺寸(mm)	38.1
压力计处温度(℃)	69.4~89.6	流压测试组数	53

利用流压数据对两相管流模型进行了评价,参与评价的压降模型有经验模型和具有代表性的机理模型:1994年Ansari模型、1973年Beggs&Brill模型、1978年Gray模型、1965年Hagedom&Brown模型、1985年Mukherjee&Brill模型和Noslip模型、1967年Orkiszewski模型以及修正的Hagedom–Brown模型。测试压力降与计算压力对比如图3.3所示。

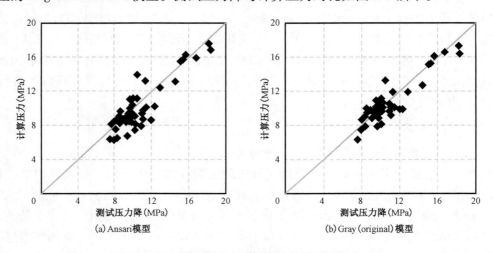

图3.3 两相管流模型计算压力值与测试压力值对比

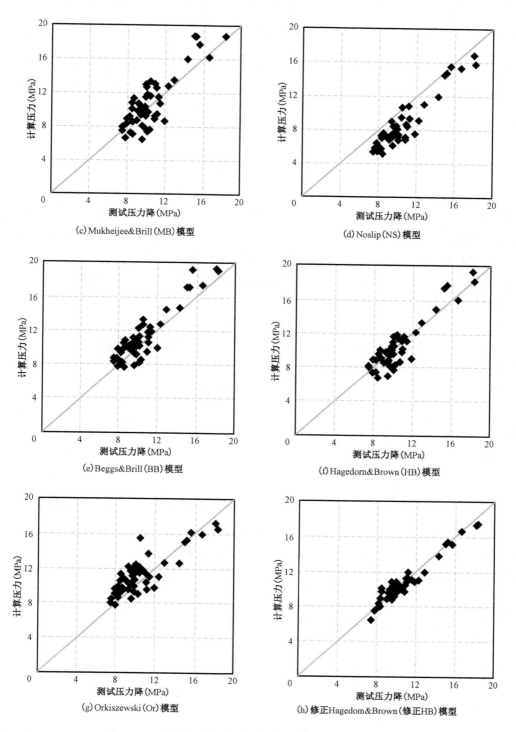

(c) Mukheijee&Brill(MB)模型

(d) Noslip(NS)模型

(e) Beggs&Brill(BB)模型

(f) Hagedorn&Brown(HB)模型

(g) Orkiszewski(Or)模型

(h) 修正Hagedorn&Brown(修正HB)模型

图 3.3　两相管流模型计算压力值与测试压力值对比(续)

为了更加清晰、直观地对比各个压降模型评价结果的优劣,将各个压降模型的各项误差指标值绘制在同一个图表里,如表 3.3 和图 3.3 所示。

表 3.3　压降模型误差统计(一)

误差类别 \ 方法	Ansari 模型	Gray 模型	MB 模型	NS 模型	BB 模型	HB 模型	Or 模型	修正 HB 模型
$E_1(\%)$	−6.31	−1.47	3.36	−19.71	7.37	−0.23	8.97	−1.19
$E_2(\%)$	11.48	8.26	13.30	19.73	11.62	9.19	9.58	4.96
$E_3(\%)$	7.82	5.87	8.83	9.33	7.26	6.65	9.58	4.12

从表 3.3 可知,修正的 Hagedom&Brown 模型计算的压力值与实测压力值最为稳合,各项指标值均最小,压力绝对平均误差为 4.96%,标准差为 4.12%。其次是 Hagedom&Brown 模型、Gray 模型和 Ansari 模型。从两相管流模型计算压力值与测试压力值的对比图可以看出,Noslip 模型计算的结果整体偏小。这是因为 Noslip 模型建立时,考虑气液为均相流动,具有共同的流速,忽略了气液间的滑脱损失,导致计算的结果普遍比真实的结果偏小。

(2)41.9mm 速度管。

收集了大牛地速度管管径为 41.9mm 的 5 口气井基础数据,共 12 组流压测试数据,基础数据见表 3.4。利用流压数据对 8 个两相管流模型进行了评价,将测试压力降与计算压力对比分析。

表 3.4　压降模型误差统计(二)

误差类别 \ 方法	Ansari 模型	Gray 模型	MB 模型	NS 模型	BB 模型	HB 模型	Or 模型	修正 HB 模型
$E_1(\%)$	−0.27	1.78	20.98	−20.07	25.45	8.64	34.85	0.76
$E_2(\%)$	13.97	14.07	21.27	20.07	25.57	16.19	35.62	10.35
$E_3(\%)$	6.96	7.44	16.80	15.69	15.05	8.83	16.69	3.61

表 3.4 为管径为 41.9mm 时,各个压降模型的误差统计结果。修正 Hagedom&Brown 模型的压力绝对平均误差为 10.35%,是参与比较的模型中误差最小的。其次为 Ansari 模型、Gray 模型和 Hagedom&Brown 模型。

3.3　涩北气田排水采气技术

3.3.1　速度管柱排水采气工艺

3.3.1.1　工作原理

就新钻井而言,必须要求完井速度管柱设计合理,实现对气井原始流量和压力的有效控制。在开采过程中,为了应对气井产量和地层压力的不断下降,要在确保地层能量能够正常维持气井正常生产的基础上,充分考虑气井流入和流出规律,对生产管柱尺寸进行调整或采取一系列增产措施。虽然保持现有完井管柱对单井实施酸压或压裂改造能够在短期内提高气井产量,但是这种做法却存在作业成本高、返排不彻底、工作液破胶、井底积液等弊端,极大地降低了气井持续生产的安全性。而更换完井生产管柱这一措施,不仅会增加成本费用,而且还会受井筒老化的影响致使在气井作业过程中时刻面临"落鱼"的风险,同时,一旦出现井底积液还必须实施强化排液的相关措施,进而增加了改造难度。由此可见,上述措施存在较大的操作风险,并且气井完井的成本较高,而速度管柱完井可以有效弥补这些弊端。速度管柱是利用小直径管柱充分发挥其对井下流体的节流增速作用,由井筒悬挂装置或地面悬挂器悬挂于井筒或生产油管内部,充当完井生产管柱。在地层流体受天然能量的作用流入速度管柱的情况下,根据变径管流体力学理论可知,因过流面积小于生产油管,因此会增加较小过流截面上的流体速度。速度管完井管柱一般会采用小直径挠性管,现阶段 CT 逐步成为充当速度管的首选,其完井管柱外径可在 6.35 ~ 73.02mm 范围内选择,最高屈服强度为 800MPa。由于井下存在大量的 CO_2,可采用 Cr16 材质的 CT 或 Cr13 材质的配套井下 CT 工具,以适应这种腐蚀性环境下的作业需求。

对于一次完井作业而言,受气井产量变化大、地层能量衰竭快、边低水气藏活跃等因素的影响,如果使用小流速的方式采气,不仅会造成开采时间较长,还会不断恶化地层生产条件。因此,在进行完井初始设计时,应当将速度管柱直接悬挂于套管内,以达到提高采气速度的目的。这种做法既能够满足气井正常生产需要,也可以在气井产水的初始阶段,充分发挥高速气流对产出液的携持作用,进而大幅度减慢气井见水的时间;对于二次完井作业而言,在对部分地层能量衰竭井或老井积液设计速度管柱时,应当充分考虑利用地层能力以达到强化排液采气的目的。一般情况下,应当在现有的生产油管中下入连续油管,确保连续油管为小直径速度管,而后根据气井生产情况,既可以选择生产油管与连续油管环空排液的完井生产方式,也可以选择连续油管排液的完井生产方式。

3.3.1.2　技术分析

采用连续油管连接旋转喷头进行泡沫冲砂,由于旋转喷头自身的旋转性,既可以充分地清洗油管壁上的杂质与毛刺,确保了井筒的清洁,又保证了冲砂效果。通过小型酸化减小地层表皮系数,改善地层状况,为天然气增产提供了良好的通道。气举作业降低井筒压力,采用在原有生产管柱内下入小直径连续油管作为生产管柱排水采气,有利于恢复单井生产。考虑到连续油管耐压程度和井底的回压,综合表 3.5 中的数据,排量控制在 350 ~ 400L/min 范围内为最佳的冲砂效果。本井冲砂井口试压 60MPa,冲砂过程中遇阻加压不得超过 20kN,下放速度控制在 5 ~ 20m/min。在井段 3208 ~ 3213m 进行油管内酸化时,密切观察连续油管的压力变化,使挤注压力不要超过地层的破裂压力;酸化完毕,用一定量的冲洗液将处理液替出,将连续油管清洗干净。气举完毕用 ϕ6mm 油嘴控制放喷,直至油管放喷口产出物性质为气体。在坐封悬挂器时,要求用尺子测量卡瓦上平面高与卡瓦座上平面高出约 10mm,且在悬挂器卡瓦上部留出约 400mm 的连续管。

表 3.5　冲砂技术参数

喷嘴直径（mm）	喷嘴数量	工具压降（MPa）	理论流量（L/min）	射流速度（m/s）	油管长度 L（m）	连续油管内压耗 p_i（MPa）	管内 + 环空 + 喷嘴总压耗 Δp_i（MPa）
0	0	0	300	6.30	4100	37.36	37.36
0	0	0	350	7.35	4100	49.31	49.1
0	0	0	400	8.39	4100	62.71	62.71

难点分析：

（1）东坪地区井口一般为 KQ65-105P 型采气树井口，但悬挂器为 KQ65-60 型专用法兰盘，因此，井口与悬挂器的连接需加工专用转换法兰。

（2）安装放空管线观察，放空管线的安装在施工过程中，经常被忽略。放空管线在下管过程中，要提前连接好，注意观察出口气泡情况。

（3）在确认悬挂器悬挂时，直到载荷表显示为零为悬挂成功，但实际操作中则为载荷下降至 20~35kN。确认悬挂时，根据实际情况来判断。

（4）为了更安全控制井口，悬挂器三通处接 2 个 KQ60/65 型闸阀。

（5）速度管柱悬挂器坐封时，现在应用手动操作窗来实现，在操作的过程中费事费力，应更换液压操作窗。

（6）制氮车打堵塞器，一般制氮车在打堵塞器时，压降在 1~2MPa 即堵塞器打掉。但由于安装堵塞器时，松紧适度不同，有打不掉的情况。因此，安装堵塞器前，打磨堵塞器的工作非常重要。

3.3.1.3　速度管柱排水采气工艺应用效果及影响因素分析

（1）速度管柱排水工艺应用效果。

① 通过缩小管径，降低临界携液流量，有效提高了气井自身携液能力。实施后气井临界携液流速下降了 $1.36 \times 10^4 \mathrm{m}^3\mathrm{d}$，平均临界携液流量为 $0.56 \times 10^4 \mathrm{m}^3/\mathrm{d}$。平均下降幅度 67.11%，气井带液能力大幅度提高。启动初期平均单均产水量增加 $2.98\mathrm{m}^3/\mathrm{d}$，主要是之前的井筒积液。随着积液的排尽，气井产量、产水量、油管与套管压力差趋于稳定。由于生产管柱管径的缩小、水气比的升高引起井筒压损的增加，导致部分井运行后油管与套管压力差较实施前稍有增大。

② 有效控制了气井递减速度，确保气井产量、压力、产水稳定性。气井启动速度管柱工艺后，消除井筒气液滑脱、积液对产量的影响，尤其是水平段易积液情况，压力和产量平均递减率分别从 11.23% 和 9.2% 下降至 5.14% 和 3.73%，产量月递减幅度平均降至 $0.082 \times 10^4 \mathrm{m}^3/\mathrm{d}$，有效控制了产水气井产量、压力递减速度。

③ 部分井排出井底积液后，降低井底压力，增大生产压差，短期内提高了单井产量。尽管生产管柱管径缩小、气液比下降，导致井筒压损增加，如果这种原因增加的井筒压损小于之前井底积液所造成的井筒压损，那么速度管柱启动后就降低了气井井底压力。根据 IPR 流动曲线可知，生产井井底压力降低，产量便升高。所以气井产量在短时间内以得到一定增加。对于井筒积液相对严重的气井，启动速度管柱连续带液生产，排除井底积液后，单井产量最高增加

$0.59 \times 10^4 \mathrm{m}^3/\mathrm{d}$。

（2）速度管柱排水工艺效果影响因素分析。

① 自身地层能量因素。气井有能量是指采用速度管柱生产后其产量恢复至临界携液流量以上（图3.3），自身能够达到带液要求。作业后气井的实际产量是否高于临界携液流量是有无工艺效果的重要评价指标，也是气井能否连续带液、稳定生产的重要保障。

ds2是一口水淹停产井，由于气井环空堵死，无法开展气举作业，通过下入$\phi 38.1 \mathrm{mm}$的速度管柱，配合气举恢复生产。初期井口压力2.3MPa/2.9MPa，产气$0.59 \times 10^4 \mathrm{m}^3/\mathrm{d}$，产水$0.4 \mathrm{m}^3/\mathrm{d}$，临界携液流量$0.32 \times 10^4 \mathrm{m}^3/\mathrm{d}$，产量高于临界携液流量$0.27 \times 10^4 \mathrm{m}^3/\mathrm{d}$，迄今已累计产气量$146.7 \times 10^4 \mathrm{m}^3$。

cx628-3井实施前井口压力为1.95MPa/11.6MPa，产气量$0.03 \times 10^4 \mathrm{m}^3/\mathrm{d}$，产水$0.6 \mathrm{m}^3/\mathrm{d}$，油管与套管压力差达10MPa，近乎水淹状态。通过下入$\phi 38.1 \mathrm{mm}$速度管柱后，临界携液流量降至$0.3 \times 10^4 \mathrm{m}^3/\mathrm{d}$配合气举后，气井产量最高达$0.33 \times 10^4 \mathrm{m}^3/\mathrm{d}$。略高于临界携液流量，但是难以维持连续带液，气井压差逐渐增大至之前的状态。

② 井筒气液滑脱、积液因素。受积液或气液滑脱影响严重主要是指采用速度管柱生产后能够消除因井筒积液或气液滑脱造成的井底压力，井筒滑脱越严重，气井产水减少，气液比增大。实际应用表明，在气井地层能量足够的情况下，井筒存在气液滑脱、积液导致油管与套管压力差增大的气井，实施速度管柱工艺后，工艺效果较好，井筒连续带液气液稳定流动气井提前介入速度管柱后更能长久地稳定带液生产；在气井自身能量不够的情况下，井筒积液气井难以连续带液生产。因此，自身地层能量是决定工艺效果好坏的根本因素，而井筒气液滑脱、积液程度是速度管柱排水工艺效果好坏的直接因素。

③ 井底污染因素。气井投产后井筒受到残留压裂液、泥浆、砂、回流压裂支撑剂、凝析油等污染因素影响，导致速度管柱启动后，脏物随气液混合物进入速度管柱堵塞通道而无法正常生产，影响速度管柱排水采气工艺效果。

3.3.2 气举排水采气工艺

涩北气田经过近几年的开发，气井井筒积液现象越来越严重，导致部分气井不能正常生产或者直接水淹停产，严重影响了气田的长期稳产。为此，近年来采取了不同方式的气举排水采气工艺措施，现场试验证明，连续气举对恢复水淹井的生产具有较好的效果，结合涩北气田的生产实际，以S-1井为例，从气举的方式优选、参数设计、流程优化以及试验效果等方面，综合介绍气举排水采气工艺技术在涩北气田的应用情况及发展方向。

针对涩北气田气井井筒积液越来越严重的问题，气田开展了以泡沫排水采气为主的多项排水采气工艺措施，并取得了一定的效果。2010年，气田开始试验气举排水采气工艺，通过近几年的不断试验，气举排水采气工艺技术不断取得突破，2014年实施橇装式压缩机增压气举，成功复产多口水淹停产井。

（1）气举井基本情况。

气举井S-1井于2003年底投产，初期不产水。2013年1月气井水淹停产，停产前累计产气$7678.73 \times 10^4 \mathrm{m}^3$，剩余动态储量$1.34 \times 10^4 \mathrm{m}^3$。该井于2014年4月进行连续油管冲砂作业后放喷，出水较严重，探得静液面567m，严重积液，采取了多种措施均无法复产后，选作气举方式复产,并于 2012 年购置一台橇装式移动压缩机,排量为 475～1600m³/h,排气压力为 3.0～25MPa,压缩级数为 3 级。

(2)连续气举设计。

气举的装置类型共分为 3 大类:开式气举、半闭式气举和闭式气举。鉴于涩北气田气井产层较浅,同时出砂严重的特点,井筒工具应尽量简单,减小井下事故的发生,综合考虑,S-1 井气举完井方式选择开式气举。

气举根据注气通道的不同,可以分为环空注气油管出液、油管注气环空出液两种。一般情况下,油管注气环空出液适应的气井产量大,或者是在小套管大排量生产井使用。在油管出液能满足气田开发的条件下,通常推荐环空注气、油管采气排液的方式生产。S-1 井正常生产时产量为 $0.4 \times 10^4 \sim 4.6 \times 10^4 m^3/d$,出水量在 22m³/d 以下,本次气举采用环空注气、油管排液采气排液的举升方式。

有阀气举与无阀气举相比较,相同点都是将高压气源注入油管鞋处,降低管脚处的流体密度,将井筒液体举出地面;不同点则是安装气举阀主要是采用逐级降低井筒流体密度,排除井筒积液,其实质则是降低了气举启动压力。

S-1 井计算出的进站启动压力为 16.88MPa,站外排液启动压力为 12.88MPa,而涩北气田已有的橇装压缩机额定压力为 25MPa,完全可以满足 S-1 井的气举要求;同时,涩北气田地层埋藏浅、易出砂,而气举阀的进气阀孔较小,易造成砂卡等事故。为了减少井筒的复杂情况,采用不安装气举阀气举。

(3)气举参数。

① 气举注气量。该井于 2013 年 1 月停产,目前无生产数据。根据测试资料采用 Turner 模型计算,则注气量为 $3.33 \times 10^4 m^3/d$;采用李闽模型计算,临界携液流量为 $1.27 \times 10^4 m^3/d$。由于该井刚作业完,临界携液流量即为气举注气量,即气举注气量设计为 $1.27 \times 10^4 \sim 3.33 \times 10^4 m^3/d$。

② 气举注气压力计算。实际上,S-1 井刚作业完,井筒及油套环空全部充满了替喷的清水,即油管与套管内的液面已经到达井口附近位置,套管注气气举时,不管环空流体是否被挤入地层,举出气进站时最高启动压力都等于油管中的静液面液注压力与站内外输回压之和。

油管鞋到井口的静液注压力 $p_e = \rho g h$,该井作业后的管鞋位置 1313.94m,则静液注压力 $p_e = 1000 \times 9.8 \times 1313.94/1000000 = 12.88MPa$,而集气站外输压力为 4.0MPa,所以举出气进站时最高启动压力为 12.88 + 4.0 = 16.88MPa。

由于气举最高理论启动压力为 16.88MPa,而集气站单井进站管线设计压力为 16MPa,为了避免管线超压以及气举初期造成分离器负荷过大,本次气举初期采用站外放喷口排水,待出油管及环空液体,放喷口有出气显示时导入进站流程。因此,站外放喷口排液时气举启动压力设计为 12.88MPa。

③ 气举工作气嘴。气嘴太小,气举时容易造成管线憋压以及井筒水无法顺利带出;气嘴太大,易造成地层出砂加剧以及气举时举空地层,所以必须确定一个合适的气举进站的节流气嘴大小。

节流前压力按地层静压 10.75MPa 计算,节流后压力按外输 4.0MPa 计算,通过气嘴直径敏感性分析,流量为 $1.27 \times 10^4 \sim 3.33 \times 10^4 m^3/d$ 时,气嘴为 $\phi7.0mm \sim \phi11.5mm$,按保守计

算,初期气举生产时采用 $\phi 10.0mm$ 气嘴生产,后期根据气举实际生产参数情况进行调整。

（4）气举试验情况及经济效益分析。

① 气举试验情况。于2014年8月15日开始对水淹停产近两年的 S-1 井进行连续气举,采用 $\phi 10mm$ 工作制度连续气举 256h 后,使气井成功复产。停止气举后采用 $\phi 6.0mm$ 气嘴生产,产气 $0.86 \times 10^4 m^3/d$,产水 $22 \times 10^4 m^3/d$。气举复产后 162 个工作日累计产气 $112.68 \times 10^4 m^3$,累计产水 $3141.55 m^3$。

在 S-1 井成功气举的基础上,以同样流程对 S-2 井和 S-3 井开展了气举并成功复产。

② 经济效益分析。根据气举试验现场,按照单口气举井搬迁费 2.7 万元、气举作业 0.23 万元/h 计算,则 S-1 井总费用 60.66 万元。气举后 162 个工作日累产气量 $112.68 \times 10^4 m^3$,按照连续生产 1 年 310 天计算,可增产 $215.6 \times 10^4 m^3/a$,若产出气仅按 1 元/m^3 计算,可获益 215.6 万元,则 S-1 井气举后生产 1 年的投入产出比为 1:3.6,由此计算,S-3 投入产出比为 1:26。可见气举在该气田效益较明显,具有广阔的推广应用前景。

3.4　海上气田气井排水采气技术

在进行海上气井的排水采气工艺优选时,要充分考虑到海上气田的特殊性。海上气田投产前如何优化完井生产管柱以延长其自喷带液生产期、气井出水后如何根据具体的井况条件和不同排水采气工艺的适应性,有针对性地选择适合于某井或某区块的排水采气工艺就成为海上气井持续生产的关键。除举升高度、排液量及液气比、凝析油量与含水率、地层温度等影响海陆气田排水采气工艺选择的共性外,海上气田对排水采气工艺的特殊要求还表现在以下几个方面[6,7]:

（1）海上气井多采用定向井或水平井结构,使得部分对井身结构要求较高的工艺如螺杆泵等不能应用。

（2）井底安装有封隔器,油套管不连通,既不能通过油管与套管压力差等的变化来分析判断井筒积液的程度,又使得泡排剂的加注方式、电潜泵等深井泵排水采气工艺的开展受到影响。

（3）海洋平台的场地限制,使部分需要较大占地空间的工艺如水力活塞泵等不能使用。

（4）井间距很小,所要求井口工艺流程比较简单。这些特殊性,直接限制了部分排水采气工艺如机抽等的应用,同时也增加了海上气田排水采气工艺筛选与开展的难度。

3.4.1　气举排水采气工艺

气举是在气田开发的中后期,气井本身的能量不足以实现连续自喷携液排水时,将高压气体通过气举阀注入井中,使注气点以上的气液比增高,压力梯度大大减小,从而建立较大的生产压差,气液连续从地层流入井底,并以自喷方式流至井口,以恢复水淹井的自喷生产,或作为自喷生产的能量补充方法,以帮助实现自喷。

气举对于高产井、低产井、高液气比井、高含水井、斜井和水平井、出砂井、腐蚀性井等具有很好的适应性。目前,气举工艺的排液量范围较宽,为 $50 \sim 500 m^3/d$ 甚至更高,最大注气深度 3200m（垂深）。气举工艺还适应于气液比和产量变化范围大的井,是川渝气田最主要的排水采气工艺之一。气举用高压气源最好来自于邻井(在邻井有高压气井条件下);若通过增压机获得高压气,由于设备投资较大,运行维护费用较高,要求气举工艺井控制储量与剩余可采储量要大,否则经济效果不理想。

海上气田气举工艺的适应性分析:气举排水采气工艺对井身结构、排量范围、井口设备与流程等的限制很小,完全满足海洋平台面积受限、井间距小等特殊要求,且有利于气举的集中控制,必将成为海上气田见水后排水采气的主要工艺。对于井底安装封隔器、油套环空不连通的井,可以采用半闭式或闭式气举。此外,气举还可与优选管柱有机结合。制约气举工艺实施的主要因素是高压气源。如果平台外输压力较高,可以利用该外输气源实施气举,如崖 13 – 1 气田;如平台上尚有高压气井,这是最理想、最经济的气举气源,对这样的井应有节制的开采以保证气举需要;也可在有条件的平台安装高压压缩机将天然气增压后用于气举。

3.4.2　优选管柱排水采气工艺

优选管柱排水采气技术是通过调整(一般是减小)自喷管柱,提高气流速度、减少举升滑脱损失,充分利用气井自身能量的一种排水采气工艺。优选管柱排水采气工艺理论成熟、施工容易、管理方便,是延长气井带水自喷期的一项高效的开采工艺技术。

优选小直径管柱排水采气工艺特别适用于开采中后期还具有一定能量的气水同产自喷井或间歇自喷井。其具体的适用范围为:(1)气井的水气比小于 $40m^3/10^4m^3$;(2)产水量在 $100m^3/d$ 以内;(3)井场能进行修井作业;(4)气井产出气水须就地分离,并有相应的低压输气系统与水的出路;(5)井深适宜,符合下入油管的强度校核要求。

海上气田优选管柱工艺的适应性分析:从适用范围看,优选管柱排水采气工艺显然是完全满足海上气田的生产需要的。海上气田优选管柱排水采气有两种实施方案:

(1)方案 1,用优化设计选择的小油管替换现有生产油管。

方案 1 实施及优点:用桥塞封隔井筒代替压井;下优化后的小油管;小油管上同时安装气举阀,自喷携液困难时实施气举,延长管柱有限性,减少一趟管柱作业。

(2)方案 2,从现有生产油管中下入更小尺寸的油管或连续油管。以崖 13 – 1 气田为例,随地层压力、产能递减,采用 7in 油管将不会满足生产需要,通过计算,可以得知有不同生产管径可选择以满足不同生产阶段的优选需要。

方案 2 的优点:可以利用现有生产油管与小油管间的小环空、小油管或小油管与小环空同时生产,从而增加了当量管径的选择项,以便根据产能情况灵活选择生产通道,从而延长优选管柱的有效期;下入的小油管上安装固定式气举阀,当气井即将完全停喷或不能满足稳产要求时,可以从外输气中分流出部分气体作为气举气源以实施气举排水采气;这种实施方案还有助于化学剂(如防蜡剂、缓蚀剂等)等的注入两种方案均考虑到优选管柱的"时效性",下入的小油管上安装气举阀,自喷携液困难或井筒积液不能满足稳产要求后实施气举。

3.4.3　泡沫排水采气工艺

泡沫排水采气工艺是对付自喷能力不足,气流速度低于临界流速气井较有效的排水方法。其实质是将表面活性剂(起泡剂)注入井底,减少液体表面张力,产生大量的较稳定的含水泡沫,减少气体滑脱量,从而使水以泡沫形式顺利排出。

海上气田泡排工艺的适应性分析:泡排工艺在海上气田应用时面临两大问题:一是如何根

据产液特点(如矿化度、凝析油含量、温度等),从起泡能力与配伍性两方面筛选合适的泡排剂;二是如何解决泡排剂的加注问题。海上气田多为定向井、水平井,且井底安装封隔器,油套管不连通,泡排剂加注困难,限制了该工艺的开展。近年来,产生了毛细管加注化学剂工艺,毛细管既可以直接从油管内下入形成同心毛细管,也可像潜油电缆一样捆绑在油管上下入,如图3.4所示。毛细管直径一般为 3/8in 或 1/4in,其化学剂注入量有限。对于不含凝析油、产液量小、地层温度不大于 150℃ 的海上气井可以采用毛细管加注泡排剂进行排水采气,但对于像崖13 - 1 气田凝析油含量较高、单井产液量高达 150m³/d 以上、地层温度高达 174.4℃ 的情况,就不宜进行泡排工艺的开展。

3.4.4　气举—泡排复合排水采气工艺

该工艺充分利用泡排和气举单项技术的优点,既可使泡排用于停喷井,又可在气举时通过泡排剂减小滑脱损失,从而提高气举举升效率。该工艺对井身结构以及气井特性要求较高,必须满足适用于气举和泡排两种工艺的气井方可实施。当适宜进行泡排工艺时,气举—泡排复合排水采气工艺完全满足海上气田排水采气的需要,当不宜进行泡排工艺时,该复合工艺则不宜采用。

3.4.5　气体加速泵排水采气工艺

气体加速泵(也称气体喷射泵),是结合气举工艺和喷射泵工艺的优点而发展起来的一种较新的开采设备,如图 3.5 所示。它具有与气举工艺相同的优点,又可获得比气举更佳的效果。

图 3.4　毛细管注入系统示意

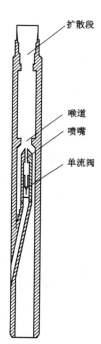

图 3.5　气体加速泵结构

该工艺适应于排水量为 $50 \sim 350 m^3/d$，生产气液比 $80 \sim 140 m^3$（气）$/m^3$（液），产液、产气指数较大的井。制约气体加速泵在海上气田开展的主要因素是，射流泵（喷射泵）对喷嘴、喉管的组合设计要求高，设计不当将大大降低举升效率与举升效果。因此，海上气田在排水采气的初期阶段不推荐采用气体加速泵举升工艺。但在其地层压力进一步降低、水量和液气比进一步增加且相对稳定、气举效果降低或不能满足排水采气要求后，可以采用气体加速泵举升工艺作为气举工艺的接替技术。

3.4.6 液氮助排工艺

液氮助排是将地面设备产生的液氮注入井底，利用地层温度膨胀后将液体排出，其排液原理与气举相似。液氮助排事实上已经成为海陆油气田压井后复活的主要工艺与手段，得到了较广泛的应用。在海上气田环空安装封隔器条件下，液氮工艺的开展一方面受限于其设备条件与经济性，另一方面受限于注入手段。可利用毛细管来加注，直接从现有生产油管中下入 3/8in 毛细管，由于毛细管注入量有限，需要通过计算优选实施井（液量适宜的井）。因此，海上气田是可以使用液氮助排的，但需要根据其注入量优选实验井。

3.4.7 其他排水采气工艺技术

机抽（有杆泵）、柱塞气举、接力式柱塞举升、螺杆泵、水力泵、球塞气举等排水采气工艺由于自身结构和海上气田定向井、水平井结构，井底安装封隔器，平台空间有限等对排水采气工艺实施的特殊要求而不宜在海上气田应用。

3.4.8 结论

适宜海上气田的排水采气工艺有气举法、优选管柱法；可作为海上气田排水采气备选方案或根据具体井况可以实施的工艺有泡排法、气举—泡排复合法、液氮助排法、气体加速泵法。不同井况对排水采气工艺要求不同，因此，需要根据具体井况优选工艺并进行相应优化设计才能取得最佳的排水采气效果。

3.5 煤层气开发技术现状及发展趋势

3.5.1 概述

随着经济的持续发展对能源需求的日益增加和常规油气资源的日益短缺，世界各国都在积极寻找开发新的能源，以弥补常规油气资源的缺口。合理地开发煤层气资源，不仅可以大幅减少矿难事故的发生，而且有助于减少国民经济对常规油气资源的依赖。根据最新资源评估结果，俄罗斯、加拿大、中国、美国及澳大利亚等国都跻身于煤层气大国行列（表3.6），许多国家都进行了煤层气开发的有关研究，且逐渐实现了商业化开采[8]。

表 3.6 世界主要煤层气资源量分布（据国际能源机构 IEA,2010）

排名	国家	资源量($10^{12}m^3$)
1	俄罗斯	17~113
2	加拿大	6~76
3	中国	27.3
4	美国	11~21.19
5	澳大利亚	8~14

煤层气的产出过程是解吸—扩散—渗流,该过程流体经过 3 个渗流阶段:(1)水的单相流阶段(井筒压力大于临界解吸压力,产水为主);(2)非饱和气流阶段(水与不连续甲烷气体混合流动);(3)气水两相流阶段(连续甲烷气体与水混合流动)。见表 3.7。

表 3.7 煤层气藏与常规天然气藏的区别

项目	煤层气藏	常规天然气藏
成藏方式	自生自储	圈闭
孔隙特征	微孔隙—割理双孔隙结构	单孔隙结构
渗透率	较低,对应力敏感	较高,对应力不敏感
相态	吸附态为主(70%~95%),游离态约占 10%~20%	游离态
开采机理	解吸—扩散—渗流	渗流
开发方式	排水降压,单井或井网	衰竭式,井网
开采周期(a)	20~30	8

几乎所有的煤层气田都要实施排水作业。排水,一方面可以减少静水压力,利于煤层气从微孔隙解吸;另一方面可减少煤气层的含水饱和度,提高其相对渗透率,利于解吸气流向井底。自 20 世纪 80 年代中期,美国开始陆续尝试各种排水采气设备,现已形成部分煤层气专用开采设备及工艺技术。该国常用的煤层气排水采气设备虽然仍以有杆设备为主,但对整机设计和选型方面提出了新的方法,在以圣胡安盆地和黑勇士盆地为主的煤田取得了良好的经济效益。自 1986 年,为了适应煤层气井产出液中的煤粉及气液混合流体,并考虑投资成本和运行成本等,美国开始试验应用螺杆泵排水技术。目前,在黑勇士盆地、阿巴拉契亚盆地、圣胡安盆地和拉顿盆地,大约有 1500 台螺杆泵在进行排水采气。根据一些煤层气井排水量大、排量变化范围大、有杆泵设备在斜井与水平井应用受限的情况,美国开始广泛使用潜油电泵排水采气。

表 3.8 各国煤层气项目

地区	项目概况	主要研究机构
美国	2009 年以来,CNX 天然气公司的弗吉尼亚州 Russell 县进行 CO_2 - ECBM 现场试验,通过 BD114 井成功将 1000t CO_2 注入煤层,并通过 BD114 - M1 井和 BD114 - M2 井对煤层中气体流速和气体组分进行监测	美国 CNX 天然气公司、美国能源部

地区	项目概况	主要研究机构
加拿大	2002—2007 年,在阿尔伯达省 Alders Flat 地区 Ardley 煤层(<500m)中,开展了一个 3 口井的 CO_2 埋存和提高煤层气产量的先导性试验,目前在研究酸性气体注入对煤层中甲烷的影响	加拿大 Suncor 公司、AI-TF(阿尔伯塔创新集团技术探索公司)
澳大利亚	澳大利亚有 2 个 CO_2 – N_2 ECBM 研究项目。目前,APP(Asia Pacific Partnership,亚太合作项目)在进行中,计划进行 CO_2 – N_2 ECBM 矿场试验,FPP(Fairview Power Project,锦绣发电项目)还没有开展	澳大利亚联邦科学与工业研究组织
中国	2010 年,中联煤层气公司与澳大利亚联邦科学与工业研究组织、日本煤炭中心合作,计划在山西柳林地区 500m 埋深的煤层注入 2000tCO_2,研究水平井对 CO_2 埋存的影响。2010 年 5 月 13 日顺利完成了 CO_2 注入的工程施工作业,向煤层埋存 CO_2 234t	中联煤层气公司

现场应用表明,电潜泵能较好地适应于各种煤层气井排水采气的工艺要求,对高产水量的煤层气井,用电潜泵进行大排量排水,有利于缩短排水采气时间,加快降压速度;变频调速电泵可大范围调整产液量,有利于平稳控制降液速度,从而实现平稳降压,用于大规模开发,可以大幅降低成本,提高排水采气经济效益。不过,电潜泵存在易受气体、煤粉、泥浆、砂(压裂砂、地层砂)、腐蚀性介质、电缆位置、泵挂深度、井身结构、电泵选型等因素的影响。相比之下,气举排水采气地面设备少,井下管柱相对简单,气举的最大特点是能够处理固体颗粒,受出砂、机械方面的影响较小,同时还能适应开采初期的大排量排水需求。气举排水采气工艺在美国黑勇士盆地和圣胡安盆地得到了成功应用,但技术要求很高。

3.5.2 煤层气井排水采气技术

中国煤层气资源丰富,地质资源量 $36.8 \times 10^{12} m^3$,由于我国煤层赋存条件、地质构造复杂,煤层气抽采环境千变万化,抽采技术与装备不够先进,抽采难度还很大。随着矿井开采深度加大,地应力和压力增加,煤层气抽排难度还会进一步加大。我国煤层气抽采率(采出的煤层气量与煤层气赋存总量之比)平均仅为 23%,而美国、澳大利亚等煤层气主产国的煤层气抽采率均为 50% 以上。迄今,我国除沁水盆地南部和阜新矿等极少数地区的煤层气进入商业开发外,绝大多数地方还处于试验阶段。煤层气井产量主要受控于资源条件、钻井工程因素及排水采气工艺几个方面。见表 3.8。排水采气技术是煤层气开发非常重要的一个环节。毋庸置疑,中国的煤层气产业已经进入了排水采气的时代,排水采气工艺在某种程度上已成为我国煤层气产业发展的瓶颈,重视和加强排水采气工艺的研究具有重要的理论和现实意义[9]。

3.5.3 我国煤层气井排水采气的主要方法及其适应性

开采煤层气排水的方法有:有杆泵、螺杆泵、电潜泵、气举、水力喷射泵、泡沫法及优选管柱法等。而我国目前主要采用有杆泵、螺杆泵和电潜泵来实现油管排水,套管采气。

有杆泵排水采气:地面为抽油机,井下为管式泵。管式泵由泵筒和柱塞两大部分组成,适应性强,操作简单。在排水采气不同阶段,根据产水量变化调整泵型,并可通过调速电动机调频,根据各井情况选择适当的排水采气强度。适合于在产水量100m³以下,井斜不严重,出砂、煤粉较少的井上使用。对于产气量极高或大量出砂的井,需要进行特殊的井下设计。

螺杆泵排水采气:螺杆泵由定子和转子组成,结构简单,占地面积小、维护简单;配上调速电动机可以在一个很宽的速度范围内工作,排量变化较大,最高日产水量可达到250m³以上。适合产水量中等的排水采气井。

电潜泵排水采气:是潜没在被泵送介质中的离心泵。排量范围大,扬程高;可以根据产液变化要求进行变频调速;地面占用面积小和空间小、使用寿命长、便于管理。安装变频器后可以在10~50Hz范围内调整转速,达到控制排量的目的。适合井斜较大、产水量较高的排水采气井。表3.9是有杆泵、电潜泵及螺杆泵排水采气适宜性对比表。

表3.9 三类泵排水采气方法对比表

项目		有杆泵	螺杆泵	电潜泵
排量(m³/d)	正常范围	1~100	5~250	80~700
	最大值	500	1000	1400
泵深(m)	正常范围	<3000	<1500	<2000
	最大值	4420	3000	2500
井身	斜井	一般	不宜	适宜
环境	气候恶劣	一般	一般	适宜
操作问题	高气水比	较好	较好	一般
	出砂	较好	适宜	不适宜
维修管理	检泵工作	较大	较大	大
	免修期(a)	2	1	1.5
	自动控制	适宜	一般	适宜
	生产测试	一般	不适宜	不适宜
	灵活性	适宜	一般	适宜

3.5.4 煤层气井排水采气控制技术

煤层气排水采气工艺技术体现在两个方面:合理的排水采气制度和精细的排水采气控制。一般地,对一个新的地区,在进行排水采气之前需要根据储层的参数特征进行储层产能模拟对气水产量及其产出规律进行预测,做到心中有数,然后选择适当的排水采气设备、制订合理的排水采气制度。实际上,煤层气井的产量直接受控于排水采气制度的调整,煤层气的排水采气必须适应煤储层的特点,符合煤层气的产出规律。对于不同的煤层气地质条件、储层条件以及不同的排水采气阶段,需要制订不同的排水采气制度。而合理的排水采气制度应该是保证煤层不出现异常的砂及煤粉的前提下的最大排液量。主要有以下两种排水采气制度:(1)定压排水采气制度。核心是如何控制好储层压力与井底流压之间的生产压差;关键是控制适中的排水采气强度,保持液面平稳下降,保证煤粉等固体颗粒物、水、气等正常产出。适用于排水采气初期的排水降压阶段。由于排水采气初期,井内液柱中的气体含量少,液柱的密度变化小,井底流压主要为液柱的压力,因此,排水采气过程中的“定压制度”主要是通过调整产水量以控制动液面来控制储层压力与井底流压的压差。(2)定产排水采气制度。根据地层产能和供液能力,控制水、气的产量,以保障流体的合理流动。适用于稳产阶段。由于井内液柱中的气体含量较大,液柱的密度远小于1,套管压力较高,因此,"定产制度"可以通过改变套管压力或动液面来控制井底压力以实现稳产。

排水采气控制:煤层甲烷吸附是一种物理吸附,是一个可逆的过程,这种性质决定了煤层气的排水采气过程(排水降压)必须连续进行;另外,煤储层的孔隙度与渗透率对有效应力的敏感性极强,特别是在排水采气初期单相流阶段,煤储层物性随有效应力增加下降的速度最快。这种性质决定了降压速度不能过快,持续的时间不能过短。为此,提出煤层气井排水采气控制思路:将煤层气井排水采气划分为放喷阶段(针对常规压裂直井)、降液面阶段、控压产气阶段和控压稳产阶段,排水采气时,每一阶段的降压都控制在一定的强度并持续到足够的时间。

煤层气井排水采气控制的几个阶段工艺特点:

(1)放喷阶段。常规直井的储层经压裂改造后,储层中被高压压入大量的压裂液,因此直井排水采气首先需要放喷排液。控制放喷量的原则是避免井口出大量的煤粉和压裂砂。井口压力为零,溢流量很小时为结束点。水平井排水采气无此阶段。

(2)降液面阶段。控制重点是降液速度,排水采气强度不宜过大,以阶梯降液为主,排液应连续平稳,保持动液面平稳下降。严禁排量的大起大落而造成生产压差上下波动,使得储层激动、吐砂、吐粉。套管产气是该阶段的结束点。

(3)控压产气阶段。稳定排水采气一段时间后,煤层气生产井的动液面将会降低到比较低的水平,油套环形空间的套管压力将会逐渐上升到比较高的状态。此阶段,为了降压漏斗尽可能扩展,气体的解吸范围尽可能增大,需要控制生产压力让气井产气。因此,煤层段的流动压力需要控制在排水采气设计的技术指标范围以内的同时,煤层的排水工作必须保持连续进行。初期,由于液柱中的气体较少,井底流压主要为液柱压力,可以通过调整环空液面来控制流压;后期,由于环空间的气量增大,液柱中的含气体量也多,井底流压主要取决于套管压力,可以通过调整套管压力来控制流压。

(4)控压稳产阶段。随着排水采气的进行,需要根据单井的生产能力确定合理的产能指标进行稳定生产。这一阶段排水采气控制的重点是尽可能维持排水采气作业的连续性和稳定性,不追求峰产,尽量控制井底流压,以延长稳产时间,实现煤层气井产量最大化。

上述排水采气阶段的划分及精细排水采气控制的优点在于:每一阶段降压的幅度都很小,煤层的渗透率受到的影响也很小;延长降压时间有利于降压漏斗的扩展。因此,通过对煤层气井压力降和持续时间的控制,有利于提高泄压面积、增加煤层气单井采收率,获得持续时间更长的煤层气单井产量,同时也缓解了煤粉迁移堵塞现象,减轻了对储层的伤害。

3.5.5 同心双管喷射泵排水采气工艺

3.5.5.1 工作原理

该工艺技术是以高压水为动力液驱动井下排水采气装置工作。以动力液和采出液之间的能量转换达到排砂采油的目的。动力液由井口通过 ϕ48mm 油管到达井下排水(煤粉)采气装置,地层产出液携地层砂通过尾管被吸入到井下排水采气装置的喷嘴、喉管之间并随动力液一起进入喉管,在喉管内动力液和产出液混合形成混合液,增压后的混合液沿 ϕ48mm 油管和

$\phi73mm(\phi89mm、\phi114mm)$油管之间的环空到达地面,如图3.6所示。

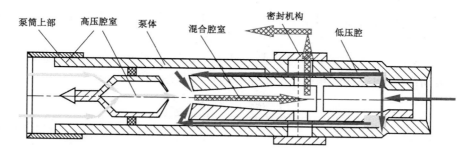

图 3.6 射流泵示意图

3.5.5.2 设备结构

本工艺设备主要分为地面结构和井下结构。如图3.7和图3.8所示。

地面结构由地面泵、变频控制柜、煤粉水分离罐特制井口和计量仪表等5部分组成。

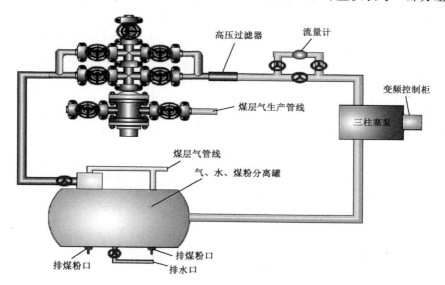

图 3.7 单井流程示意图

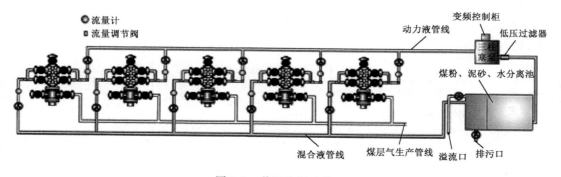

图 3.8 井组流程示意图

3.5.5.3 工艺技术优点

(1)排砂(杂质)能力强。该工艺因井口井下设备无运动件,井下射流泵采用特殊材质,泵芯流道设计合理,可有效排出井底地层砂含量小于 10%,粒径小于 2mm 的砂子。

(2)适应斜井、定向井、水平井。该工艺设备生产过程中固定阀处于常开状态,井口与井下工具没有运动部件,可在任意角度下均能举升生产。见表 3.10。

表 3.10　全角变化率的影响表

井下工具			井筒直径(mm)	最小曲率半径(m)	适应最小造斜角度[(°)/30m]
设备	长度(m)	直径(mm)			
同心管井下工作筒	1.3	114	124.26	21	81.89
同心管泵芯	1.2	38	40	90	19.1

(3)生产参数合理、系统效率高。通过模拟计算和现场试验数据整理,该工艺扬程为 0～3000m。变化生产参数,产液量可在 0～200m³/d 无级调整,满足气井的产水量变化范围。适应较大的气液比,当泵吸入口在气层之下时混合液中的含气量较少,但不影响举升;当泵吸入口在气层之上时,混合液中的气体可以降低井筒混合液的密度,达到辅助举升,减少举升能耗的目的。井深油管强度允许下深 3500m。维护方便,作业免修期长无需动管柱液力起下检泵,捞井下泵芯周期 14.25 月,动管柱检泵周期 930 天以上。

3.5.5.4 现场应用

平 2 井为"U"形井,其水平井为裸眼完井的水平分支井,见表 3.11。

表 3.11　气井基础数据表

完井日期	2010.10.12	完钻井深(m)	618	套管尺寸(mm)	φ177.8/J55
套管壁厚(mm)	8.05	套管下深(m)	616.44	联入(m)	1.12
玻璃钢套管(m)		最大狗腿度[(°)/30m]	0.57/600m	最大井斜	2.73°/86.57m
固井质量	优	水泥返深(m)	272.5	人工井底(m)	611
生产层位	8+9#	生产层位深度(m)	536.55～552.75		

该井 2011 年 3—9 月共进行了 4 次作业,累计生产 161 天,累计产水 2929.66m³,平均日产水 18.2m³。平均作业免修期仅 40 天,最短的一次只有 5 天。作业的主要原因:其一是由于地层出煤粉较多,导致卡泵、砂埋煤层而检泵作业;其二是由于杆管偏磨导致的油管断、漏而检泵作业,见表 3.12。

表 3.12　气井措施后生产情况

排水生产情况		自开井一直正常生产,累计生产 51 天
		累计产液 823.7m³,平均日产液 16.15m³/d
排量变化	初期	喷嘴直径 1.9mm,喉管直径 3.6mm;压力 4MPa,产液量 18m³/d,动液面 111m
	控制生产	喷嘴直径 1.5mm,喉管直径 3.9mm;压力 4.5MPa,产液量 15.9m³/d,动液面 101m
	目前	喷嘴直径 1.5mm,喉管直径 3.9mm;压力 4.5MPa,产液量 15.5m³/d,动液面 93m

续表

动液面 缓慢下降	动液面基本稳定,变化曲线趋向于一条较平的直线
	套管压力维持在0.5MPa左右,动液面从111m恢复到93m
调整 工作 参数	微调	通过改变变频器频率调节动力液压力,实现产液量调整
	大幅调整	调整井下泵芯喷嘴喉管一次,无需作业起下管柱,液力起下井下泵芯2h完成,操作简单可靠
		喷管直径与喉口直径之比由1.9mm/3.6mm调整为1.5mm/3.9mm
耗电量	2.4653kW·h/(100m×产液量),计算方法:实耗功率×24×100/(动液面×产液量),然后加权平均
携煤粉生产	开井初期煤粉含量较多,混合液十分浑浊,混合液最高煤粉含量在5%左右,折合地层产液煤粉含量为10.3%;一周后煤粉含量渐少,但混合液一直含有煤粉

3.5.6 影响煤层气井排水采气因素

3.5.6.1 非连续性排水采气的影响

煤层气的产出机理要求煤层气井的排水采气生产应连续进行,使液面与地层压力持续平稳地下降。如果因关井、卡泵、修井等造成排水采气终止,给排水采气效果带来的影响表现在以下几个方面:

(1)地层压力回升,使甲烷在煤层中被重新吸附,容易产生气锁;(2)裂隙容易被水再次充填,产生水锁,阻碍气流;(3)如果因修井造成排水采气终止,外来物质非常容易对敏感性储层造成伤害,不仅使井的产气能力大幅下降,而且会增加后期排水采气故障发生率;(4)回压造成压力波及的距离受限,降压漏斗难以有效扩展;恢复排水采气后需要很长时间排水,气产量才能上升到停排前的状态。

3.5.6.2 井底流压的影响

井底流压是反映产气量渗流压力特征的参数,煤层气的产出机理决定了只有降低井底流压至临界解吸压力以下,才能有解吸气体的产出。较低的井底流压,有利于增加气的解吸速度和解吸气体量。由于套管压力和液柱高度存在相互调整的依赖关系,套管压力和液柱高度的任何一项参数均不是影响产气量的独立参数,两者的组合才是控制产气量的根本。相对而言,井底流压的变化能更好地反映产气量的变化。因此,制订合理的排水采气制度和进行精细的排水采气控制应该以井底流压为依据。另外,我国煤储层压力系数一般较低,为了降低井底流压,增加气产量,排水设备的吸液口一般接近煤层,甚至在煤层以下进行负压排水采气。但是现场排水采气证明,对有些煤层,当井底流压降到一定程度后,再增加生产压差,气产量反而急剧下降。这是因为井底压力降到一定程度,低渗透率的煤层无法将压力传递到煤层的更深处。井筒附近煤层压力过低,有效应力增加,引起煤粉运移、堵塞孔隙,使产气量急剧下降,影响气体的采收率。因此,井底流压要根据不同地区、不同变质程度的煤层的闭合压力特征及煤体结构的不同,进行调控。对于低变质、闭合压力较小的煤层应避免负压抽排。

3.5.6.3 排水采气强度的影响

煤层气排水采气需要平稳逐级降压,抽排强度过大带来的影响如下:

(1)易引起煤层激动,使裂隙产生堵塞效应,降低渗透率,特别是在快速降压的初期,对渗透率的影响更大。

(2)降压漏斗得不到充分的扩展,只有井筒附近很小范围内的煤层得到了有效降压和少部分煤层气解吸出来,气井的供气源将受到了严重的限制。因此,产气量在达到高峰后,由于气源的供应不足,产气量将很快下降。对于常规压裂的直井,在排水采气初期,如果在裂缝尚未完全闭合时,排水采气强度过大,导致井底压差过大引起支撑砂子的流动,使压裂砂吐出,影响压裂效果。煤粉和颗粒的产出也可能堵塞孔眼;同时,出砂、煤屑及其他磨蚀性颗粒也会影响泵效,并对泵造成频繁的故障,使作业次数和费用增加。我国大多数煤层属于低含水煤层,因此,抽排速度一定要按照煤层的产水潜能,进行合理排液。

3.5.7　认识

(1)排水采气工艺在某种程度上已经成为制约我国煤层气产业发展的瓶颈,重视和加强煤层气排水采气工艺的研究,具有重要的理论意义和现实意义。

(2)有杆泵、螺杆泵和电潜泵是国内目前进行煤煤层气井排水采气的主要方式,各有优缺点,相比较而言,有杆泵适应性强,操作简单,且有多种型号和泵径可选;螺杆泵由于节缺了传动系统,成本降低,维护费用较低,占地少,但螺杆泵在抽空的情况下容易烧泵,必须控制沉没度在50m以上,而且如果出现严重磨损,必须更换全套井下装置;电潜泵相对排量较大,但工作条件比较苛刻,如水中煤粉含量不能大于0.02%,气液体积比不能大于0.05%等,成本也高。

(3)煤层气排水采气工艺技术主要是制订合理的排水采气制度和进行精细的排水采气控制。定压排水采气制度适用于排水采气初期的排水降压阶段;定产排水采气制度适宜于稳产阶段。精细排水采气控制的核心是实现分级平稳连续降压,其优点是:储层伤害小、降压漏斗扩展大、泄压面积提高、单井采收率增加。

(4)非连续性排水采气、排采强度过大及井底流压排采强度过大及井底流压降低过快等因素是影响煤层气井排采效果的主要工程因素,应合理控制。井底流压充分反映了产气量的渗流压力特征,是制订合理排采制度和进行精细化排采控制的基础。

3.6　页岩气气井排水采气技术

3.6.1　页岩气排水采气工艺的技术现状

我国页岩气具有巨大的开发潜力,资源量为$30 \times 10^{12} m^3$,但页岩气的开发工程难度较大,国内相应的关键技术并未取得大的突破,未形成页岩气的工业化生产能力。其中,页岩气(致密砂岩气)排水采气工艺技术在整个开发过程中显得尤为重要。页岩气(致密砂岩气)常用的主要有泡沫排水采气工艺、气举排水采气工艺、电潜泵排水采气工艺及有杆泵排水采气工艺等。但每种排水采气工艺都有一定的缺点。例如:泡沫排水采气工艺适用于低压、水产量不大的气井,尤其适用于弱喷或间歇自喷气水井;气举排水采气工艺适用于排量大、日排液量高达300m³的气井,适宜于气藏的强排液;电潜泵排水采气工艺适应于高液量页岩气井的排采,但不适应于产量量低于30m³的排采井;有杆泵排水采气工艺对于气液比高、出砂、含有硫化物或其他腐蚀性物质的井,容积效率降低,该排水采气工艺用于大斜度井时,抽油杆柱在油管中的磨损将损坏油管,增加维修作业费用。笔者通过对目前国内页岩气(致密砂岩气)排水采气工艺现状进行分析,找出排水采气工艺中存在的主要问题,提出相应的技术对策,将对提高页岩气(致密砂岩气)整体开发水平具有一定的指导意义[10]。

排水采气工艺的选择原则:压裂后首先采取控制放喷排液方式,待井口压力为零,放喷排液结束后,依据排水采气井的储层特性、地层供液情况优选合适的排水采气工艺。

排水采气工艺方式主要有气举、泡沫排水采气、电潜泵、抽汲、机抽等方式。

统计8口页岩气井中,气举4口井,电潜泵2口井,机抽1口井,抽汲1口井。其中气举占50%。

3.6.2　页岩气井排水采气效果分析

(1)东峰2井排水采气效果分析。

于2011年12月10日15:40开始返排。先使用ϕ3mm油嘴,后增大,8h后至敞井,油管压力由22.4MPa降为零(11.5h后),靠自身能量排液6天,累计799m³,期间点火燃烧时长40h,最高高度1.2m,返排6天后,进行气举排液。3次气举,共气举出液体71m³;敞口观察,期间均无气显示。测试井底流压为7.6MPa,动液面深度为833m,Cl⁻含量为27000～28000mg/L,检验为地层水,折算产水速度2.24m³/d。2011年12月28日,换ϕ73mm管柱后仍无液无气产出,测试结束封井。

(2)泌页HF-1井排采效果分析。

泌页HF-1井于2012年1月8日完成15级分段压裂,压后获最高日产油23.6m³、日产天然气900m³工业油气流。截至4月7日,累计产油722m³、产气24635m³。该井目前日产油6m³左右,日产气200～500m³,已持续稳定3个月时间。原油密度为0.86g/cm³,黏度为14mPa·s(70℃),属正常原油。

(3)建页HF-1井排采效果分析。

建页HF-1井2011年9月14—17日,逐级采用水力泵送、电缆传输方式,实施桥塞坐封+射孔联作,完成其余6级压裂施工,钻塞后控制放喷,套管压力为零后采用液氮助排、泡沫助排,后期采用天然气助排,最高日产气量12700m³,目前产气量超过2000m³。

(4)涪页HF-1井排采效果分析。

涪页HF-1井钻塞后于3月23日分别用ϕ6mm、ϕ10mm和ϕ15mm油嘴控制套管放喷,初期套管压力16MPa,24h后降为零,返出液726.2m³,返排率4.8%。最高产气量1500m³。4月8—11日采用膜制氮气气举,气举深度2000～2400m。气举后放喷,井口不返液,不产气。5月26日实施酸压解堵施工,共用酸液110m³,并拌注液氮40m³,施工结束后,套管压力43MPa,油管压力47MPa,关井24h压力扩散,后分别采用ϕ6mm、ϕ10mm和ϕ12mm油嘴、油管针阀控制放喷,5月29日气产量最高达14750m³,后期采用ϕ8mm油嘴放喷,气产量10800m³/d,气量呈下降趋势。

(5)认识。

① 页岩气井自然产能低措施,但水平井优于直井(2～3倍),普遍产水,开采方式主要以气举、泡沫排水采气方法为主。

② 对于有天然气气源的井,直井采用天然气气举排水采气方式进行生产,水平井采用气举、泡排及气举 + 泡排组合方式进行排水采气。

③ 对于无天然气气源的井,膜制氮气气举是页岩气(致密砂岩气)主要排采工艺,膜制氮气气举适应于产液量较大的排采井。

④ 泡排工艺适应于产液量低于 $10m^3$ 的排采井,目前泡沫排水采气工艺尚不能满足水平井排液要求。

⑤ 电潜泵排采工艺适应于高液量页岩气井的排采,但不适应于产液量低于 $30m^3$ 的排采井。

3.6.3 页岩气井同心双管排采新工艺研究

随着水平井技术在页岩气开发领域广泛应用,与页岩气地层压力系数、水平井井身结构、生产特征相匹配的气举排水采气工艺有待进一步改进完善。例如,对于地层压力系数较高的页岩气井,气举排采工艺能快速排除井下积液,实现储层气液的诱喷,气举排水采气效果较好;但对于地层压力较低的页岩气井,虽然气举能一次性排出井筒积液,但有效期短,经济效益较差,不能实现储层气液的诱喷。电潜泵排采工艺适用于地层压力系数较高的排采井,当排采井的液量充足时,电潜泵能快速排出井筒液量,实现储层气液的诱喷,但对于地层压力系数较小的排采井,尤其是当排液量低于 $30m^3$ 时,会影响电潜泵的使用寿命。为了克服气举和电潜泵排采举升工艺的不足,改进了页岩气井同心双管排采工艺,即在原有管柱的基础上下入小直径速度管柱,满足页岩气井不同液量时期的排采要求[11]。

3.6.3.1 同心双管排采工艺原理及特点

速度管柱是一种利用气井的临界携液流量模型计算和优化后的小直径油管。速度管柱井口装置由闸门、速度管柱四通、速度管柱悬挂器、外管四通、外管悬挂器、压力表、速度管柱、外管、套管四通等组成,如图 3.9 所示。

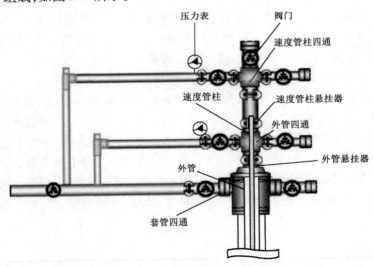

图 3.9　速度管柱井口结构

井下管柱为同心双管管柱结构,由速度管柱、外管、单流阀、压控开关、电潜泵等组成,如图3.10 所示。

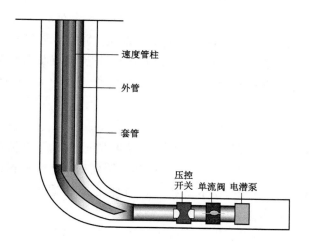

图 3.10 同心双管管柱结构

（1）工艺原理。

在排采前期,当地层供液能力充足时(电潜泵沉没度大于 200m),采用电潜泵排液举升工艺。此时,速度管柱不起作用,压控开关处于关闭状态,但压控开关的中心通道起到传输液体的作用。液体在电潜泵驱动下,经过单流阀、压控开关中心通道、外管、外管悬挂器中心通道和外管四通闸门排出地面,气体经外管与套管的环形空间和套管四通阀门排出地面。当电潜泵的沉没度降至 100～200m 时,停止使用电潜泵。在地面用泵车向外管内泵入液体,打开管柱上的压控开关,采用气举诱喷。此时,压控开关的作用是使连接油层与外管的通道打开。气举时,从优化后的速度管柱与外管的环空注氮气,液体经压控开关、外管、速度管柱到达速度管柱悬挂器中心通道后,通过速度管柱四通和速度管柱四通阀门排出地面;气体从外管与套管的环形空间排出。气举终止后,页岩气经地层压力驱动后从套管自动喷出,同时将井底积液带出地面,实现页岩气排采井的连续性排水采气。

（2）工艺特点。

同心双管排采工艺既可在页岩气排水采气井液面充足时采用电潜泵排水采气生产,又可在液面降低至一定程度时进行气举诱喷作业,实现页岩气排采井的连续性排采。

气举时,从速度管柱与外管的环空注氮气,液体经压控开关从速度管柱排出,气体从外管与套管环形空间产出,避免了因气举作业将井底积液二次压入地层,缩短了见气时间,同时避免了气举对地层造成的伤害。

工艺管柱设计新颖,施工工艺简单可靠,成功率高。

3.6.3.2 主要配套工具优选

（1）电潜泵优选。

理论研究表明,当电潜泵吸入口压力为 2MPa 时,电潜泵吸入口的气液比为电潜泵发生"气锁现象"的临界气液比;当吸入口压力低于 2MPa 时,电潜泵发生"气锁现象",因此设计电潜泵最低沉没度为 200m。优选电潜泵的排量范围为 30 ~ 120m³/d。电潜泵排量的调节是应用变频控制技术实现的,通过电潜泵的变频器对电动机转速进行调节。根据排水采气制度的要求,设定液面的下降速度,控制器按照下达的指令自动控制变频器的输出功率,最终使实际的液面下降速度与设定值一致。试验井电潜泵深度为 2560m(垂深),动液面在 1500m 以浅时,设定较高的液面下降速度值,电潜泵排量为 120m³/d;当动液面为 1500 ~ 2000m 时,设定较低液面的下降速度值,电潜泵排量为 50m³/d;当动液面低于 2360m 时,停止使用电潜泵,采用气举诱喷。

(2)关键结构设计。

电潜泵电动机部分采用特殊流道的离心泵叶导轮及配套工艺,在流道表面喷涂防垢材料,延缓垢蚀对泵运行寿命的影响;泵的密封系统全部采用新型耐高温材料;叶轮的止推垫片采用新型材料,具有摩擦系数小、耐温等级高等特点。同时,配备合适的导流罩,使电动机表面流速高于标准值,有利于电动机散热。

井下开关优选目前常用的井下开关有井下液压开关、滑套开关器、井下智能压控开关。井下液压开关是通过地面泵压控制井下开关动作,其缺点是井下开关在打开后不能并闭;滑套开关器通过偏心井口用电缆从环空下入开关控制仪至滑套开关器中,由地面控制电源给开关控制仪供电,撑开对接爪,通过开关控制仪对接爪与滑套开关器内的上(或下)弹簧爪相配合,上提电缆,完成滑套开关器的打开或关闭动作,其缺点是该方法需要在环空进行仪器起下操作,受井况影响大,现场实施比较困难。井下智能压控开关具有现场操作方便,不受井型限制等特点,因此,选择井下智能压控开关作为该管柱的井下开关。井下智能压控开关是利用机电一体化及压力传感接收技术,完成井下开关的开启。压控开关压力控制系统主要由单片机、传感器、放大电路、电源调理电路、RTC 时钟和电池等部分组成。当需要压力控制时,通过地面泵车加压,外管内液体将压力波动传给井下压控开关的压力传感器,压力传感器将压力信号转换为电信号,经过压力传感器外围调理电路将信号转换为标准电信号,单片机对电信号进行采集、处理并与压力密码表进行对比,当接收到的压力信号有效时,单片机便输出特定的控制信号,控制执行机构打开开关。

3.6.3.3 速度管柱优化设计

速度管柱的设计原理是,当液体密度、气体密度、液滴直径、井口压力和井底温度为常数时,气井的临界携液流量与油管的直径成正比,可以通过降低油管直径,在一定程度上降低临界携液流量,从而增大井筒中气体的流速,提高气井携液能力。

3.6.3.4 现场试验

彭页 HF-1 井是上扬子盆地的一口预探水平井,于 2011 年 5 月开钻,2012 年 3 月完钻,完钻井深 3446m,垂深 2525.63m。完钻层位为下志留统龙马溪组。该井压裂投产后试验应用了同心双管排采工艺。

(1)速度管柱直径优化设计。

应用气井临界携液流量模型,计算得到该井 φ73.0mm,φ60.3mm,φ48.3mm,和 φ42.2mm

速度管柱在不同井口压力下的临界携液流量和摩阻压降,当彭页 HF – 1 井的井口压力为 3MPa,日产液量 37m³,经过临界携液流量理论模型计算,ϕ48.3mm 速度管柱的临界携液流量为 2.694m³/d,摩阻压降为 0.565MPa。当井口压力为 3MPa、速度管柱直径为 60.3mm 时,气井的临界携液流量为 4.896m³/d,大于同一井口压力下直径为 48.3mm 速度管柱的临界携液流量;而当速度管柱直径为 42.2mm 时,速度管柱临界携液流量为 2.0m³/d,摩阻压降为 1.365MPa,相比速度管柱直径为 48.3mm 时的临界携液流量并未明显降低,而摩阻却明显增大,故选用 ϕ48.3mm 作为彭页 HF – 1 井的速度管柱。优选的速度管柱外径 48.3mm,壁厚 3.68mm,内径 40.89mm,内截面积为 1312mm²,油管接箍外径 55.88mm,钢级为 N80,接头抗拉力为 169.87kN。

(2)速度管柱深度设计。

彭页 HF – 1 井油层深度为 2560m(垂深),电潜泵深度设计为 2560m,电潜泵下入水平段,最低动液面深度为 2360m,此时电潜泵沉没度为避免电潜泵发生"气锁现象"的最低深度。因此,速度管柱设计深度为 2560m(垂深)。此时,氮气到达内管管鞋处的深度为 2560m,井底流压达到最低值,气举效果最好。

(3)现场试验效果。

彭页 HF – 1 井于 2012 年 4 月进行了 12 段分层压裂,第 1 段 TCP 三簇射孔、后 11 段选用泵送电缆桥塞射孔联作,压后选用连续油管钻桥塞,放喷排液。5 月 14 日放喷,阶段排液 647.86m³,累计排液量 1103.6m³,返排率 6.8%,阶段产气量 3985.29m³,累计产气量 3985.29m³。2012 年 5 月,该井下电潜泵排采,泵深 2008.79m;2012 年 8 月,该井液面降至 1990.00m,日产液量由 120.24m³ 降至 30.00m³。2012 年 9 月,彭页 HF – 1 井试用了同心双管排水采气工艺,措施后排水采气井套管压力 2.04MPa,日产液量 37.0m³,日产气量 20250.65m³,截至 2012 年 10 月底累计产气 151.32×10⁴m³,平均日产气量 15000m³。

3.6.3.5 结论

(1)同心双管排水采气工艺既能满足页岩气井排采前期液量充足时的排采,又能满足页岩气井排采后期低液量时期的排采,是对页岩气排采工艺的大胆尝试。

(2)同心双管排水采气工艺的应用有一定局限性,只能应用在套管完井的水平井中,而不能应用在预制滑套裸眼筛管完井的水平井中。

(3)建议进一步研究应用同心双管排水采气工艺,以提高页岩气水平井气举效果。

参 考 文 献

[1] 梁兵,朱英杰,刘德华,等. 川东地区大斜度、水平井排水采气技术[J]. 天然气勘探与开发,2015,38(4): 48 – 51.

[2] 王威林,熊 杰,王学强,等. 电潜泵排水采气技术应用[J]. 内蒙古石油化工,2011,15:57 – 58.

[3] 刘亚青,杨泽超,周兴付,等. 毛细管排水采气技术在四川某气田水平井中的应用[J]. 钻采工艺,2013, 36(5):119 – 121.

[4] 何云,杨益荣,刘争芬. 大牛地气田水平井携液规律及排液对策研究[J]. 天然气勘探与开发,2013,36 (3):38 – 41.

[5] 邓雄,王飞,梁政,等.低渗产水气井间歇开采制度研究[J].石油天然气学报,2010,32(63):158-161.

[6] 杨志,于志刚,王尔均,等.海上气田排水采气工艺筛选[J].海洋石油,2008,28(3):55-60.

[7] 吕新东,成涛,王雯娟,等.海上气田治水关键技术[J].天然气与石油,2016,34(2):44-48.

[8] 张华珍,王利鹏,刘嘉.煤层气开发技术现状及发展趋势[J].石油科技论坛.2013(5):17-21.

[9] 饶孟余,江舒华.煤层气井排水采气技术[J].中国煤层气.2010,7(1):22-25.

[10] 张宏录.刘海蓉.中国页岩气排采工艺的技术现状及效果分析[J].天然气工业,2012,32(12):49-51.

[11] 张宏录,程百利,张龙胜,等.页岩气井同心双管排采新工艺研究[J].石油钻探,2013.41(5):36-40.

[12] 吴僖,向伟.联合增压和气举优势的新型排水采气工艺——BASI工艺[J].石油工业技术监督,2012(6):10-12.

4 国外气田排水采气技术

近年来,国外开发出了一些以降低成本为主要目标的井下排水采气新技术、聚合物控水采气技术等,重点研究了单井排水技术与气藏工程相结合的多学科气藏整体治水技术。同时,进行了排水采气工艺技术与装备、井下作业、修井技术的系列配套研究;研究应用了能提高气井产量、降低操作和处理费用的井下气水分离、回注系统,及喷射气举、腔式气举、射流泵和气举组合开采等新工艺、新技术;以及智能人工举升配套装备,使排水采气工艺技术逐步向遥控、集中、高度自动化、智能化举升方向发展。

气井排水采气工艺技术方面的发展主要是新装备的配套研制。如机抽工艺在抽油机方面发展了多种变形产品,如胶带传动游梁式、旋转驴头式、双驴头式、数控液压式等抽油机;开发了可调速驱动电动机、自润滑井下泵柱塞、油管旋转器、PSZ 陶瓷泵阀等抽油机配套设备及部件;在抽油杆方面,研制了铝合金抽油杆、不锈钢抽油杆、玻璃钢抽油杆等多种新型高强度、耐腐蚀、耐磨损的抽油杆;同时,在光杆密封、井下气液分离、砂控、砂洗方面也做了大量工作,提高了光杆密封效果和防气、防砂效果。

在气举采气技术方面,主要是在气举优化设计软件和气举井下工具等方面发展较快。气举优化设计软件将多相流理论研究、井筒内温度分布研究、套管压力不稳定性研究的多项新成果应用于软件之中,使得模型更精确。气举配套工具已基本形成系列,产品主要有气举阀、偏心筒、封隔器、间歇气举装置、柱塞气举装置、洗井装置等。

电潜泵以其扬程高、排量大等优点而得到迅速发展。近几年来,研制成功了高效多级电潜泵、新型大排量多级电潜泵、三种双电潜泵完井系统、大功率电动机等新设备新工具。同时,在电压保护装置、电缆、气体处理器等方面的研究也有了很大进展,实现了电潜泵用于高气液比井的排水采气,使电潜泵的泵效和使用寿命得到提高。

在螺杆泵技术方面,为满足油气田开采工艺的需要,近 10 年来,各国有关制造厂和公司相继推出了井下单螺杆抽油泵系列产品,主要以地面驱动、抽油杆传动为主,同时也生产无杆螺杆泵等产品,在螺杆泵的元件和配套设备方面也推陈出新。

4.1 美国新型气举排水采气技术

致密气井完井时,油管尾部位于底部射孔之上是一种常见的完井做法。这种完井做法使得在较低簇的射孔孔眼处有积液。射孔孔眼的积液的自吸作用将使得近井地带液体饱和度增加。这种渗吸过程是完井初期的一种伤害机制,如果没有采取有效的除液/完井方法,这种伤害机制将作用在气井的整个生产周期中。目前的完井方法,在井段较长时,在有效性上都有一定的局限性。因此,Marathon 石油公司提出一种改进的连续气举系统,通过封隔器和交叉系统对井底射孔进行举升[1]。

4.1.1　新型气举方法

Marathon 石油公司使用了一种新型的人工举升系统,用于长井段气井的排液。该系统为改进的连续气举系统,可通过封隔器下的偏心轴工作筒和封隔器上下的电缆可回收气举阀进行举升。对封隔器下的举升可以实现对射孔段底部的举升,有效解决了静液柱问题。这可以通过在井中封隔器上安装旁通工作筒实现。在旁通工作筒中插入电缆可回收转向接头工具组合。该工具组合穿透封隔器至开缝接头的底部。在封隔器上下安装偏心轴工作筒。安装在封隔器之上的气举阀为标准油管流量阀,而在封隔器之下的气举阀为标准套管流量阀。封隔器下部从地层流入的流体向上进入油套环空。为了有效地从井筒举升流体,油管大小应调整至环空中临界流速与封隔器之上油管内临界流速接近。这可以通过在封隔器下部下入尺寸更大的油管或对封隔器下部的油管外面包裹玻璃纤维至预定的外径。为了实现最大化举升,封隔器下的油管应下至射孔孔眼的最低处。在设计的气体注入点处安装了带倒退制止器的气举孔口。

油套环空截面积的临界速度通常比相同面积的油管的临界速度低 30% ~ 50%。科罗拉多矿业学院的流体实验室也证实了这一观点。基于这一假设推荐 5.5in 油管每英尺 17lb 的套管中应安装 3.5in 平式接头油管或外包玻璃纤维至外径 4.0in 的 2.875in 油管。

4.1.2　新型气举方法管柱结构

图 4.1 为封隔器上的常规的环空气举系统,也就是说气体从环空注入,并从封隔器下通过油管注入。这可以使井中实现从射孔段底部进行举升。增加油管外部直降低了封隔器下流体流动的横截面积,从而增加了环空中的流速。

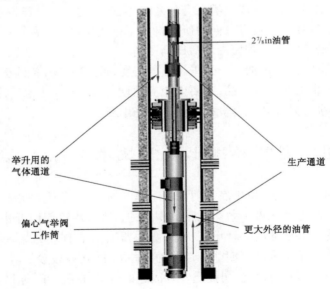

图 4.1　新型气举系统示意图

图4.2显示了气体向转向接头系统的注入,并随后注入封隔器下部的更大尺寸的油管中。在封隔器下部,生产流体从环空流入封隔器处的转向接头系统,在封隔器上部则从油管流出。转向接头系统内部为电缆式可回收结构,使井筒与封隔器下部连通。

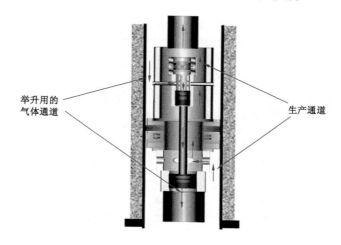

图4.2　转向接头系统

4.1.3　新型气举系统的优势

封隔器下面的速度增强环空气举系统使其可以在几千英尺长的井段进行生产。该系统在封隔器下面采用标准的电缆式可回收气举阀,并在封隔器下下入温度/压力内存工具。可下入射孔孔眼下部的井段,并降低需要达到临界速度的气流量。除了能有效地实现排液,该系统可以有效地进行防腐蚀方面的化学处理。这可以通过在注入气流中雾化缓蚀剂的方式实现。注入的气体可以将缓蚀剂携带至整个井段。封隔器下的速度增强环空气举系统内的流量限制最低,具有更高的排液量,其产量也高于常规完井方式。

该系统可下入垂直井和水平井。在水平井中,封隔器和转向接头位于垂直井段,油管下至水平完井的最低段,从而使得注入气体可以将液体从水平段驱除,孔眼可位于油管末端或转向接头工具中。该系统可以下入4.5in和更大尺寸的套管中。

4.1.4　现场应用效果

截至2010年,新型气举系统Marathon已经在得克萨斯州东部安装了16个该系统装置,其中有一口井为水平井。大多数安装的井封隔器上方为5.5in❶套管和2.875in油管。安装该系统后平均的产量增量为200×10³ft³/d。这里列举其中3口井的应用情况。

图4.3为第一口井(井A)的示例,该井产层为Travis Peak储层,储层深度约为9600ft❷。该井直井段位于2058ft,共6段完井段。在生产1600天后安装了有杆泵。生产2400天后,对该井进行再完井,增加产层。在此次再完井中,有杆泵被移出。在安装新气举系统之前,该井

---

❶　1in=25.4mm。

❷　1ft=0.3048m。

主要通过注入起泡剂进行生产。起泡剂并不能很好地维持产量的稳定。图4.3为该井近期的生产情况。在有杆泵生产中,该井的基础年递减率为35%。安装气举系统之后,初始产量为$500 \times 10^3 \text{ft}^3/\text{d}$,年递减率维持在11%,相对稳定。根据递减曲线预测,气举系统对产量的提升约为1.3×10^9。

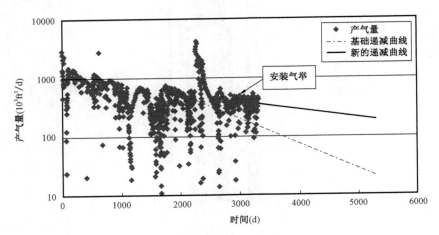

图4.3 井 A 生产情况

图4.4为第二口井(井 B)的示例,该井产层为 Travis Peak 储层,储层深度约为9300ft。该井直井段位于1559ft,共5段完井段。生产2200天后,对该井进行再完井,增加产层。有杆泵在2250天时安装,并在之后的50天后拆除。由于套管尺寸较小,有杆泵效率较低。在安装新气举系统之前,该井主要通过套管注入起泡剂进行生产。起泡剂并不能很好地维持产量的稳定。图4.4为该井近期的生产情况。该井的基础年递减率为33%。安装气举系统之后,初始产量为$400 \times 10^3 \text{ft}^3/\text{d}$,年递减率维持在11%。根据递减曲线预测,气举系统对产量的提升约为$1.1 \times 10^9 \text{ft}^3$。

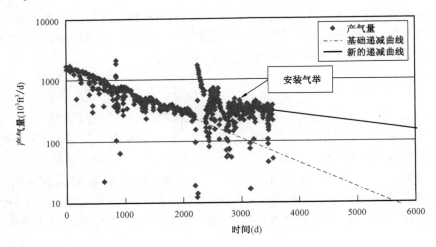

图4.4 井 B 生产情况

4.2　美国柱塞气举排水采气技术应用

4.2.1　柱塞举升与数字自动控制系统集成

BP 公司在 North San Juan 盆地采用了一种集成数字自动化系统,用于优化柱塞举升和油管中流动控制。该系统主要分成两部分:远程终端(RTU)和监控与数据采集主机(SCADA - host)。根据预先设定的变化范围调整柱塞到达时间、后续流动时间和关井时间实现气井产量最大化。在流动控制方面,根据井的状况自动控制套管阀的开关,保证气体流量在临界流量以上,减少摩阻和回压。

该数字化自动控制系统的输入端连接在天然气生产管线上用于测量流速的皮托管(空速管)信号发送器(D/P);输出端连接油套环空的电动控制薄膜阀;数字化自动控制系统的功能是利用输入端的流速数据计算出实际的油管流量 f_1;利用 Turner 模型实时的计算经过皮托管的不同压差下的流量 f_2;同时;如果 $f_1 \geq f_2$,则 RTU 发送指令打开电动控制薄膜阀,$f_1 < f_2$,关闭电动控制薄膜阀。

BP 公司在 North San Juan 盆地40 多口井采用这套系统,气体产量增加了 $11.3 \times 10^4 \mathrm{m}^3/\mathrm{d}$,流动控制装置应用后平均每口井的产量增加了 $3681 \mathrm{m}^3/\mathrm{d}$。该系统的优点是结构简单、成本低廉,可以优化油管尺寸,使油管流动能保持合理的流速排水,还能优化气井在最小的井底压力下生产,已达到较高的整体产气量。

4.2.2　分体式柱塞气举排水采气工艺

分体式柱塞由两部分组成:一个空心圆柱筒和一个圆球。其外部活塞筒采用金属制成,有良好的耐磨性和抗震性。

分体式设计减少了油管卡住柱塞的可能性。圆柱筒的外壁采用沟槽设计,柱塞上行时与油管有良好的密封,这样减少了液体的回落和气体的滑脱。柱塞下落时,球与空心圆柱筒分离,明显地减小了柱塞的下落阻力,使柱塞能迅速通过气、液柱下落。最大优点是节省关井时间,增加气井产量。

南得克萨斯州气田最初使用优选管柱与泡排联合作业的方法进行排液,取得了很好的效果。但随着凝析油的产生,使用小尺寸油管举升方式很难达到预期排液效果,且化学剂(起泡剂)的费用高,经济上极不合理。2002 年10 月,在油田安装了分体式柱塞举升系统,产量增加 $0.14 \times 10^4 \mathrm{m}^3/\mathrm{d}$,并一直持续稳产。

西得克萨斯气田某口井上,用分体式柱塞替换原来的常规柱塞,使得大约每天增产 $0.28 \times 10^4 \mathrm{m}^3$。

4.2.3　在出砂井和水平井的应用

4.2.3.1　在出砂井上的应用

刷式柱塞是唯一可以用于出砂井的柱塞,它有一个螺旋加工的柔软尼龙刷子部分,此部分尺寸稍大,以便使柱塞和油管产生较好的密封性,可以允许柱塞在含砂的油管中运行,一部分砂粒能被携带到地面,其原理与机械防砂相同。

新墨西哥的 Lea 县 Eumont 气田,气井压力低 0.045MPa/100m(1.5~2psi/100ft),产水量少,为了增产通常采用加砂压裂,由于井筒附近的支撑剂没有充分阻挡,浅层气井中压裂砂的产出成为一个突出问题。最初采用有杆泵生产,经常造成检泵作业,生产成本极高,约30口井使用了柱塞气举之后,初期增产达到85%,产量高于措施前的时间达13.7个月,维护和增加产量的同时,运行成本减少了70%。

4.2.3.2　在 Great Sierra 水平井的应用

(1)水平井概况。

水平气井中的积液对天然气井来说是一个重要的生产障碍,它会导致产量下降。用于计算水平井中积液的方法通常来源于直井中计算积液的方法。然而,流体在水平井中的运动比在直井中要复杂得多。该井场位于 British Columbia 以东的 Nelson 镇。EnCana 公司拥有约1100口水平井,这些水平井在钻井时采用欠平衡钻井方法,钻至泥盆纪 Jean Marie 这种碳酸盐岩地层后,完井。大约有1750口水平井在 Jean Marie 中生产。在 Jean Marie 中生产的水平井,其产气速度有一种典型的衰减模型,它的产量从刚开井的 $5.6 \times 10^4 \text{m}^3/\text{d}$ 衰减到12个月后的 $1.4 \times 10^4 \text{m}^3/\text{d}$,再衰减到36个月后 $1.0 \times 10^4 \text{m}^3/\text{d}$。最终,大部分水平井的生产临界速率会维持在 $1.2 \times 10^4 \text{m}^3/\text{d}$ 左右。

Jean Marie 水平井采用欠平衡钻井方式是为了减小对异常低压储层的伤害并消除对储层的不利影响。为了最大限度地提高初始生产速度,地质工作者通过控制钻头在地层中水平钻进,以确定拥有最佳孔隙度和渗透率的储层的位置。这通常会导致井眼轨迹在垂直方向上发生 3~12m 的起伏。钻达目的层后,一般会下入直径为 60.3mm 油管,油管下至水平井裸眼段的根部后,开始进行油气生产。

刚开始,人们假设 Jean Marie 含有欠饱和气体,因此积液是最少的,目前还无法证明这一假设是正确的。柱塞举升技术的应用是产量较低的气井进行排液的主要手段之一。柱塞举升技术目前主要用在直井中,但随着低渗透气藏开发过程中,水平井的数量日益增多,在水平井中也可以应用柱塞举升技术。

(2)水平井排液。

水平井井眼内有2个不同的区域:油管柱和油管外的井眼区域(包括水平段和造斜段)。这2个区域之间的液体在不同的井内或同一井不同时间内的流动是高度复杂而又多变的。

水平井的流体运动比直井的流体运动要复杂得多。只要油管柱以下的油管和井眼内,气体流动速度高于气体的临界速率,水平井一般都会出现问题。当气体沿水平段的流速低于推动流体流动的流速时,液体将沿着井眼轨迹,在较低的"油底壳"部分聚集。水平段的井下电视测井证明:此时,层流和段塞流将成为主要的流动形式。当气体穿过举升到井眼上方的液体时,蒸发成气相的液体也会影响液体的流动。有证据表明,在某些井中,液体的蒸发会在井眼和油管之间的液体流动方法中占据主导地位,甚至成为唯一的方法。优化柱塞的性能可以显著改变液体的流动模式。Jean Marie 的经验表明,柱塞举升技术可以成功地用在液体的主要流动模式是蒸发的井中。然而,在一些水平井中,沿水平段地层流体有显著的"段塞流"现象,如果这些液体段塞的体积足够大,它们可以使柱塞难以正常工作。对压力较低、缓冲弹簧和油管末端垂直距离较大的井来说,这个问题通常会更严重,因为没有足够的能量来举升液体,使液体高于缓冲弹簧。

(3)水平井中止回阀的使用。

在水平井中,缓冲弹簧通常位于井斜角45°左右处,但在 Jean Marie 类型时,在大多数情况下,为了发挥缓冲弹簧的作用,通常将其安装在井斜角50°~60°处。缓冲弹簧的下入深度是由上短节的深度决定的,上短节在完井作业下油管过程中起缓冲作用。止回阀下到井斜角较大的位置,会导致关井期间液体通过止回阀流回井内。这个问题之前是没有预料到的,在柱塞快速循环时是不明显的。然而,流动时间和关闭时间越长,缓冲弹簧位于井斜角45°处时泄漏明显的井越多。

在一个小尺寸的井中,普通止回阀被替换为两种不同类型的改性止回阀,以防止未来的开采过程中发生泄漏。在两口井上安装了弹簧止回阀,在5口井上安装了80°的球座止回阀。两种不同类型的改性止回阀混合使用,得到的结果是:没有办法能防止漏失。然而,所有新的或更换过的缓冲弹簧都可以通过安装80°球座来减少漏失的影响。目前的优化策略减少了柱塞到达缓冲弹簧的时间,同时减少了漏失对气井性能的影响。当缓冲弹簧的位置较深时,会增加柱塞在沿造斜段下行时的摩擦力。这会导致柱塞下行较慢,加快柱塞的磨损,缩短维护的间隔。

(4)水平井中柱塞的效率。

对各种类型的柱塞的效率进行了测试并在文献中记载下来。所有的这些已发表的测试在直井中均已完成实验。实验表明:一般情况下,橡胶柱塞比其他类型的柱塞更有效率,特别是相比于实心柱塞来说。在 Greater Sierra,大多数井安装了双橡胶柱塞,由于感知的效率高,双橡胶柱塞的举升效率也很高。其他类型柱塞的应用要具体情况具体分析,如井壁结蜡或沥青质沉积等情况。

对几口在2008年配备双橡胶柱塞的水平井进行持续跟踪,出现了一个令人惊讶的结果。与预期的造斜点下的柱塞速度下降形成鲜明对比的是,柱塞的速度增加了。在更多的井上进行橡胶柱塞与实心柱塞的对比测试来证明造斜段中橡胶柱塞的速度增加而实心柱塞的速度下降。测试得出的结论是,柱塞上的橡胶在柱塞的重量作用下在造斜点以下运动,最终被破坏。随着橡胶的破坏,柱塞下面的气体流过柱塞会更容易,这使它能够增加柱塞下降的速度。这引发了一个问题:如果橡胶能让气体流入井筒,那么它们是否也能让液体在井内向上流动。

因为所有的 Greater Sierra 的井均采用湿法计量,所以液体体积并不是在现场测量的。在2010年3月的测试中,通过在井内安装分离器来评价水平井柱塞的效率。虽然测试了3种不同类型的柱塞,但于时间的限制,只有一个橡胶柱塞和一个空心实心混合柱塞进行了足够多的循环的实验。空心实心混合柱塞在橡胶柱塞运行后才运行,但只运行了3个循环,还没有定论。测试设置柱塞循环一次包括恒定的90min的流动和30min的关闭。结果如图4.5所示。该数据表明,液体在回流过程中通过损坏的橡胶泄漏这一假设是正确的。橡胶柱塞的效率更低,每个柱塞循环的产液量只能达到空心实心混合柱塞 36% 的水平。此外,柱塞的速度高于安全操作所要求的速度,而空心的速度处在最佳范围内。实心柱塞在橡胶柱塞运行后立即运行,并在每一次运行时减少了体积。这有可能是因为在橡胶柱塞运行后有液体残留在油管内,这能解释为何实心柱塞在第一个周期内产液量较高这一问题。要提供更准确的结果就需要在实心活塞上做更多的循环来验证。

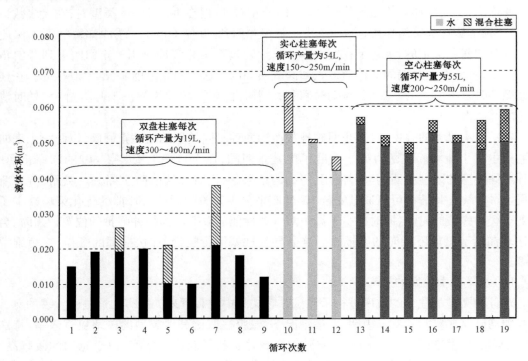

图 4.5　A 井柱塞举升效率评价

（5）优化原理。

一个新的软件控制模型的优化是围绕如何保持气井流动,以使其生产时间最长这一理念进行的。这意味着关井的时间要尽可能的短,关井时间是指从地面将柱塞下入井内的缓冲弹簧位置处所用的时间。通过利用积液系数来控制恢复生产的井时,要保证有足够的能量能将柱塞举升到地表。为了完成这一优化过程,就要简化如何控制流动持续时间这一问题,使柱塞到达缓冲器弹簧时,积液系数能达到良好的预期效果。

如何控制水平井的流动时间比控制直井的流动时间更为复杂。如果气井正在生产,水平面处的自由水需要足够的流动时间,水才能从油管的举升到高于缓冲器弹簧位置处。如果流动时间不够久,那水就会在关井时落回井内了,而不是从井里采出。

典型的柱塞控制器只使用一个变量来控制流动周期的时间。通常是在速度、时间和套管与油管之间的压差三者之间选择。每个选择都有优点和缺点。新的软件控制模式提供了这些参数所有的设定值。气井现在可以在正常范围内对所有的 3 个变量进行设定,但如果这些参数中的任何一个值不在正常范围内,系统将取消设定。

（6）柱塞控制。

当柱塞举升在 2006 年开始成为排液的一种方式时,就决定采取通过现场的 SCADA 系统与独立的现场控制器来控制柱塞。选择一个供应商的软件后,通过下载到现有的现场控制器来实现对气井的控制。通过厂内的 SCADA 系统或通过计算机远程访问系统来实现对设定值的调整。柱塞的软件在控制柱塞的方法选择上有多种运行模式。

大部分气井通过模式 2 进行操作,模式 2 通过设置一个最小的流动速度和控制关井时间来实现对流动时间的控制。通过生产绩效评价可以看出,设定值设定的非常保守,所设定的最小流量较高,关井时间较长。由于长期关井,井内液量较少而能量较高,这将导致更多的柱塞到达地表。这会导致生产时间减少,关井压力升高,并通过弹簧止回阀进行排液。这也会导致柱塞速度过快。

开发了一种被软件供应商标记为模式 10 的新软件模式。在本质上,软件结合了几个现有模式的一部分功能,但为了便于操作,它也增加了一些功能。流动时间的长短可以通过 3 种方法中任何一种来控制:最小速率的设定值,套管与油管的压差或最大流动持续时间。在流动周期的早期阶段,一个旁路定时器将禁用最小流量的设定值来防止当柱塞将液体带到地面时发生关井。该定时器的设定值通常会超过柱塞上升时间至少 10min,Jean Marie 的井通常设定在20 ~ 30min。此时一般还会添加一个计数下降计时器来确保最低速度的设定值或套管与油管压差的设定值在计数下降时间结束时仍然有效。该定时器一般设置持续时间为 2 ~ 5min。最小流量的时间设定仅偶尔用于有一个最小流量的时间超过了旁路定时器这一情况下。

使用油管与套管的压差来控制流动时间的长短是模式 10 发展的动力之一。油管与套管压差的正常表现是:流动过程中的峰值由于摩擦作用在开始是高的,液体到达地表和流过流量计时会出现短暂的下降,最后当液体开始在油管柱底部逐渐积累时,下降到最低值。模式 10中的软件会识别这个最小的不同点并使用油田操作员在 SCADA 系统中输入的设定值来确定计算关井压差。

这是一个有自我优化功能的软件,如果该井在最短关井时间结束时有多余的能量,它将通过增量设定值来增加所需的积液量。如果在最小速率设定值条件下关井,该系统将通过减小设定值来使所需的积液在后面的流程周期内依次递减。目前,这个具有自我优化功能的软件尚未得到广泛的应用。

虽然使用油管与套管的压差来控制流动时间是可取的,但它有几个缺点。Greater Sierra的井使用的套管发射器不像油管发射器那样,有较高的分辨率,但它更容易出现问题。这可能会导致油管与套管的压差值出现问题。虽然这两个发射器都安装在一个壳内,但是压力是从井口通过给套管发射器提供压力的供应管线提供的。在寒冷的天气中,这条线容易受冻,如果发生这种情况,油管与套管的压差值会出现问题,并且此时它不可能正确地控制流动时间。

关井的持续时间可以通过两个方面控制:通过最大时间设定值或由一个计算出的积液系数控制。我们首选通过积液系数控制关井的时间这一方法,因为它平衡了气井的可用能量,气井的可用能量能将柱塞和液体举升到地面。在柱塞循环中,该积液系数可通过测量套管、油管和井口的管线压力来确定。该系数反映的是井眼内积液上部的止回阀的能量,该能量可将柱塞举升至地面。

Jean Marie 典型的生产井不能直接测量管线压力,所以在流动周期的后期,一般用油管压力来推断管线压力,设定最短关井时间是为了防止柱塞到达缓冲弹簧前开井生产。对 Jean Marie 的大多数井来说,不管是实心柱塞、橡胶柱塞还是空心柱塞,柱塞下降时间一般为 10 ~ 18min,所以最短关井时间一般设定为 20 ~ 25min。最大关井时间设置的足够短以保证关井后柱塞速度不会超过安全限制。

LEA 给出的优化后柱塞举升井的积液系数是 40%,优化后的积液系数可能是不同的,这取决于气井的能量和积液情况。在测试期间,几口井的积液系数超过了 45%,气井开始积液后,产量出现下降。

在 Greater Sierra,柱塞举升作为一种有效的优化工具,得到了运营商积极的推动。这些优点使得现场人员可在网站上花费更少的时间来处理气井的积液问题。

4.2.4 认识

(1)作为流体从水平井眼流入到油管柱时动力发生变化的结果,水平井的积液情况比直井的积液情况更复杂。以冷凝作为主要排液方式的井,采用柱塞举升会更加有效。

(2)优化策略是目前基于最大限度地减少关井时间和调整流动时间来平衡关井时的气井积液与气井能量。计算积液系数对该优化是有利的。

(3)不同类型柱塞在水平井内工作的效率与在直井内工作的效率不同。在水平井测试中,很明显,实心柱塞的举液效率较低。

(4)SCADA 信息对了解、监控和优化水平井的柱塞举升是极其宝贵的。1min 的数据采样速率对确定柱塞下降时间和到达时间来说是足够的。

(5)有多个设定值的新软件的发展为 Greater Sierra 地区柱塞的操作提供了便利。柱塞在高管线压力的情况下运行可以更好地控制生产,气井在极端寒冷天气下的问题也越来越少。

(6)传统的柱塞升降式止回阀下在井斜角超过 45° 的位置处会发生泄漏。修改后的止回阀最深可下至井斜角 67° 位置处。最短关井时间的设定也帮助减轻了止回阀泄漏造成的影响。如果柱塞下降的速度足够快的话,它们可以进一步削减关闭时间,但是 Jean Marie 的液体流速相对较低,这意味着缩短柱塞工作周期是不必要的。

4.3 新型毛细管柱排液在气井的应用

4.3.1 Barbara 气田及 E45 井概况

意大利 Barbara E45 井是一口在 Barbara 气田的静井口压力(STHP)为 $35kgf/cm^2$ 的井。目前,该井以 $20kgf/cm^2$ 的井口压力进行生产,每天采出大约 600L 水。这个设备的目的是为了从外径 1/4in 的油管式可回收安全阀以及将要安装的外径 1/4in 的毛细管柱的现有控制管线中将发泡剂从地面注入到井底以改善流动参数。Barbara 气田发现于 1971 年,位于 Adriatic 海域北部的近海区域。这是一个平缓的背斜,含有碳酸盐岩古地貌特征的第四纪碎屑岩沉积物。在构造顶部的浅层气藏将地震信号改变到这样一种程度,即构造的再现不是即时的。然而,地震特征分析为地震异常的认识提供了关键信息,并且它对于该气田真实构造形状的重现是一个极有价值的工具。该气田的历史说明,作为一种新的信息,对于储层特征认识的改善程度有助于说明储量从最初被认为只有 $100 \times 10^8 m^3$ 天然气到现在被认为几乎是过去的 4 倍,这使得 Barbara 气田成为意大利一个非常重要的气田。

Barbara E45 井的储层参数如下:

(1)最大深度为 1142m(测深);

(2)最大井斜在 550m(测深)为 27.5°;

(3)井深 1142m 的垂向深度为 1080.5m;

(4)油管架到油管头的高度为 11.51m;

(5)完井、修井流体为气体;

(6)0 ~ 1120m(测深)的完井类型为 7in29#套管;

(7)0 ~ 1099m(测深)为 3.5in 的 9.2#油管;

(8)1120 ~ 1142m(测深)裸眼为 8.5in;

(9)502.64m(测深)和 1001.08m(测深)的最小内径为 2.750in;

(10)1120 ~ 1142m(测深)裸眼段射孔:8.5in;

(11)油管静压为 30bar❶;

(12)井底压力为 25bar;

(13)井底温度(射孔处)约 5℃;

(14)无 CO_2;

(15)无 H_2S。

4.3.2　带有化学剂注入功能的电缆式可回收安全阀(SCSSV)

在完井管柱中最重要的项目就是 SCSSV。对于所有的新井而言,不管陆上还是海上,这些都是强制要求的,并且这些阀门被设计来能够在井口、输油管线或者地面故障有损坏的情况下自动地在地面下关井。

这种带有化学剂注入功能的安全阀门除了具有与标准的电缆式可回收安全阀一样的特点外,还具有由操控电缆式可回收安全阀的控制线路提供的化学剂可注入的特点。当控制管线的压力达到预定压力时,安装在阀门下面的单向阀打开,允许了化学剂的注入,同时也保证有一个安全阀的存在。正是利用了现有的毛细管排液控制管线才使得这套系统独一无二,并且使其能够在无需改动井口的情况下为安装注入系统提供了一种经济有效的方法。

电缆式可回收安全阀随后可以允许表面活性剂的注入,同时还保持了生产井井下安全装置的目的和功能。

---

❶ $1bar = 10^5 Pa$。

4.3.3 单项注入阀

当注入阀底座两端的压差超过安全阀弹性的设定压力时,安装在电缆式可回收安全阀下面的单向阀就会打开。注入阀被人为预设为只有当化学剂注入泵施加一个正压力时才允许流体通过。这个压力应当足够高以维持电缆式可回收安全阀完全地处于开启状态。

在毛细管柱破裂的情况下,它可以防止逆流向上进入毛细管柱的上半部分。

4.3.4 毛细管柱特点

用于这项应用的毛细管柱具有以下特点:

(1)1/4in 的外径;

(2)材料的测试:316Ti;

(3)管壁厚度:0.049in;

(4)工作压力:8744psi;

(5)液压测试:12.000psi;

(6)破裂压力:34976psi;

(7)坍塌压力:10400psi;

(8)抗拉强度:1184kgf;

(9)线性质量:0.1585kg/m;

(10)线性容量:0.023L/m。

利用一个专用的装配工具,可以使得毛细管柱的重量不压在油管接头处,而是放在反向的固定螺钉上。

4.3.5 流量调节器

流量调节器安装在毛细管柱的底部,该设备具有两个单向阀,上部的阀门是一个球形阀,它通过限制注入流体的速度来调节出口液体的流量;下部的阀门是一个能防止油井采出液进入到毛细管柱内的手动调节的弹簧型阀门,因为它能调节发泡剂的静液柱。

在流量调节器的底部有一个螺纹连接,用来承载加重杆以在下入作业时辅助流量调节器并且保持流量调节器居中。

4.3.6 操作步骤

操作次序包括:

(1)从井深 503m 处取出 2.75in 的柱塞。

(2)用钢丝绳来行两次校准以保证管柱可以完全投入:首先将 ϕ50mm 的保径钻头投入到井底,第二次将 ϕ69.5mm 的保径钻头投入到油管式可回收安全阀下面。

(3)还需要井底组件,包括:

① 加重杆;

② 流量调节器;

③ 在 1500psi❶进行测试,并将压力增加到 1800psi 检查调节器能开启。

（4）在射孔孔眼顶部（1200m）用毛细管连续装置将外径为 1/4in 的毛细管柱下入井中,同时在管柱上的压力保持为 300psi。

（5）一旦到达指定深度就上提 190m 以留出间隔。

（6）将含有电缆式可回收安全阀的井底钻具组合安装到外径为 1/4in 的毛细管柱上。在压力为 2000psi 时进行测试——检查电缆式可回收安全阀的功能。压力升高到 4000psi 以检查连接处的完好性。

（7）用 0.108in 的电缆下放并固定所有的钢丝装置。

注:所有的操作都是在气井处于不发生压井的压力下进行的。

4.3.7　配套设备

执行整个操作还需要以下的设备:

（1）毛细盘管组件。

毛细管组件为:1/4in 毛细管盘管 1500m,外径为 1/4in,壁厚 0.049in;1/4in 管道卡瓦以及"C"形板。

（2）从顶部到底部的防喷器或立管结构。

① 1/4in 毛细管柱的防喷盒;

② 1 根长 8ft,内径 8¼in 的防喷管;

③ 装有 1/4in 防喷器闸板和全封闸板的双 8¼in 防喷器;

④ 带有 2 个 1in"Q"形低扭矩阀的组合泵;

⑤ 若干 8¼in 的 Bowen 盒以及 4 个 1/16in 的插销;

⑥ 采油树接头;3 个 1/8in 能承受 5000psi 的法兰和 4 个 1/16in 的内螺纹接头。

（3）钢丝设备或单芯电缆设备。

钢丝设备应该装有一套 0.108in + 7/32in 的双滚筒:

① 从顶部到底部的用于校准和打捞落鱼的防喷器或立管结构;

② 适用于 0.108in 钢丝绳的防喷盒;

③ 2 根长 8ft、内径 2.5in 的防喷管;

④ 若干 5in 的 4 号盒子,若干 6.5in 的 4 号插销;

⑤ 若干 6.5in 的 4 号盒子,若干 9in 的 4 号插销;

⑥ 若干 9in 的 4 号盒子,若干 8¼in 的插销;

⑦ 用于连接到具有连续服务的防喷器的上部。

（4）从顶部到底部用于将毛细管柱下入井中的防喷器或立管结构。

① 适用于 0.108in 钢丝绳的防喷盒;

② 2 个长 8ft、内径 2.5in 的防喷管;

③ 2 个长 8ft、内径 3in 的防喷管;

④ 若干 5in 的 4 号盒子,若干 6.5in 的 4 号插销;

---

❶ 1psi = 1lbf/in² = 6.89476 × 10³ Pa。

⑤ 若干6.5in 的 4 号盒子,若干9in 的 4 号插销;

⑥ 若干9in 的 4 号盒子,若干8¼in 的插销;

⑦ 用于连接到具有连续油管设备的防喷器上部。

(5)带钢丝绳的底部钻具组合。

① 将保径钻头下入井中;

② 1.5in 的绳套;

③ 1.5in 的重杆;

④ 1in 的直震击器;

⑤ 69.7mm 的保径钻头。

(6)用于将毛细管柱下入井中的带钢丝绳的井底钻具组合。

① 1.5in 的绳套;

② 1.5in 的重杆;

③ 1.5in 的直震击器;

④ 1.5in 的机械上震击器;

⑤ 2.813in 带管脚的下送工具"X";

⑥ 尺寸为2.813in 的电缆式可回收安全阀组件。

(7)2.813in 的美国电缆式可回收安全阀组件。

① 2.813in 的锁定心轴;

② 拉伸变形为2¼ ~ 2.720in;

③ 2.813in 的电缆式可回收安全阀;

④ 1in 的注入单向阀。

(8)带钢丝绳的底部钻具组合毛细管柱的回收(应急备用)。

① 1.5in 的绳套;

② 1.5in 的重杆;

③ 1.5in 的直震击器;

④ 1.5in 的机械上震击器;

⑤ 2.750in 带管脚的上提工具"GR"。

注:在深度为 502.63m 和 1001.08m 定位接头处的井最小内径等于 2.750in。2.813in 电缆式可回收安全阀总成的所有连接处都应该经过测试。完井管柱在 203m 处有一个油管式可回收安全阀,且内径为 2.813in。该安全阀是在前期工作期间被固定在永久性开启位置。现在它已经通过 3.5in 的油管投入到通信。

4.3.8 操作前其他注意事项

执行实际操作的事件顺序如下:

(1)用钢丝绳将保径钻头下入井中。

装配 0.108in 的钢丝绳。用 50mm 的保径钻头校准到井底[1142m(测深)],并且用 69.5mm 的校准到油管式可回收安全阀以下[220m(测深)],放钢丝绳。

(2)将 1/4in 的毛细管柱下入到井中。

① 装配毛细管盘管装置。

② 测试用于悬挂 1/4in 毛细管柱的卡瓦。

③ 将起泡剂注入泵连接到毛细管盘管装置。

④ 以 15L/d 的速度泵入起泡剂直到密封圈端部不再出现起泡剂。在压力泵入期间,记录冲程数和滤失量。

⑤ 将外径为 42mm 的调节阀连接到毛细管柱。

⑥ 将毛细管柱的压力增加到 1500psi 以测试连接处。等待 10min。如果情况正常,降压到零。

⑦ 以 15L/d 的流量开泵。记录冲程数和压力。检查调节器在 1800psi 时的开度以及滤失量。

⑧ 将毛细管柱内的压力保持为 300psi。

⑨ 在井口安装注入器和防喷器。

⑩ 缓慢打开抽汲阀以平衡压力,然后在 1120m 的裸眼段顶部将 1/4in 的毛细管柱下入。

注:在油管式可回收安全阀和定位接头处减缓下放速度。

在下放过程中,要监测毛细管柱内部的压力以确保它维持在 300psi 左右。

⑪ 一旦固定深度泵达 15L/d 的流量,记录好冲程数和压力。

注:验证流量调节器的开启压力与在地面上所记录的以及与井筒压力一致。

⑫ 记录上提重量。

注:将上提重量汇报给钢丝绳作业监工。

⑬ 关闭防喷器闸板并人工锁死。

⑭ 检查防喷器闸板的完整性,并泄压。

⑮ 对毛细管柱内部泄压。

⑯ 当这些压力以 0 维持了一段适当长的时间后,将喷嘴从防喷器上卸下,并提升到大约 1m 处。

⑰ 在防喷器顶部安装"C"形板,为 1/4in 的毛细管柱放好卡瓦并卡紧。

⑱ 卸下重量。

⑲ 在防喷器上方大约 50cm 处切断毛细管柱。

注:使用面罩以防止可能的液体迸出。

⑳ 将喷嘴放倒。

(3)下放 1/4in 的毛细管柱。

① 用高桅杆提升带有 2.813in 美国电缆式可回收安全阀的地面钢丝绳设备,并垂直放置于防喷器上。

注:对于 2.813in 美国电缆式可回收安全阀和 1/4in 毛细管柱的下放,0.108in 的钢丝绳设备会被用到。

② 将 1/4in 毛细管柱和 2.813in 电缆式可回收安全阀之间的连接处装配好。

注:确保防喷管没有横向的移动直到将其连接到防喷器毛细管柱的时候。

③ 压力升高到 2000psi 测试电缆式可回收安全阀的功能性

④ 压力升高到 2500psi 以检验位于电缆式可回收安全阀下面的单向阀的开启度。

⑤ 以 15L/d 的泵入量测试连接处(压力约为 4000psi)。只需进行肉眼观测。

⑥ 重新上提重物,移去"C"形板和卡瓦。

⑦ 放低防喷管并连接到连续油管辅助防喷器。

⑧ 将毛细管柱内部压力加到 300psi。

⑨ 通过防喷器闸板平衡压力。

⑩ 人工解锁防喷器闸板并用液压打开。

⑪ 将起泡剂的泵连接到采油树中线出口。

⑫ 下入毛细管柱,并且当达到油管式可回收安全阀的深度时,开始泵入起泡剂。

⑬ 在油管式可回收安全阀的深度 203m 时下入毛细管柱和安全阀总成。确认在到达时进行超载测试。

⑭ 检查在开泵时单向阀压力设置正确,即在压力为 2500psi 时通过起泡剂泵能进行泵送(能打开 WRLSV 阀以及能注入单向阀)。

⑮ 继续以 15L/d 的流量泵入起泡剂,直到起泡剂全注入井内。记录冲程数和压力。

⑯ 从井筒中取出钢丝绳并拆除下来。

4.3.9　应用效果

按照设计方案的运行结果表明,毛细管排液安全系统的应用在 Barbara E45 井上取得了巨大的成功。

在毛细管柱的安装之前,会进行试井,并且驱替地层中的所有液体都是靠泵入氮气来驱替;随后井被打开,以 $33000m^3/d$ 的采气速度和 600L/d 的产水速度生产了大约 12h。在这个阶段之后,井自发地停止了生产,因为地层水造成了一段足以压死气井的水柱。在安装了毛细管柱以后,气井在没有任何问题的情况下持续每天生产 $33000m^3$ 天然气和 900L 地层水。

这套系统为埃尼石油集团(ENI)提供了一个用于试验井重新生产的经济有效的方法。

从这套气井装置首次应用的成功来看,在这片区域不论是陆上还是海上,所有在完井管柱上有油管式可回收安全阀或电缆式可回收安全阀的井都可以视为这套井下化学剂注入系统的良好候选对象,用以提高产量并且可以使因生产管线中水柱压头而具有低产量的井回到它们最初的产量。

这套系统为操作人员提供了一个极大的优势,因为它可以在无需改动井口的情况下安装,并且安全阀系统一直都符合该区域安全法规的要求。

另外,在采用标准采油工作技术时,整个系统可以只用一次行程就被下入井中。这就节约了时间和成本,并且,由于这套服务设备的布置只需要很小的底座,因此它适用于小型生产平台。

另外的优点就是用于毛细管排液安全系统的安全阀是现场验证过的可回收的安全阀门,并且该系统可以使用均衡挡板阀和非均衡挡板阀中的任意一个。

在气井测试期间,天然气产量已经符合了 ENI 的要求,并且由于它在试验井上的进一步使用,该系统不断地提高了原本就乐观的经济效果。由于在第一次安装中获得的成功,服务公司正在和操作人员一同致力于将这套系统应用于 Barbara 气田许多其他的由于生产管线中水柱压头而出现生产问题的井。

4.4 水平井排水采气工艺技术新进展

水平井一般都存在垂直段、弯曲段和水平段,但是它们不同的曲率半径和造斜率都直接影响到举升工艺的选择。由此,将水平井按轨迹分为短半径水平井、中半径水平井和长半径水平井。对于短半径水平井,曲率半径为 30～100ft,造斜率为(60°～200°)/100ft,在机械采气过程中,只能把举升设备下在垂直段。因为短半径水平井的造斜率太大,各种举升设备都无法顺利地通过弯曲段,更不可能下在水平段。对于中半径水平井,曲率半径为 300～600ft,造斜率为(10°～20°)/100ft,可以把举升设备下在垂直段、弯曲段和水平段。对于长半径水平井,曲率半径为 800～3000ft,造斜率为(2°～7°)/100ft,既可以把举升设备下在直井段,又可以下在弯曲段和水平段。

4.4.1 电潜泵排水采气

4.4.1.1 工艺描述

电潜泵排水采气工艺是采用随油管一起下入井底的多级离心泵装置,将水淹气井中的积液从油管中迅速排出,降低对井底的回压,重新获得一定的生产压差,使水淹气井重新复产的一种机械排水采气生产工艺。其工艺流程是在地面变频控制器的自动控制下,电力经过变压器、接线盒、电力电缆,使井下电动机带动多级离心泵高速旋转。井液通过旋转式气体分离器、多级离心泵、单流阀、油管、特种采气井口装置被举升到地面排水管线,进行计量并处理。井复产后,气水混合物经油套环形空间、井口装置、高压输气管线进入地面分离器,分离后的天然气进入输气管线集输[2]。

4.4.1.2 工艺特点及应用情况

电潜泵排水采气时具有以下优点:排量范围大、扬程范围大、效率高、能最大限度地降低井底压力,采出更多天然气。但天然气对泵的干扰严重,容易造成欠载停机。

美国的 OVYX 能源公司在西得克萨斯钻了一口平均造斜率为 12°/30.5m 的中曲率半径水平井,使用的是 5.12in 套管。完井测试后选择了 80.94m³/d 的电潜泵,装在造斜点 1269m 深的垂直井段。因气锁改在水平段,为使之安全通过 12°/30.5m 的弯曲段,采用了专用电泵。并辅以串联密封室及专用气体分离器、变频驱动电动机,并下压力传感器测泵吸入压力。泵挂位置恰好在弯曲段尾部的水平部分,比原挂位置深 23.5m,采液量增加了 50%。根据此口井经验,该公司在另一口水平井中设计了一台水平安装的电潜泵。泵挂垂直深度 2147.2m,比上一台泵深 152.5m,为减少泵的偏斜,采用 7in 套管。采用这种设计使气锁问题明显减少,产液量上升 20%。

4.4.2 有杆泵排水采气

4.4.2.1 工艺描述

有杆泵排水采气工艺是针对有一定产能、动液面较高、邻近无高压气源或采取气举法已不经济的水淹井,采用井下分离器、深井泵、抽油杆、脱节器、抽油机等配套机械设备,进行排液采气的生产工艺。其工艺流程是将深井泵下入井筒动液面以下的适当深度,柱塞在抽油机带动下,在泵筒内上下往复抽汲运动,从而达到油管抽汲排液,套管产出天然气的目的。杆式泵是最常见的人工举升方法,也是斜井和水平井中最常使用的开采技术。为了顺利地把泵下入或通过长曲率半径井的弯曲段,必须解决抽油杆和油管的摩擦问题。目前,采用模压抽油杆导向器,可降低磨损量。如果杆式泵所在井段是弯曲的,那么最好采用带挠性泵筒的泵,如插入泵。弯曲的井筒剖面可能使抽油泵装置的组件变形,因而使泵的工作复杂化。通过台架试验井的试验证明,随着井斜角的增大,泵阀的漏失量增加,阀座过早磨损。当倾斜角为 15°,45° 和 60°时,泵排量将相应地减少 10%,25% 和 40%。但是,巴什基里亚许多油田的斜井开采试验证明,将泵安装在井筒倾角 40° 以下的井段,泵排量的变化非常小。抽油杆的免修期随着井筒倾斜的增大而增加,但必须同时减小泵挂深度。

4.4.2.2　工艺特点及应用情况

有杆泵排水采气具有以下优点:安装和操作比较简单、生产连续稳定、排量范围大。其缺点为:排量受油管尺寸和泵挂深度的限制;对气液比高、出砂或含有硫化物或其他腐蚀性物质的井,容积效率降低;抽油杆柱在油管中的磨损将损坏油管,增加维修作业费用。

苏联阿尔兰油气开采管理局曾选择 150 口井采用杆式泵进行开采,井的最大倾角为 0°~50°,泵径为 32~43mm,含水 0~25%。为减小井下设备的摩擦力采取了两种技术措施:(1)在抽油装置上安装气动补偿器,安装气动补偿器可减少水动力摩擦力,由此可减少整个有杆泵的摩擦力;(2)采用带差动柱塞的杆式泵,这种方法是当抽油杆柱上行时,将井口和井筒倾斜组合段之间的液体段截断,并分段上举到井口。

4.4.3　橇装小直径连续油管排水采气

4.4.3.1　工艺描述

橇装小直径连续油管排水采气是先关闭采气井口主阀,依次在采气井口顶部安装防喷器组(1 个单闸板或 1 个双闸板)和防喷管柱,并将确定长度的加重管柱与小直径连续管连接并装入防喷管柱内,然后连接防喷器组、防喷管柱、密封管和注入头,密封管加压密封。此时,打开采气井口主阀,检查井口密封状态,当密封无泄漏时,开始向井内下入管柱。下入过程中注意控制下入速度和管柱重力指示,确保管柱重力指示线性增加,直至管柱下入预定深度。然后,根据工艺要求注入发泡剂开始排水采气。注剂完成后,按工艺要求提升管柱,同样注意观察管柱重力指示,确保管柱重力指示线性减少。当工具起出至采气井口主阀后,关闭主阀,依次拆卸注入头、密封管,起出加重管柱和注剂头,然后拆卸防喷管柱和防喷器组,恢复井口工作状态。

4.4.3.2　现场应用

纳 59 井井深 3096m,人工井底 3086m,于 1982 年 12 月投产,为低压高产井。该井分别在1985 年和 1990 年进行了 2 次气举,1997 年第 1 次修井,下入变频机组电潜泵排水,至 2006 年先后 4 次修井。由于产水量小,机组不能有效冷却,采用间歇工作制。最近 1 次修井于 2006年 8 月 21 日完成并投产,至 11 月 3 日,70 天分 3 次采气,累计产气 13300m³,产水 5629m³。纳

59 井油管规格 64mm,套管压力 5.6MPa,油管压力 1.8~2MPa。小直径管下入深度 2560m,注剂时间 5d,累计注剂 2880L,累计排水 600m³,累计产气 34.5×10⁴m³,平均产气 6.9×10⁴m³/d。

4.4.4　气举排水采气

4.4.4.1　工艺描述

气举排水采气技术是通过气举阀,从地面将高压天然气注入停喷的井中,利用气体的能量举升井筒中的液体,使井恢复生产能力。该工艺适用于弱喷、间歇自喷和水淹气井。排量大,日排液量高达 300m³,适宜于气藏强排液;适应性广,不受井深、井斜及地层水化学成分的限制,可应用于斜井及水平井开采;适用于中、低含硫气井。该工艺设计、安装较简单,易于管理,是一种少投入、多产出的先进工艺技术。

多年来,水平井的气举设计一直是采用与直井一样的设计方法,在油管或油套环形空间内的压力损失计算也是用垂直管流的方法。由于在气举设计中设定了某些原有的安全系数,所以该设计有时也可以成功地举升这些定向井的液体。有些安全系数忽略了气柱的质量,而使用一个 0.5psi/ft(1psi/ft=22.621kPa/m)的中和液体来代替像原油那样小于 0.4psi/ft 梯度的中和液体。

一般斜井气举施工的设计步骤为:(1)按井斜角确定垂直深度和测量油管长度;(2)计算所钻斜井的压力分布,并将其转换成直井深度的当量压力;(3)采用常规方法计算压力分布来设计气举装置;(4)用常规方法确定间隙。随着井斜角的不同,气举注气点将会发生变化。对相同的气举工作压力,这些注气点将随井斜角的增加而提高。

4.4.4.2　应用情况

ExxonMobil 公司在大斜度井中安装了气举阀,目的是进行排水卸载,由于采用单点注气的方式,因此是一种高压气举,如图 4.6 所示。措施虽然实现了工艺目标,但最大的难题是在更换气举阀时不能准确定位与投捞,无论是采用钢丝作业还是连续油管作业进行投捞,都没有可借鉴的经验和标准的操作规程,因此,投捞失败是不可避免的。

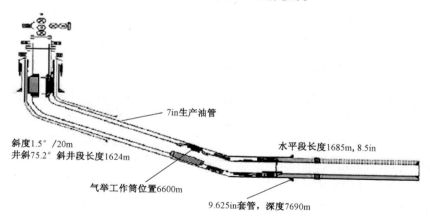

图 4.6　ExxonMobil 公司在大斜度井应用气举技术完井管柱

4.4.5 分体式柱塞

4.4.5.1 工艺描述

分体式柱塞由两部分组成:一个空心圆柱体和一个圆球。生产时让两部分在不同时间下落,使气体先后从球的两侧和圆柱体的内部通过。一旦圆柱体到达井筒底部,它就会与小球发生撞击,球就会进入圆柱的内腔。这时,气体就只能在圆柱体的底部运动,而不能穿过圆柱体,运动的气流产生了推动力,就会推动这个带有小球的圆柱体向上运动,从而把液体举升到地面。到达地面时,防喷管内带有一个铜棒,铜棒撞击小球,使小球与圆柱体分离,小球就会下落,然后再打开柱塞接收器释放空心圆柱,这样就完成了一次循环。这样的一次循环需要 5 ~ 10s 的关井时间,这样短时间的生产间歇,比较同等压力下常规柱塞气举,产量有了很大的提高。由于减少了关井时间,产量损失降至最小,并且井底的积液不会回灌到储层中。这种连续排液的方法使井底不再存留液体,从而减小了积液对气体渗流的影响。

4.4.5.2 应用情况

美国南得克萨斯州油田最初使用毛细管管柱进行排液,取得了很好的效果,但是随着井中凝析油的产生,使毛细管管柱举升很难达到预期效果,并且使用的化学剂(起泡剂)的费用也很高。2002 年 10 月,油田安装了分体式柱塞举升系统,产量增加并一直持续稳产,每天大约新增产量 30000 ~ 50000ft³(1ft³ = 28.317dm³)。早期使用毛细管管柱排液时,需要注入化学剂,每月要花费 1740 美元,现在使用分体式柱塞气举,这项花费可以全部节省。

4.4.5.3 分体式柱塞认识

(1)不同水平井排水采气工艺技术均有各自的技术特点、适用范围和经济优势。在油气田生产和排水采气作业过程中,根据水平井井眼轨迹的特点,对工艺的可行性进行综合评价和优选。(2)井眼轨迹对排液工艺影响分析表明:对于短半径水平井,其造斜率过大,举升设备只能下在直井段;而对于中、长半径水平井,可优选排液工艺,将举升设备下至斜井段。(3)分体式柱塞是一种新型的排水采气工艺,具有比较广阔的应用前景。与常规柱塞气举相比,它可以实现自动关井,缩短了关井时间,从而提高了气井产量。

4.4.6 联合增压和气举新工艺——BASI 工艺

随着气田开发进入中、后期,地层压力不断降低,产水日益增多,排液成为维持气井后期生产的重要手段之一。BASI 工艺联合增压和气举两大工艺优势作业,在增压开采的同时自动地进行气举生产,排液效果极佳;该工艺不需要提供气举源,施工不受地理、地貌的影响,克服了施工中气举源受限的问题,大大地节约了生产成本;并且 BASI 工艺完全适合水平井的排液,是解决当前水平井排液难题的一种有效方式。该工艺已在加拿大和美国气田得到了成功试验及推广应用,取得了较好的经济效益。现场证明,BASI 适用于直井、水平井的排液。

4.4.6.1 BASI 工艺原理

BASI 工艺应用于无封隔器的气井中,不需要起出油管、安装气举阀及提供气举源。在无封隔器的气井中,连续注气排液会阻碍地层气体流入井中。而该工艺是在必要的情况下才间歇地进行注气,排出液体后则停止注气,因此,地层气体能更自由地进入井筒。油管的产出气被吸入一个单级往复式井口压缩机内,通过减小开井压力,降低井底流压,增大生产压差,提高气体流速使之高于临界携液流速,把积液携带出井口。压缩机的吸气口前有一个压气罐,用来收集产出液,然后将其输送至储罐或销售管线的下游。压缩机排出的高压气体被输送入油套环空或销售管线,这由2个对油管压力敏感的导阀控制的进气阀来控制。其中一个常关,用于控制油套环空进气;而另一个常开,用于控制销售管线进气。在该工艺中,油管压力被用来调控注气过程。其关键在于设定开始油管压力,即压缩机的吸入压力,为0.07~0.34MPa。设定的开始油管压力决定了压缩机对销售管线及油套环空的排气量,它低于销售管线的压力。在生产期间,当油管压力低于设定的开始油管压力时,该井进行气举排液:关闭销售管线进气阀,打开油套环空进气阀。高压气体被注入井中,混合液密度降低,积液被排出井口,产气量增加,油管压力回升至设定的开始油管压力。此时,气井停止排液:关闭油套环空进气阀,打开销售管线进气阀。当油管压力传感器再次监测到油管压力低于设定的开始油管压力,气井又开始下一轮循环排液,该过程完全自动化。

4.4.6.2 现场实例及应用

BASI工艺已在美国和加拿大等多口气井中得到应用,其中包括直井和水平井。这些井的产量都低于临界携液产量,井口压力与管网压力持平。采用BAIS工艺后,它们都成功地排出了井筒积液,提高了气井产量。在现场大多情况下,50hp橇装压缩机被安放在拖车上,可灵活地移动。压气箱的储液容量为±157.39t/d(±100bbl/d)。相比销售管线,压气箱将产出液输送至储罐会更为高效。以下是其中的几个实例。

(1)直井应用典型。

1井是加拿大Gething Pool的一口直井,射孔段在2230~2237m,油管尺寸0.33mm。该井初始产气量高于$28.32 \times 10^4 m^3/d$。2007年6月,该井产气量降至$0.28 \times 10^4 m^3/d$以下,采用柱塞气举生产,直至2008年5月,安装BAIS系统。实施BASI工艺后,油管压力从1.38MPa降低至压缩机的吸入压力,即设定的开始油管压力0.28MPa,管网压力仍为1.38MPa,套管压力从2.59MPa下降到1.03MPa。气产量从$0.39 \times 10^4 m^3/d$上升到$1.13 \times 10^4 m^3/d$,临界携液产量仅为$0.61 \times 10^4 m^3/d$该井目前气产量高于临界产量,气井连续排液生产。

(2)水平井应用典型。

① 2–H井是美国Woodford Shale的一口水平井。在直井段内,$\phi 60.33mm$的生产油管末端开口,下至井深2944m处。射孔段在测量深度为2946~3456m。初始气产量超过$3.68 \times 10^4 m^3/d$。2008年8月,该井产气量降至$0.27 \times 10^4 m^3/d$,产液量2.046t/d(13bbl/d),开井油管压力1.03MPa,套管压力2.41MPa,管网压力0.97MPa,临界携液产量$1.22 \times 10^4 m^3/d$。此时,采用了BAIS工艺。安装BAIS后,压缩机将油管压力从1.03MPa降低至设定的开始油管压力0.12MPa,管网压力仍稳定在0.97MPa。套管压力从2.41MPa降至1.72MPa,产气量从$0.27 \times 10^4 m^3/d$上升到$0.79 \times 10^4 m^3/d$,产液量3.935t/d(25bbl/d),临界携液产量仅为$0.45 \times 10^4 m^3/d$。该井目前实际产气量高于临界产量,气井连续携液生产,见表4.1。

表 4.1 2-H 井 BASI 措施前后生产数据对比表

生产数据	措施前	措施后
产气/($10^4\mathrm{m^3/d}$)	0.27	0.79
产水/(t/d)	2.046	3.935
压缩机吸入压力/(MPa)	0	0.12
压缩机排除压力/(MPa)	0	0.97
油管压力/(MPa)	1.03	0.12
套管压力/(MPa)	2.41	1.72
销售管线压力/(MPa)	0.97	0.97

② 3-H 井是美国 Woodford Shale 的一口水平井。在直井段,$\phi60.33\mathrm{mm}$ 的生产油管末端开口,下至井深 2626m 处。射孔段在测量深度为 2717~3037m。2007 年,初始产气量为 $1.59\times10^4\mathrm{m^3/d}$,开井油管压力 1.20MPa。2008 年 8 月,该井产气量 $0.45\times10^4\mathrm{m^3/d}$,产液量 3.935t/d(25bbl/d),开井油管压力 1.00MPa,套管压力 2.41MPa,管网压力 0.97MPa,此时,安装 BAIS 系统。实施 BAIS 工艺后,开井油管压力从 1.00MPa 降低至的设定的开始油管压力 0.12MPa,产气量上升至 $0.71\times10^4\mathrm{m^3/d}$,产液量 5.666t/d(36bbl/d),临界携液产量 $0.48\times10^4\mathrm{m^3/d}$。该井目前气产量比临界携液产量高出 $0.23\times10^4\mathrm{m^3/d}$,气井连续携液生产。

随着开发进入中、后期,地层压力降低,出水量逐渐增多,井筒积液严重,影响气井稳定生产,是大多数气田普遍面对的一大难题。例如,在川西气田,这类井所占比例高达80%。因此,排液成为维持气井后期生产的重要手段之一。常规的排水采气工艺有泡排、优选管柱、柱塞气举等,但它们已不能满足维持气井正常生产的需求:随着气井能量下降、泡沫剂使用次数增加,泡沫排水采气效果越来越差;优选管柱排水工艺需更换采气管柱,作业过程中需要压井,因此存在一定的风险;柱塞气举对气井管柱结构、采气量、采水量及气井的能量均有一定的要求,使用范围极为有限。BASI 工艺结合了增压和气举两大工艺优势同时作业,能高效地排出井底积液,实现气井连续携液生产,大大提高了采收率。该工艺不需要提供气举源,不受地理和地貌的影响,大大节约了施工成本。并且,现场多次应用证明,BASI 工艺完全适用于水平井的排液,是克服水平井排液难题的一种可行方式。

(3)BASI 工艺联合增压和气举技术认识。

① BASI 工艺联合增压和气举二大工艺的优势作业,在增压开采的同时自动地进行气举生产,排液效果极佳。

② BASI 工艺不需要提供气举源,施工不受地理和地貌的影响,克服了施工中气举源受限的问题;并且,BASI 工艺完全适合水平井的排液,是解决当前水平井排液难题的一种有效方式。

③ BASI 能高效地排出井底积液,实现气井连续携液生产,具有较强的技术优势,在国内气田应用前景良好。

参 考 文 献

［1］Pohler S A,Holmes W D,Cox S. (2010,January 1). Annular Velocity Enhancement with Gas Lift as a Deliquification Method for Tight Gas Wells with Long Completion Intervals［J］. Doi:10. 2118/130256 – MS,2010.

［2］周崇文,李永辉,刘通,等. 水平井排水采气工艺技术新进展［J］. 国外油田工程,2010,26(9):49 – 51.

5 气井排水采气自动分析与决策技术

随着气田数字化技术的发展,智能化排水采气已经成为排水采气技术的发展方向。大牛地气田、新疆气田和涩北气田等以及部分高校,已经从理论上结合实际建立了气井积液判识模型,可自动识别积液气井;部分气田还建立了泡沫排水采气等排水采气工艺软件,可自动生成排水采气实施方案等功能。苏里格气田近几年也开始了排水采气技术的智能化建设,基于苏里格气田井下节流、井口无真实油管压力、井口带液计量、不能计量产水量等特殊工艺条件,本着将"复杂工作简单化、简单工作流程化、抽象问题具体化、现场经验公式化"的设计思路,整体研究方法更偏重以现场经验为主,结合理论,开发出"苏里格气田数字化排水采气"系统,将井筒积液判识、积液报警、智能分析、方案自动生成、措施后效跟踪等功能进行一体化综合设计,达到排水采气工艺整体监控、管理的功能。气井排水采气自动分析与决策系统使得气井生产和管理上了一个台阶。

5.1 气井积液判识技术

苏里格气田采用井下节流、井间串接、带液计量的开发模式,井筒液面不易测试,井口产液无法计量,因此气井产水情况无法确定。近年来,通过对动态监测资料的分析,结合对产水气井生产规律的理论认识,形成了采气曲线等7种定性、定量与现场判断气井积液的判识方法,初步形成了产水气井排查思路,见表5.1。

表 5.1 苏里格气田积液判识方法对比表

序号	积液判识方法	判识结果	适用范围
1	采气曲线分析法	定性	正常稳定生产、短期关井
2	临界携液流量法		适用于对气井产水可能的准确判断
3	气井 IP、IC 交汇图法		重点判断集气站、区块、采气厂、全气田等各种组合条件下产水井的产水变化趋势及积液影响程度
4	油管与套管压力差法	定量	适用于生产井进行短期或长期关井气井,有真实油套压数据
5	采气曲线拟合计算法		正常生产井,套压、产气量数据连续、规律
6	流压探测液面法	现场	重点井的积液准确判断
7	回声仪探液面法		

5.1.1 采气曲线分析法

5.1.1.1 采气曲线定性分析法

对生产压差较大的气井来说,天然气流入井筒容易析出液体,会先在井底积液。当液面达到油管喇叭口以上时(油管积液,表现为关井存在油管与套管压力差),单井产气量会减小,井底流压升高(套管压力升高),当井底流压升高到一定程度,气流能顶出一部分液,此时井底流压降低(套管压力降低),如此循环在气井生产动态曲线上表现为套管压力频繁波动,可判断气井处于早期产液阶段。若此阶段不及时排液将造成套管压力波动周期延长,直至套管压力上升。

所以,在生产状态下,气井日产气量、日产液量和井口压力的波动则能反应气井井筒中液体积聚的特征。通过分析苏里格气田气井的生产动态,形成了产液气井初步判断方法,如图5.1所示。

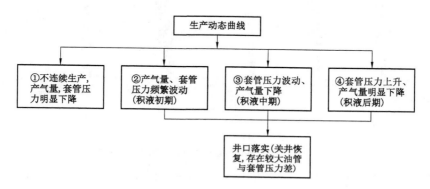

图5.1 产液气井初步判断方法

分析积液气井,其生产特征主要表现在以下几个方面:

(1)连续产液井。

该类型井产量一般大于 $1.0 \times 10^4 m^3/d$,水气比一般小于 $0.8 m^3/10^4 m^3$,生产过程中压力保持平稳,气井靠自身能量携液效果较好,一般不存在井筒积液严重现象。如苏 D47 – 36 井产气量为 $16498 m^3/d$,水气比 $0.7 m^3/10^4 m^3$,持续产液特征明显,如图5.2所示。

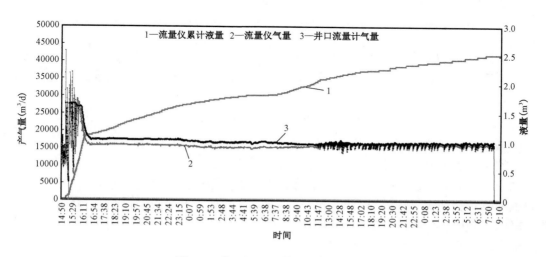

图5.2 苏 D47 – 36 井计量数据曲线

（2）间歇产液井。

① 规律性间歇产液井。该类型井平均产量一般为 $0.5 \times 10^4 \sim 1.2 \times 10^4 \, \mathrm{m^3/d}$，水气比一般小于 $2.0 \, \mathrm{m^3/10^4 m^3}$，生产过程中压力、产量、产液与时间之间的对应关系规律性强。说明该类型井地层供给能力较强，靠自身能量间歇带液特征明显、规律性强，如图 5.3 所示。

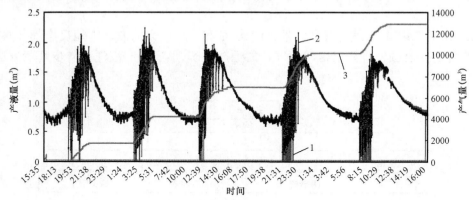

图 5.3　苏 D41 – 42 井计量数据曲线
1—流量仪气量；2—井口流量计气量；3—流量仪累计液量

② 无明显规律间歇产液井。该类型井平均产量一般在 $(0.3 \sim 1.0) \times 10^4 \, \mathrm{m^3/d}$ 之间，平均水气比一般大于 $1.0 \, \mathrm{m^3/10^4 m^3}$，生产过程中气井产液与时间之间无明显对应规律，但表现出靠自身生产间歇出液的特征。具体有以下几种表现：

a. 套管压力、产量频繁波动。如图 5.4 所示为苏 10 – 24 – 23 井生产动态曲线。

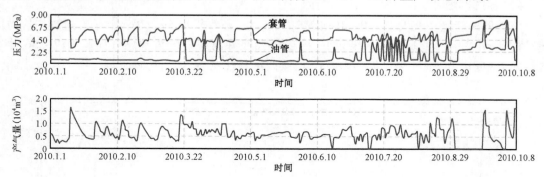

图 5.4　苏 10 – 24 – 23 井生产动态曲线

b. 套管压力不变或小幅上升。如图 5.5 所示为苏 D32 – 37 井采气曲线。

c. 套管压力升高后突然降低，油管压力随之升高。

如图 5.6 所示的苏 6 – 01 – 4 井试采动态曲线图，该井生产过程中，间歇出水和压力及产气量的变化特征明显，当气井逐渐产液时，油管与套管压力波动，油管压力上升，套管压力下降，产气量明显变大，油管与套管压力差缩小，产液量增多。

d. 压力、产量呈直线下降，气井无法稳产。

如图 5.7 所示，苏 20 – 11 – 9S 井投产于 2007 年 11 月 4 日，无阻流量为 $2.8264 \times 10^4 \, \mathrm{m^3}$，主要产气层位为盒 7 段。目前配产为 $0.2 \times 10^4 \, \mathrm{m^3/d}$，油管与套管压力为 $2.78\mathrm{MPa}/11.98\mathrm{MPa}$。

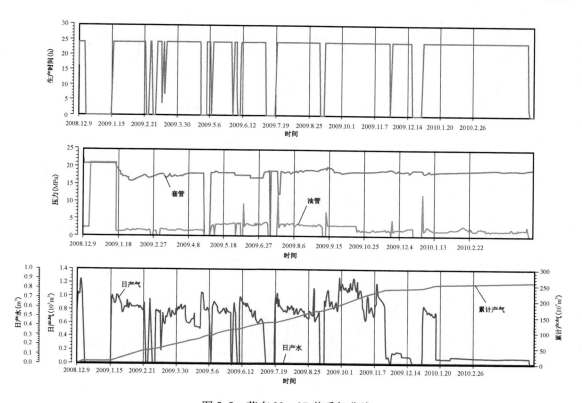

图5.5 苏东32-37井采气曲线

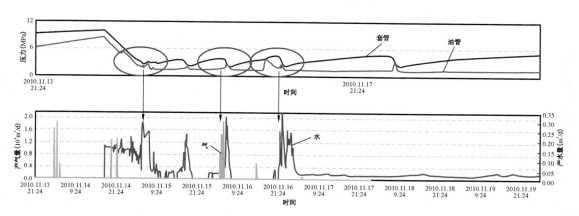

图5.6 苏6-01-4井试采动态曲线图

通过泡排措施,使井内积液排出,产能得到一定恢复,需要持续开展排水采气技术措施。

(3)产液量大,容易造成水淹气井。

该类型井平均产量一般要小于$0.3 \times 10^4 m^3/d$,平均水气比一般大于$1.5 m^3/10^4 m^3$,生产不稳定,产量、压力下降快,容易水淹不产气。

利用动态判别法分类进行积液井判别,对气田846口产水井进行了系统统计分析,见表5.2。

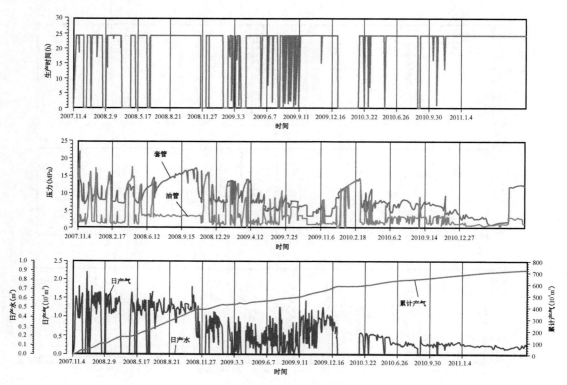

图 5.7 苏 20 – 11 – 9S 井采气曲线

表 5.2 生产动态判断法判别积液井

动态分类			气井特点	判断井数（口）
连续产液井			$Q > 1.0 \times 10^4 m^3/d$,水气比 $< 0.8 m^3/10^4 m^3$	98
间歇产液井	有规律		$0.5 \times 10^4 m^3/d < Q < 1.0 \times 10^4 m^3/d$,水气比 $< 2.0 m^3/10^4 m^3$	65
	无规律	套管压力、产量频繁波动	$0.3 \times 10^4 m^3/d < Q < 1.0 \times 10^4 m^3/d$,水气比 $> 1.0 m^3/10^4 m^3$	201
		套管压力不变或小幅上升		135
		套管压力升高后突然降低,油管压力随之升高		121
		压力、产量呈直线下降,气井无法稳产		176
容易水淹井			$Q < 0.3 \times 10^4 m^3/d$,水气比 $> 1.5 m^3/10^4 m^3$	50
合计				846

注:Q—产气量。

理论分析认为,当气井出现以下几种生产特征时,就表明可能积液:压力出现峰值,或者通过压力计观察到压力急剧上升;产量不稳定且递减率增大;套管压力升高且油管压力下降;压力曲线斜率有明显变化;环空液面上升;开井状态下产气量为 0。在此基础上,结合气井产能分析及产水生产动态特征,形成了利用生产曲线较为简易的产水井识别方法:

① 套管压力上升,产气量下降。开井状态下,以 10 天内套管压力上升大于 20%、产气量下降大于 20% 为判断标准。

② 套管压力不变,产气量下降。开井状态下,以 10 天内套管压力不变、产气量下降大于 20% 为判断标准。

③ 套管压力、产气量呈锯齿形周期性波动,二者呈相反变化趋势。开井状态下,以套管压力、产气量波动幅度超过 20% 为判断标准。

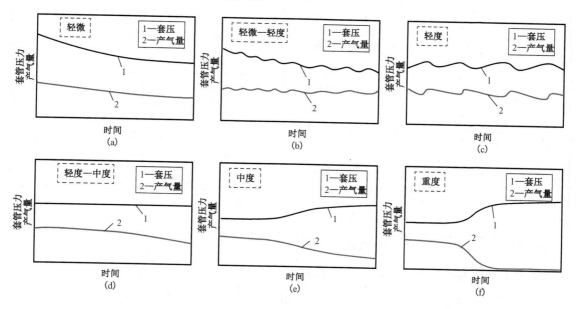

图 5.8 套管压力和产量曲线与积液程度关系图

从井筒积液位置与采气曲线波动特征对应关系(图 5.8)可知,气井积液后,井筒积液高度产生的附加压降限制了井底储层天然气的产出,在一定情况下,套管压力和产量的波动变化情况,与井筒油套环空积液高度与油管鞋或滑套口的位置关系具有一定的相关性,见表 5.3。

表 5.3 井筒不同积液部位气井生产动态特征总结

积液类型	积液情况		基本生产特征
无节流器生产井	井筒积液没有漫过最上面滑套口		p_c 下降、p_t 下降、Q 下降;排液后 p_c 上升、p_t 上升、Q 上升
	井筒积液已经漫过最上面滑套口		p_c 上升、p_t 下降、Q 下降;排液后 p_c 下降、p_t 上升、Q 上升
仅节流器之下积液	井筒积液没有漫过最上面滑套口		p_c 下降、p_t 下降、Q 下降;排液后 p_c 上升、p_t 上升、Q 上升
	井筒积液已经漫过最上面滑套口		p_c 上升、p_t 下降、Q 下降;排液后 p_c 下降、p_t 上升、Q 上升
仅节流器之上积液	节流器之上的均为含水气柱,压力梯度从节流器到井口压力梯度逐渐降低	最大压力梯度没有达到净液柱梯度或气泡流的液柱梯度	可连续排液,p_c、p_t、Q 有波动,但是波动幅度不大
		节流器之上压力梯度大于气泡流液柱梯度	p_c 不变或小幅上升,p_t 小幅下降,Q 波动变化或小幅下降,排液有周期性,排液后 Q 波动上升,p_c 下降,p_t 升高

积液类型	积液情况		基本生产特征
节流器之上和之下均积液	节流器之上的均为含水气柱,从节流器到井口压力梯度逐渐降低,但最大压力梯度没有达到净液柱梯度或气泡流的液柱梯度	节流器之下积液量没有漫过最上面滑套口	p_c 下降,p_t 下降,Q 波动下降,排液后 p_c 上升,p_t 上升,Q 上升
		节流器之下积液量已经漫过最上面滑套口较多	p_c 上升,p_t 下降,Q 下降
		节流器之下积液量较长时间已经漫过最上面滑套口,但其高度在较长时间保持在同一水平附近	p_c 上下较大幅度来回波动,p_t 下降,Q 下降
	节流器之上的均为含水气柱,从节流器到井口压力梯度逐渐降低,最大压力梯度大于气泡流液柱梯度	节流器之下积液量没有漫过最上面滑套口	p_c 小幅度上升,p_t 下降,Q 下降,若节流器里上面积液排出后 p_c 小幅下降,p_t 上升,Q 上升
		节流器之下积液量已经漫过最上面滑套口较多	p_c 上升,p_t 下降,Q 下降且速度较快
		节流器之下积液量较长时间已经漫过最上面滑套口,但其高度在较长时间保持在同一水平附近	p_c 上下较大幅度来回波动总体趋势为上升,p_t 下降,Q 下降且下降速度较快

注:p_c—套管压力;p_t—油管压力;Q—产气量。

5.1.1.2 采气曲线动态拟合定量计算法[1]

气井采用油管方式生产时,油套环空处于相对静止状态,油管内处于流动状态。为确保计算的准确性,计算时采取:先计算油套环空积液与压力,再计算油管积液与压力。

考虑在油管内无井下节流器的情况下计算。

(1)油套环空积液预测方法。

随着生产时间的延续,气井生产压差逐渐增大,储层的可动水会随气体一起流入井底,使油管内呈气、液两相流动,如果气井产量达不到最小携液流量,油管内的液体会在重力作用下滑脱,不断积聚增多而形成积液,从而导致井底回压增大,气体流动阻力增加,井口油、套压下降,油、套管压力差值增大。显然,井口油压 p_{t2}、套压 p_{c2} 显著降低及其差值明显增大与井筒积液的增多密切相关。如果气井以合理产量稳定生产,产气量与气藏供气能力相匹配,当井筒存在积液时,气井在相对短期内(数日乃至一个月内)井底流压和井口油、套管压力变化不大,自然下降率很小、几乎为0,即在相对短期内可以忽略气藏自然递减率。这样,根据井筒由无积液状况到形成积液时井口套压差的变化,即可初步确定井筒积液液面的位置。

井筒液体压力可表述为:

$$p_h = 0.01\rho_{wk}h_1 \tag{5.1}$$

井筒液柱高度与其压力成正比,与其密度成反比。而套管环形空间内液柱高度为:

$$h_{1c} = \frac{p_{c1} - p_{c2}}{0.01\rho_{wk}} \tag{5.2}$$

式中 p_h——井筒液柱压力,MPa;

p_{c1},p_{c2}——无积液、有积液时套管稳定压力,MPa;

ρ_{wk}——液体密度,g/cm^3;

h_1——液柱高度,m;

h_{1c}——套管环空底部液柱高度,m。

基于计算的基本理论,通过计算机编程,实现对于井筒油套环空积液的定量计算,如图 5.9 所示。

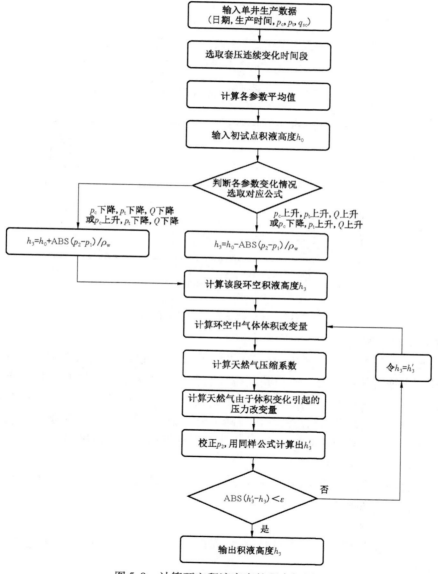

图 5.9 计算环空积液高度的程序框图

p_c—套管压力;p_t—油管压力;q_{sc},Q—产气量;ABS—绝对值

选取 100 口有环空测试液面数据的气井,使用该方法计算 100 口/127 井次,平均相对误差为 26.05%,平均高度误差为 54.72m,如图 5.10 和图 5.11 所示。

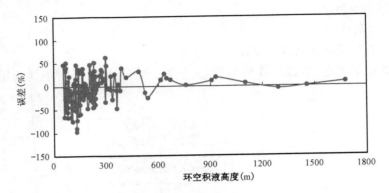

图 5.10   计算环空积液高度的相对误差

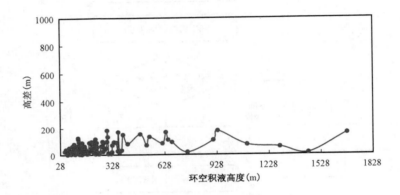

图 5.11   计算环空积液高度的高度误差

(2)油管积液预测模型建立。

针对苏里格气田的气井积液实际情况,提出了两种改进数学模型及算法来确定积液量。

计算井筒中油管积液量的一种思路是将气液两相的重力压降及摩擦压降一起考虑,通过两相流模型计算出井筒持液率剖面,再计算出井筒中油管积液量(假定液流的多相流改进计算模型)。另一种思路是将气相与液相的压降分开考虑,把含水气柱处理成纯液柱,井筒模型变为上部为纯气柱,下部为纯液柱,采用单相流模型计算出纯液柱高度即可计算出油管中积液量(校正单相流改进计算模型)。

计算井筒持液率剖面及利用单相流计算模型都需要将套管压力计算出的井底流压作为限定条件。其计算框图如图 5.12 所示。

套管压力计算的井底流压。

由于油套环空中气相及液相都没有流动,所以可以考虑静气柱计算方法,包括井底静压法和平均密度法。

① 井底静压法。根据井口参数计算井底压力,垂直井静气柱总压力梯度即为重力压力梯度,最终得到井底静压为:

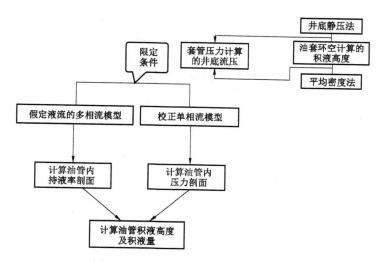

图 5.12 油管积液量预测计算流程图

$$p_{ws} = p_{wh}e^{s} = p_{wh}e^{0.03418\gamma_g H/(\overline{T}\overline{Z})} \tag{5.3}$$

式中　p_{wh}——气井井口静压,Pa;

　　　　p_{ws}——气井井底静压,Pa;

　　　　s——指数;

　　　　γ_g——天然气相对密度;

　　　　H——井口到气层中部深度,m;

　　　　$\overline{T}$——井筒静气柱平均温度,K;

　　　　$\overline{Z}$——$\overline{T}$井筒静气柱平均偏差系数。

　　由于偏差系数 Z 中隐含所求井底静压 p_{ws},故无法用显式表示静压,需采用迭代法求解,加上环空积液所产生的压降即为井底流压。应用上述方法计算部分有实测压力资料的井的井底流压,测试时均处在开井状态,计算结果表明,各井井底流压计算值与实测值最大误差仅为 5% 左右,大部分误差都在 2% 以下,平均误差仅为 1.8%,表明该方法计算井底流压满足误差要求。

　　② 平均密度法。

　　套管压力计算井底流压是通过计算气柱、液柱压力得到井底流压。计算时输入套管压力 p_c,油套环空积液高度 h_3,假设气柱底压力初值等于套压 p_c,这时可以计算出一个气柱的平均压力,进而计算出在该压力下的 Z 因子(图 5.13)。通过计算出的出气柱平均密度,气柱底压力 p_d,可以迭代计算出井底流压。

　　在工程实际计算时,由于没有实测的环空积液位置,所以需通过环空积液高度计算模型先计算出环空积液高度 h_3,然后再按照上述方法进行计算。

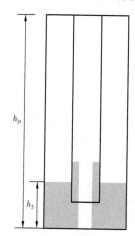

图 5.13 井筒积液示意图

$$p_c + \rho_g g(h_{js} - h_3) \times 10^{-6} = p_d \qquad (5.4)$$

$$p_c + \rho_g g(h_{js} - h_3) \times 10^{-6} + \rho_1 g h_3 \times 10^{-6} = p_{wf} \qquad (5.5)$$

$$\rho_g = 3484.4 \times \frac{\gamma_g \bar{p}}{ZT} \qquad (5.6)$$

式中　p_c——套管压力,MPa;

　　　p_d——气柱底部压力,MPa;

　　　p_{wf}——井底流压,MPa;

　　　ρ_g——气柱平均密度,kg/m³;

　　　ρ_1——液相密度,kg/m³;

　　　h_{js}——井深,m;

　　　h_3——油套环空积液高度,m;

　　　g——重力加速度,m/s²。

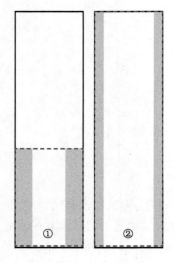

图 5.14　油管中积液示意图

应用上述平均密度法同样计算部分有实测压力资料的井的井底流压并与井底静压法相比较,测试时均处在开井状态,计算结果表明,井底静压法与平均密度法误差趋于一致。井底静压法计算误差大的井,平均密度法计算误差也大;井底静压法计算误差小的井,平均密度法计算误差也小,所以在计算中选用其中任一种方法即可,两者误差变化趋于一致,且都满足误差要求。

(3)假定液流的多相流改进计算模型。

假定液流的多相流改进计算模型是将整个井筒都考虑为含水气柱,如图 5.14 所示。

现有的气液两相流模型都是以存在产水量为基础计算的,但苏里格气田大部分积液井并不一定能将其中积液带出,因此,直接计量的产水量不一定能反应井筒积液情况。但若其中存在一定量的积液,这些积液所造成的重力压降都应当是一致的,无论其存在形式如何,这同时也是校正单相流改进模型理论基础(将含水气柱考虑为纯气柱)。

① 基本方程。在气液两相管流的研究计算中,一般是以单相流体一维稳定管流压力梯度基本方程为基础。考虑根据井口压力计算井底流压,常取坐标 z 的正向与流动方向相反,管斜角 θ 定义为管子与水平方向的夹角。

其压力梯度方程为:

$$\frac{dp}{dz} = \rho_m g\sin\theta + f_m \frac{\rho_{fr} v_m^2}{2D} + \rho v_m \frac{dv_m}{dz} \qquad (5.7)$$

式中,重力、摩阻和动能压降梯度项的两相流混合物密度 ρ_m,ρ_{fr} 和 ρ 在一些经验相关式中均统一表示为重力项的两相混合物密度,或无滑脱混合物密度。v_m 表示两相混合物流速,f_m 表示两相摩阻系数。

② 两相管流压力分布计算的一般步骤。由于压力梯度方程[式(5.7)]的右函数包含了流体物性、运动参数及其有关的无量纲变量,无法求其解析解。因此,对于气液两相管流习惯采用迭代法(也称试错法),可分为按管段长度或压力两种,按管长增量迭代法求解。

Hagedorn - Brown 垂直管两相流压力计算方法。

哈盖登—布朗(Hagedorn - Brown)(1965)针对垂直井中油、气、水三相流动,基于单相流体的能量守恒原理,建立了压力梯度模型;并在装有 1in、1¼in 和 1½in 油管的 457m 深的试验井中,以 10mPa·s、30mPa·s 和 110mPa·s 的油、空气和水混合物进行了大量的现场试验,通过反算持液率,提出了用于各种流型下的两相垂直上升管流压降关系式。此压降关系式不需要判别流型,适用于产水气井的流动条件。由于动能变化引起的压降梯度甚小,可忽略不计,则总压降梯度方程为:

$$\frac{\mathrm{d}p}{\mathrm{d}z} = \rho_\mathrm{m} g + f_\mathrm{m} \frac{G_\mathrm{m}^2}{2DA^2 \rho_\mathrm{m}} \qquad (5.8)$$

$$\rho_\mathrm{m} = \rho_\mathrm{L} H_\mathrm{L} + \rho_\mathrm{g}(1 - H_\mathrm{L}) \qquad (5.9)$$

$$G_\mathrm{m} = G_\mathrm{g} + G_\mathrm{L} = A(v_\mathrm{sl}\rho_\mathrm{L} + v_\mathrm{sg}\rho_\mathrm{g}) \qquad (5.10)$$

式中 $\rho_\mathrm{g}, \rho_\mathrm{L}, \rho_\mathrm{m}$ ——分别为气相、液相、气液混合物密度,kg/m³;

g ——重力加速度,m/s²;

A ——管子流通截面积,$A = \pi D^2 / 4$,m²;

D ——管子内径,m;

G_m ——气液混合物质量流量,kg/s;

$G_\mathrm{g}, G_\mathrm{L}$ ——分别为气相、液相质量流量,kg/s;

$v_\mathrm{sg}, v_\mathrm{sl}$ ——分别为气相、液相表观流速,m/s;

f_m ——两相摩阻系数,由试验确定;

H_L ——持液率,由试验确定。

多相流计算模型(无节流器时)计算框图如图 5.15 所示:

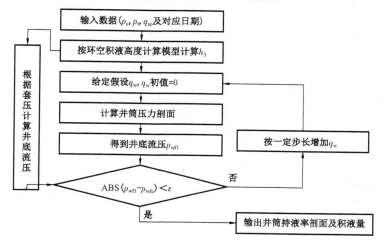

图 5.15 多相流计算模型(无节流器时)计算框图

应用假定液流的多相流预测模型计算 28 井次积液量,并与实测值相比较,最大误差 4.85%,平均误差 1.99%,满足误差要求,如图 5.16 所示。

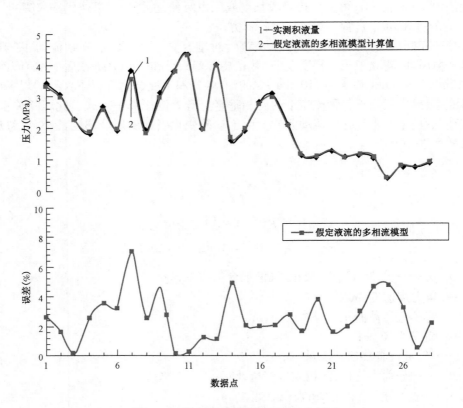

图 5.16　假定液流预测模型误差分析图

[**例**]　苏 14 - 6 - 12 气井具体的实测压力剖面与计算压力剖面的对比图及其持液率剖面如图 5.17 所示。

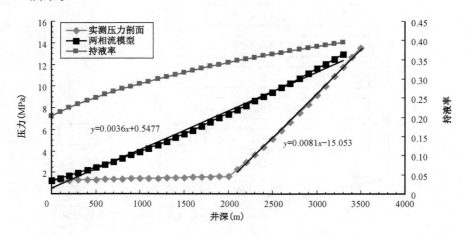

图 5.17　苏 14 - 6 - 12 井实测压力剖面与计算压力剖面对比图及其持液率剖面

（4）校正单相流改进计算模型。

为了简化计算步骤及方法，我们考虑了另一种积液量的计算方法——校正单相流改进计算模型。

如图5.18，系统①与系统②，将虚线框内液相与气相考虑为一个整体的系统，虽然积液的存在状态不一样，但系统①与系统②对井底产生的压力是基本一样的（等于系统的重力除以油管截面积）。虽然由于流态不同产生的摩阻不同，但其值相差也是非常小的。因此可以将油管中流态处理为单相流跟纯液柱的叠加，匹配套管计算出的井底流压即可计算出积液量。

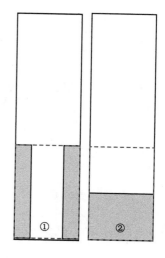

图5.18　油管中积液示意图

① 基本方程。以井口为计算起点，沿井深向下为 Z 的正向，与气体流动方向相反，忽略动能压力梯度，由垂直气井的压力梯度方程最终得到井底流压：

$$p_{wf} = \sqrt{p_{wh}^2 e^{2s} + 1.32 \times 10^{-18} f(q_{sc}\overline{T}\overline{Z})^2 (e^{2s} - 1)/D^5} \tag{5.11}$$

式中　p_{wf}, p_{wh}——气井井底流压和井口静压，MPa；

f——T、P 下的摩阻系数；

$\overline{T}$——井筒或井段平均温度，K；

$\overline{Z}$——井筒或井段气体的平均偏差系数；

q_{sc}——标准状态下天然气体积流量，m^3/d；

D——油管内径，m；

s——无量纲量。

② 油管中积液量单相流模型计算。由于偏差系数 Z 中隐含所求井底流压 p_{wh}，故无法用显示表示流压，需要采用迭代法求解。

为了提高计算的准确性，将迭代计算步长 H 设为100m。井筒温度考虑沿井深线性分布，逐步计算各井段的平均温度，完成一次迭代后进行下一次迭代只需将上一节点的 p_{wh} 值作为下一节点的 p_{wh} 值即可。计算时同样先假定一个积液高度 h_1（h_1 初值等于0），按照上述步骤计算出井底流压，若计算出的值比按套管压力计算出的井底流压（p_{wfc}）更低，则按一定步长增加 h_1 值重复进行计算井底流压的步骤，直到与 p_{wfc} 相差值满足误差要求。

应用校正单相流的改进计算模型计算28井次积液量，并与实测值相比较，大部分误差在4.85%以内，平均误差2.48%，满足误差要求。

采用上述单相流模型计算方法计算部分有实测压力资料的井的积液量。计算结果表明，使用单相流模型计算油管中积液量其计算结果大部分误差都在5%以下，平均误差为2.22%，满足要求，如图5.19所示。可以将其作为一种油管中积液量计算方法。

［例］　苏14-6-12井实测压力剖面与计算压力剖面的对比如图5.20所示。

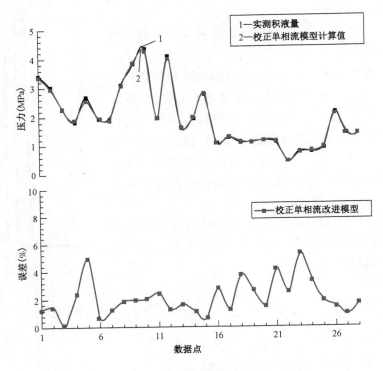

图 5.19　校正单相流预测模型误差分析图

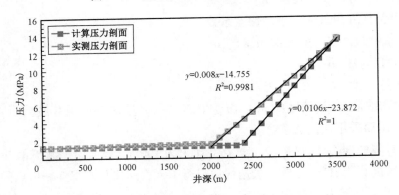

图 5.20　苏 14 - 6 - 12 井实测压力剖面与计算压力剖面对比图

5.1.2　改进型临界携液流量法[2]

气井正常生产时,气体为连续相,液体为分散颗粒,液体以颗粒的形式被气体携带到地面,但当气体的流速降低,其携带的能力将会降低,降低到一定程度后,将没有足够的能量使井筒中的流体连续流出井口,这样液体将在井底聚集,形成积液。为保证气井不积液,气井产量必须大于临界携液流量。

1969 年,Turner 针对大于 1400m³/m³ 的高气液比,通过对管壁液膜移动模型和高速气流携带液滴模型的比较,认为高速气流携带液滴模型更适合于气井的积液问题。他通过在假设高速气流携带的液滴是圆球形的前提下,推导出临界流速计算公式,并对公式进行修正后得出气井临界流量公式。近年来,国内外许多研究者在 Turner 液滴模型的基础上,提出了多种新的计算模型。Coleman 认为,对于低压气井没有必要对 Turner 模型中的临界流速进行 20% 的修正,而是认为临界流速公式前的系数进行修正后预测结果比较理想。Nosseir 等认为,雷诺数取值范围不一样时,所取的曳力系数不一样。李闽等认为,液滴在高速气流作用下会由圆球形变成一个椭球形,且椭球形是所取曳力系数近似等于1,推导出新的计算模型。王毅忠等人根据流体力学的最新成果,推导出气井携液过程中的液滴形状是以球帽形为主的临界流速公式,取曳力系数为 1.17,并对公式前的系数进行 25% 的修正。这些新的计算模型是根据 Turner 液滴理论推导出液滴呈现出不同形态条件下或在雷诺数不同范围段条件下的气井临界流速公式,这些新的计算模型因取不同的曳力系数而推导出的系数 a 值不一样,因此,可以认为推导出的临界流速公式只不过是系数不一样,见表 5.4,是对 Turner 液滴模型进行的修正或改进,使计算模型进一步完善。

表 5.4　不同模型临界流速公式对比

模型	Turner(模型1)	Coleman(模型2)	Nosseir(模型3)	李闽(模型4)	王毅忠(模型5)
曳力系数 C_D	0.44	0.44	0.2	1	1.17
系数 a	6.6	4.45	6.65	2.5	2.25

根据 Turner 液滴理论推导出的气井临界携液流速公式为:

$$v = a[\sigma(\rho_L - \rho_g)/\rho_g^2]^{0.25} \tag{5.12}$$

其中

$$a = (4g/3C_D)^{0.25}$$

式中　v——临界流速,m/s;

　　　C_D——曳力系数,无量纲;

　　　g——重力加速度,m/s²;

　　　ρ_L, ρ_g——液相和气相的密度,kg/m³;

　　　σ——气液表面张力,N/m。

换算成标况下的气井临界携液流量公式:

$$q_c = 2.5 \times 10^4 Avp/ZT \tag{5.13}$$

油管面积:

$$A = \pi d^2/4 \tag{5.14}$$

式中　q_c——临界流量,10⁴m³/d;

　　　A——油管横截面积,m²;

　　　p——压力,MPa;

　　　T——温度,K;

d——管内径，m；

Z——天然气偏差系数，无量纲。

井筒中天然气密度：

$$\rho_{g} = pM_{g}/ZT \tag{5.15}$$

井筒中天然气的摩尔质量：

$$M_{g} = 28.97\gamma_{g} \tag{5.16}$$

式中　M_{g}——天然气的摩尔质量，g/mol；

　　　γ_{g}——气体的相对密度，无量纲。

5.1.2.1　气水界面张力修订

模型在计算时有很多参数，对于气水界面张力，现有文献中，一般是取定值 0.06N/m，但对于低压、低产气井来说，气水界面张力对临界携液流量有一定的影响。查阅文献，根据实验数据，利用麦夸特法和通用全局优化法回归了新的气水界面张力的公式，该公式是与气井实际生产时的压力和温度有关的耦合关系式，通过计算，得到了很好的效果，见表 5.5 和表 5.6。井筒温度为 69℃时，界面张力随压力变化图如图 5.21(a)所示。从图中可以看出，界面张力的值随压力的增大而减小。压力为 3MPa 时，界面张力随温度变化如图 5.21(b)所示，从图中可以看出，界面张力的值随温度的增加而减小。

$$\sigma_{w} = 49333.685 - 552.302 \times T + 2.315 \times T^{2} - 0.004297 \times T^{3}$$
$$+ 0.0000029792 \times T^{4} + X \tag{5.17}$$

其中

$$X = -25.145 \times \ln p - 10.311 \times \ln^{2}p + 4.165 \times \ln^{3}p - 0.3502 \times \ln^{4}p \tag{5.18}$$

式中　T——温度，K；

　　　p——压力，MPa。

表 5.5　气水界面张力随温度压力变化表

压力[psi(绝)]	水—甲烷系统表面张力值(dyn/cm)				
	74℉	100℉	160℉	220℉	280℉
15	75.5	70	63.5	57.3*	52.8*

表 5.6　气水界面张力随温度压力变化表

压力[psi(绝)]	水—甲烷系统表面张力值(dyn/cm)				
	74℉	100℉	160℉	220℉	280℉
1000	67	60	55.5	50.7	46.3
5000	53	23	24.7	24.5	21.3
10000	48.6	22	26	28	25.5
15000	46.5	26	30	31	30.5

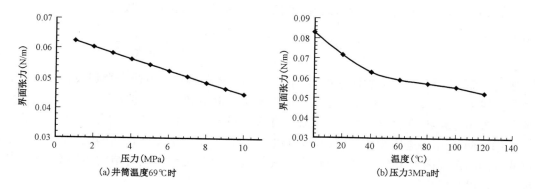

(a)井筒温度69℃时　　　　　　(b)压力3MPa时

图5.21　界面张力随压力和温度变化图

根据回归得到的计算界面张力的耦合关系式,计算了苏48-1-84井的气水界面张力值,如图5.22所示。从图中可以看出,计算得到的界面张力值在0.056~0.062之间浮动。

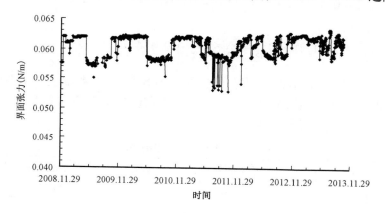

图5.22　苏48-1-84井气水界面张力值

5.1.2.2　曳力系数修订

液滴的曳力系数与液滴的形状和雷诺数相关。雷诺数的变化情况较为复杂,人们采用分段拟合和全域拟合的方法进行拟合曳力系数和雷诺数的关系,但这两种方法都存在一定的弊端。分段拟合需在不同的 Re 区域拟合不同的经验关联式,使用起来复杂且在分界处存在不连续的情况;全域拟合需将轨迹中全部点作为拟合对象并找出其规律,但整体拟合精度较差。目前,文献中认为全域拟合关联式以 Brauer 和 Clift&Gauvin 最好。

Brauer 全域拟合关联式:

$$C_{\mathrm{D}} = \frac{24}{Re} + 0.4 + 4 \times Re^{-0.5} \tag{5.19}$$

Clift&Gauvin 全域拟合关联式:

$$C_{\mathrm{D}} = \frac{24}{Re} + 3.6Re^{-0.316} + \frac{0.42}{1 + 62500Re^{0.16}} \tag{5.20}$$

在 1994 年,邵明望采用非线性拟合的方法,得到新的全域拟合关联式:

$$C_D = \frac{24}{Re} + 3.409 \times Re^{-0.3083} + \frac{3.68 \times 10^{-5} \times Re}{1 + 4.5 \times 10^{-5} \times Re^{1.054}} \tag{5.21}$$

如图 5.23 所示,在之前的研究中,利用拟合、回归等多种数学方法来得到液滴曳力系数的关联式。像多项式、指数函数、幂函数和有理式等这些形式和方法都被用到,这些形式大都为多种基本数学运算和函数的组合,这些拟合方法不可避免地出现前述的几种缺点。在 2014 年,Reza Barati 利用多基因遗传编码(GP)方法,在拟合中引入了双曲正切函数,详细研究了雷诺数从低到高范围内曳力系数的计算精度。其优点是能够决定模型的结构和参数,并对其进行优化。该模型优化结果:

$$C_D = 5.4856 \times 10^9 \tanh\left(\frac{4.3774 \times 10^{-9}}{Re}\right) + 0.0709 \tanh\left(\frac{700.6574}{Re}\right)$$

$$+ 0.3894 \tanh\left(\frac{74.1539}{Re}\right) - 0.1198 \tanh\left(\frac{7429.0834}{Re}\right)$$

$$+ 1.7174 \tanh\left(\frac{9.9851}{Re + 2.3348}\right) + 0.4744 \tag{5.22}$$

研究中,通过与拟合关联式对比对数偏差平方和(SSLD)、对数偏差方均根(RMSLD)以及相对误差和(SRE),发现 GP 模型的精度有了较大的提高,如表 5.7 和图 5.23 所示,在综合模型中曳力系数采用 GP 模型进行计算。

表 5.7　不同曳力系数模型精确度比较

模型	SSLD	RMSLD	SRE	最大误差(%)	最小误差(%)
Brauer 关系式	0.3	0.093	2.67	20.26	−14.62
Clift&Gauvin 关系式	0.032	0.03	0.841	6.72	−6.03
邵明望拟合关系式	0.03	0.029	0.76	6.18	−3.79
Reza Barati 关系式	0.023	0.025	0.661	5.38	−2.71

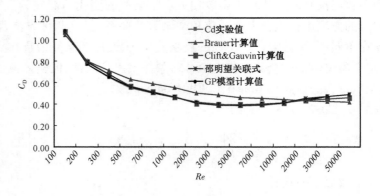

图 5.23　不同曳力系数模型计算值与实验值比较

根据对气井临界携液流量的改进模型,选取苏里格气田的100口产水井进行气井临界携液流量计算,气井的部分生产数据见表5.8。一般天然气的相对密度为0.58~0.62,计算时取天然气的相对密度为0.597,气井的井口压力根据实测数据,气的临界温度197.03K,临界压力4.56MPa。模型中天然气偏差系数 Z 采用D-A-K算法进行迭代计算,界面张力采用回归得到的公式进行计算,曳力系数采用全域拟合的耦合关系式进行计算。把计算得到的临界携液流量与气井日产气进行比较,预测井筒积液。结果显示,产水井的临界携液流量普遍在 $1 \times 10^4 \mathrm{m}^3/\mathrm{d}$ 左右。

表5.8 苏里格气田气井生产数据及临界携液流量

井号	油管压力（MPa）	日产气（$10^4\mathrm{m}^3$）	临界流量（$10^4\mathrm{m}^3/\mathrm{d}$）				积液判断
			Turner模型	李闽模型	王毅忠模型	优选模型	
苏1	2.9	0.443	2.878	1.099	13	0.998	积液
苏2	2.8	0.484	2.827	1.079	0.985	0.98	积液
苏3	3.13	0.675	2.994	1.143	1.044	1.037	积液
苏4	2.7	0.637	2.774	1.059	0.967	0.961	积液
苏5	2.8	1.218	2.827	1.079	0.985	0.983	正常生产
苏6	3.06	0.883	2.959	1.13	1.032	1.026	积液
苏7	3.28	0.69	3.068	1.171	1.069	1.063	积液
桃1	2.46	0.554	2.645	19	0.922	0.916	积液
桃2	3.17	0.591	3.014	1.15	1.051	1.044	积液
桃3	3.2	2.582	3.029	1.156	1.056	1.063	正常生产
桃4	3.36	0.807	1.738	0.663	0.606	0.602	正常生产
桃5	2.98	0.027	2.919	1.114	1.017	1.074	积液
桃6	3.32	0.624	3.087	1.178	1.076	1.069	积液
桃7	3.75	0.575	3.288	1.255	1.146	1.139	积液

由图5.24和表5.9可知,利用Turner模型预测的临界携液流量偏大,用其判断气井积液状态共误判36口,准确率为64%;李闽模型和王毅忠模型判断结果相近,正确率分别为84%和86%;新模型判断气井积液状态共仅误判9口,正确率为91%,预测结果的准确性得到较大提高。

表5.9 各模型判断结果

模型	Turner模型	李闽模型	王毅忠模型	新模型
正确判断井数（口）	64	84	86	91
正确判断比例（%）	64	84	86	91
误判井数（口）	36	16	14	9
误判比例（%）	36	16	14	9

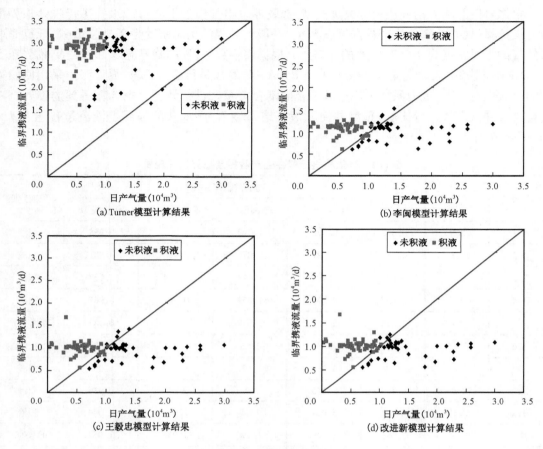

图 5.24 各种模型计算结果

从统计表 5.10 中可以看出,在选取的 100 口产水井中,共有 61 口井日产气量小于气井的临界携液流量,已经开始积液,其中有 5 口井积液严重;共有 39 口井日产气量大于气井的临界携液流量,能够连续携液,正常生产。对于积液严重的井,需采取排水采气措施。

表 5.10 苏里格气田产水井分析统计表

积液类型	井数(口)	占产水井比例(%)
积液	56	5
积液严重	5	5
正常生产	39	39
产水井总计	100	—

5.1.3 油管与套管压力差法

对于关井时间较长,或生产过程中未安装井下节流器的气井,气井产生的油管与套管压力差 p 可以近似作为油管内液柱产生的压力值,将油管内的液柱当做静液柱,静液柱梯度为 $1MPa/100m$,因此可以计算气井的积液高度。

$$H = p_{差}\delta_{水}\qquad\qquad(5.23)$$

式中　$p_{差}$——油套管与套管压力差，MPa；

　　　$\delta_{水}$——静液柱梯度，1MPa/100m。

将油管与套管压力差法判识逻辑进一步优化，通过计算机语言表达，可实现通过计算机自动判识气井积液。

5.1.4　矿场实测法

5.1.4.1　回声仪测液面

利用回声仪来监测液面是目前最常用的方法。其基本原理是：安装在井口上的井口装置发出一束声波，沿套管环形空间向井底传播，遇到音标、油管接箍和液面等发生反射。反射波传到井口被微音器所接收，并将反射脉冲转化成电信号，电信号经放大、转换、运算、显示和存储等处理，测出声波传播速度和反射时间，再利用节箍反射波或音标反射波，计算出声速，最后根据声速和反射时间，即可得到井口与液面之间的距离。

利用回声仪测液面，有 3 种计算方法：

（1）音标法。以预先下入的已知深度音标反射波为基准，再找到液面波，自动计算出液面深度。这种方法适应于已下回音标、液面较浅、接箍不太清晰、干扰性较强的情况。

（2）油管接箍法。选择几个连续的油管接箍反射波，输入接箍个数、油管长度，再找到液面波，自动计算出液面深度。这种方法适应于未下回音标、液面较深、接箍清晰可辨、干扰性弱的情况。

（3）理论音速法。输入测量条件下的音速，再找到液面波，自动计算出液面深度。因为音速与环空温度和天然气密度相关，这种方法适应于液面较浅、井筒中无压力、油管接箍数少、接箍波不清、干扰性强的情况。

5.1.4.2　液面自动监测仪测液面

安装在井口上的声波脉冲发声器采用气体发声原理，有放气和充气两种方式。当套管压力大于 0.5MPa 时，直接利用套管气发声，称放气发声；当套管压力小于 0.5MPa 时，需要外接充气系统和气瓶，利用外接气源发声，称为充气发声。工作中，当井口装置接收到来自控制仪的击发信号时，击发机构产生动作，由微音器接收液面波，传给控制仪。控制仪将其采集、放大滤波、转换、运算、显示和存储等处理，计算出液面波，同时给井口发声器提供击发驱动信号。可以预先输入程序，使其根据需要时间间隔自动监测液面。

这种方法其原理与回声仪相同，但比回声仪自动化程度高，不需人工操作，测量密度大，相对成本较高。适应于新区重点探井、开发实验井组、多分支水平井等对生产压差控制要求严格的煤层气井。

5.1.4.3　电子压力计监测压力

在下排采管柱的同时底部下入电子压力计，通过缚在油管外的电缆将信号传至地面，地面存储器将压力数据存储起来，每隔一段时间到井上将资料取回或直接连接在计算机上进行地面直读适时监测。

这种方法工艺相对复杂,成本较高。首先,每口井下一套电子压力计本身成本就高;其次,下排采管柱时带压力计施工难度大,延长下泵时间。一旦井下仪器出现故障,即使泵工作正常也需要检泵,这样会影响生产。

其优点是测量准确,精度高,不受人为因素干扰。适用于测量标准高、要求严格的重点探井或重点开发井。

对于部分重点监测井,主要通过压力计和回声仪现场探测液面。苏里格气田根据生产需求,每年都安排一定的探测液面工作量;尤其是 2015 年,加大液面探测工作,累计探测 1675 井次,对苏里格气田产水井动态分析、排水采气措施的制定和实施提供了重要的依据。

5.1.5 IP 和 IC 交汇图判断法

气井产水,将额外消耗地层能量,压力和产量下降快;通过压力和产量受产水的影响变化特征建立了产水井动态评价指标,可定性判断气井是否产水。

通过计算 IP—单位产量年套管压力下降值[单位:$MPa/(a \cdot 10^4 m^3/d)$]和 IC—年单位套管压力压降采气量[单位:$10^4 m^3/(a \cdot MPa)$],可定性判断气井或区块产水对生产的影响程度,为排水采气等措施制订提供分析依据。

通过计算气井 IP 和 IC 值,可发现苏 48 区块不同类型气井分布具有一定规律性:携液产水井 IP 为正常井的 2 倍左右,IC 仅为正常井的 1/2;严重产水井 IP 为正常井的 5 倍左右,IC 仅为正常井的 1/5。苏 47 区块携液产水井 IP 为正常井的近 2 倍左右,IC 仅为正常井的 1/3;严重产水井 IP 为正常井的 3 倍左右,IC 仅为正常井的 1/6,如图 5.25 所示。

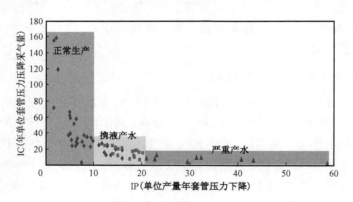

图 5.25　苏 48 区块气井 IP 和 IC 交汇图

通过此方法可以建立苏里格气田各区块的产水井动态评价指标,见表 5.11。

表 5.11　苏里格气田各区块 IP 和 IC 值判断气井产水指标

区块	类别	携液产水井	严重产水井
苏 48	IC	2	5
	IP	1/2	1/5

续表

区块	类别	携液产水井	严重产水井
苏47	IC	2	3
	IP	1/3	1/6
苏20	IC	2.5	5
	IP	1/3	1/6
苏5	IC	3	5
	IP	1/5	1/8～1/6
苏25	IC	2	3
	IP	1/4	1/6
苏D	IC	2～3	4
	IP	1/5～1/2	1/8～1/5
苏6	IC	2	5
	IP	1/4	1/6
苏10	IC	2	6
	IP	1/3	1/6

目前，气田现场应用的积液判识方法众多，各有优缺点。通过应用总结，形成了气井积液识别标准化流程图，如图5.26所示。实现了计算机自动排查，有效提高了气井积液判识效率。通过生产曲线比对、现场液面探测（图5.27）、气液计量试验标定等方法进行现场积液情况复核，计算机自动排查积液气井的符合率逐年提高。如图5.28所示。

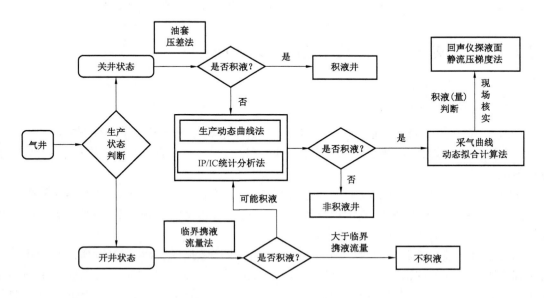

图5.26 气井积液识别标准化流程图

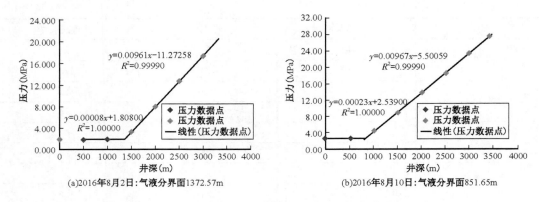

(a)2016年8月2日:气液分界面1372.57m   (b)2016年8月10日:气液分界面851.65m

图5.27   苏120－38－85井现场积液核查情况图

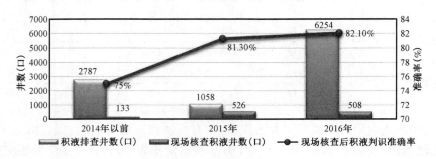

图5.28   历年积液判识准确率变化图

目前,苏里格气田共投产气井8296口,采用产水气井排查方法,共排查产水气井3991口,占总井数的48.1%,积液井2489口,占总井数的30.9%,主要分布于苏里格西区。

5.2 气井排水采气数字化分析设计

5.2.1 总体设计

通过总结气井积液辨识理论研究、排水采气工作经验,采取人机结合的方式,实现积液排查、措施选井、方案设计、实施反馈、效果评价等工作的数字化,提高排水采气措施有效率,降低劳动强度。

系统设计特点:模块之间及相互关联又相对独立。模块可以脱离上一阶段模块的限制而独立操作,并能进行人工添加,减少了业务链,更加符合排水采气现场需求,使系统成为排水采气技术人员的技术手段,如图5.29所示。

系统通过积液排查服务,根据单井的基本数据及生产数据,结合实践经验所总结的积液排查流程判断出单井的积液程度,提供给积液排查人员进行单井积液确认。人工进行单井积液确认的井,系统会根据单井的基本信息和生产数据,计算出合适的措施方式,提供给措施选井人员进行下一步的操作。系统根据措施类型的不同,提供给用户不同的方案设计界面,使用户可以针对每种措施方式,做出对应的方案设计。用户根据做出的方案设计,进行实施井的选择,在选择实施井后,系统会根据所制订的方案,生成该单井一个月的调度计划。现场或远程实施以后,用过日志录入的方式进行实施反馈,系统会根据所反馈的日志,结合单井的生产情况,判断出实施措施的有效性。如果措施有效,系统会定时按照该设计方案定时地生成调度方案。如果措施无效,则可以根据系统所提供的信息进行进一步的操作处理,制订出更加符合该单井的有效措施。

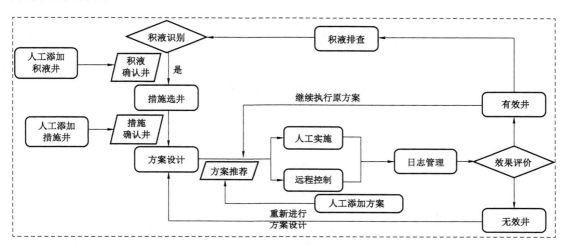

图 5.29　排水采气数字化系统构思设计示意图

根据现场排水采气工艺排查、识别和采取工艺措施的流程,优化简化,最终形成了排水采气标准业务流程,如图 5.30 所示。

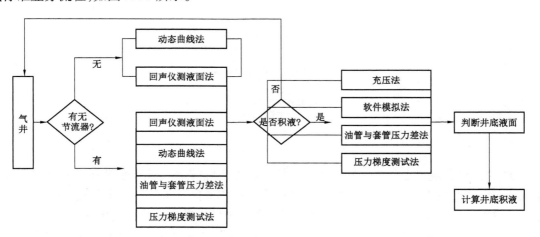

图 5.30　产水井判识及积液量计算业务流程图

5.2.2　系统功能层级设计

系统总体结构设计按照多层应用架构和模块化的设计思路进行构建,按照不同岗位应用需求分级分层设置相应的权限,设置了不同层级的功能架构,如图 5.31 所示。

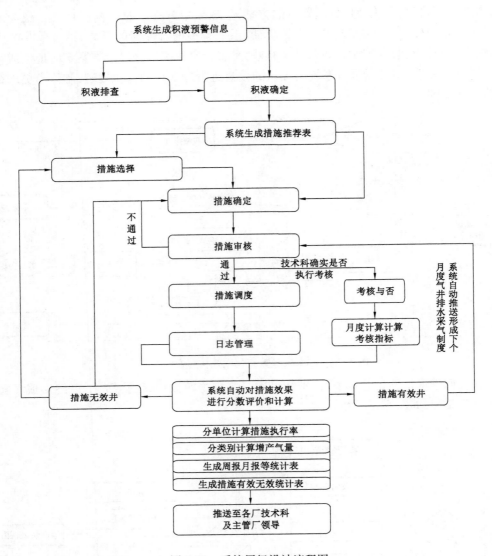

图 5.31　系统层级设计流程图

　　该系统集"积液识别预警—措施优化设计—措施实施管理—措施效果判断—增产气量计算"等多个功能,在实现闭环管理的同时,可将采气厂作业区—采气厂技术管理科—苏里格研究中心的各级排水采气人员,按照"积液识别—措施选择—措施执行—优化分析"等不同功能设计,分配在不同的岗位上,实现了生产一线、技术管理、技术研究等不同部门人员技术力量的融合,形成了地质、工艺、动态、管理一体化的排水采气管理体系。

5.2.3　系统功能时效性

　　根据现场需求设计了不同模块的数据更新时间。

　　实现不同周期的措施调度,系统根据指定的措施方案提前按照月/周计算出气井的措施计划(可以打印为当日工单),如图 5.32 和表 5.12 所示。

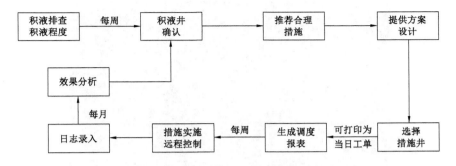

图 5.32 系统功能项目更新时间流程图

表 5.12 系统功能项目更新统计表

序号	主要功能项目	更新时间
1	单井生产信息	每天
2	单井积液排查	一周
3	调度日志发送	每周
4	增产气量计算	每月
5	效果评价	每月
4	排水采气周报	每周
5	排水采气月报	每月
6	排水采气年报	每年

5.3 气井排水采气数字化分析平台

5.3.1 平台主要功能

以"产水井、积液井智能识别"为核心,实现"积液井的判识、预警,措施方案制定,现场实施跟踪,措施优化改进"等管理目标,解决大规模气井排水采气实施难题。系统界面如图 5.33 所示。系统主要功能如图 5.34 所示。

5.3.1.1 积液排查

系统积液排查服务会定期对苏里格气田所有的单井根据积液排查算法和流程进行积液排查,筛选出疑似积液的单井提供给现场实施岗或技术分析岗的工作人员进行积液诊断。

现场实施岗或技术分析岗的工作人员在进行积液诊断的时候,系统会提供单井的详细信息供用户查看,用户可以根据需求查看单井的日报曲线图、积液排查情况、最新生产数据、设备安装情况、历史措施及方案。积液诊断完成后,用户可以清楚地看到当天进行积液诊断的结果,也可以分类查看所有的积液诊断结果。积液诊断流程图如图 5.35 所示,积液排查统计如图 5.36 所示。

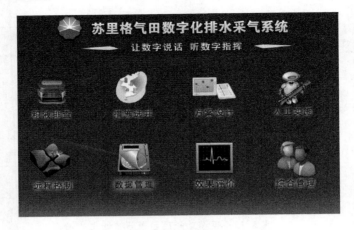

图 5.33　系统界面

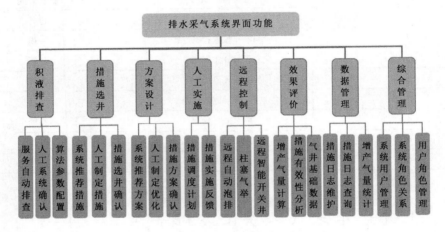

图 5.34　系统主要功能

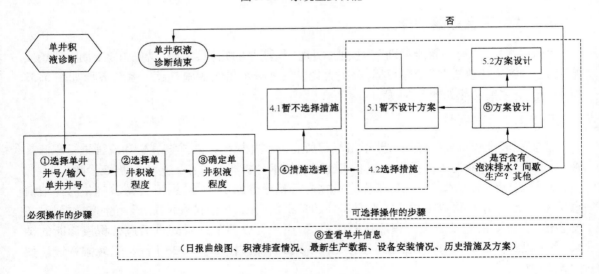

图 5.35　积液诊断流程图

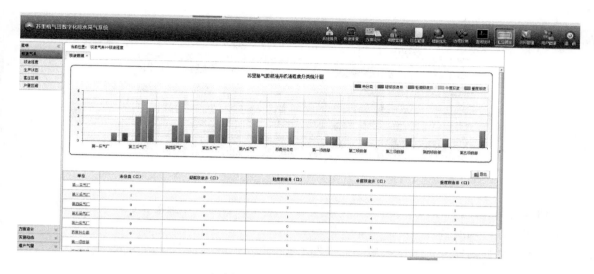

图 5.36　积液井排查统计图

5.3.1.2　方案设计

在积液诊断模块被诊断为积液的单井,系统根据单井的积液情况和所选择的措施,将积液的单井分发对应的措施提供给现场实施岗或技术分析岗的工作人员进行方案设计,如图 5.37 所示。

现场实施岗或技术分析岗的工作人员在进行方案设计的时候,系统会提供单井的详细信息供用户查看,用户可以根据需求查看单井的日报曲线图、积液排查情况、最新生产数据、设备安装情况、历史措施及方案。方案设计完成后,用户可以清楚地看到当天方案设计的结果,也可以分类查看所有的方案设计结果。

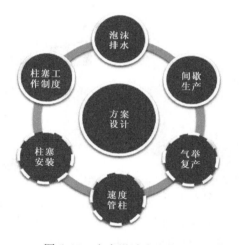

图 5.37　方案设计内容框图

5.3.1.3　日志管理

施工人员完成施工以后,根据现场施工的情况,对施工进行日志反馈。系统根据日志反馈的情况,定期对日志进行分析,为之后措施优化及效果评价做准备。

施工人员通过输入井号,即可以随时自由切换单井的措施进行日志录入反馈,也可以选择一种固定的措施对不同的单井进行日志的录入反馈。方式灵活,满足不同的要求。施工人员录入完成后,可以及时地看到当天的录入情况,了解自己的工作情况和工作进度,如图 5.38 所示。

5.3.1.4　调度管理

对于已经完成方案设计的实施井,系统会根据所设计或修改的方案措施,定时生成新的调

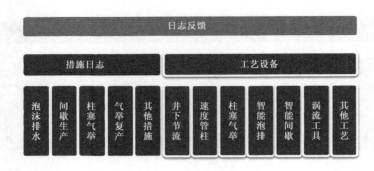

图 5.38 日志管理框图

度计划,现场实施岗工作人员根据所生成的调度计划和现场的实际情况,调度计划进行派遣和派工单的打印。调度管理实现框图如图 5.39 所示。

系统提供计划任务及工作进展动态,使现场实施人员能够及时了解当天,本周或本月的情况。

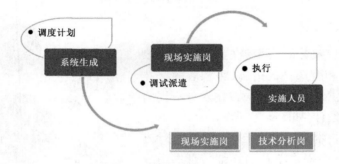

图 5.39 调度管理实现框图

5.3.1.5 措施优化

系统定期执行日志反馈分析、增产气量计算、措施效果分析服务,结合措施后单井的积液情况,根据措施的有效性对单井进行分类。用户针对不同的措施有效性,对单井执行不同的措施优化。

对于措施有效的单井,可以继续当前的措施,也可以对单井的措施方案进行微调使其更加有效。

对于措施无效的单井,可以根据单井的状态更换单井的措施或方案设计。

对于反复无效的单井,找到无效的原因,修改措施、方案或进行特殊化处理。

5.3.1.6 远程控制

对于安装有智能设备的单井,通过与单井远程设备的接口对接,实现远程控制单井的措施实施,如图 5.40 所示。智能柱塞气举界面控制如图 5.41 所示。

系统集成远程自动设备控制系统、柱塞气举 PKS 系统、集气站站控系统及作业区数字化管理平台等,可实现对气井远程控制和管理,及时优化调整排水采气措施制度,保证气井处于最优模式生产,实现气井精细管理。

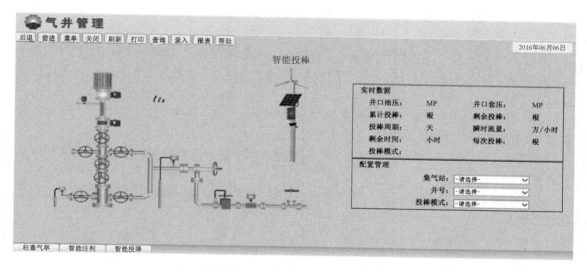

图 5.40 远程智能投棒界面控制图

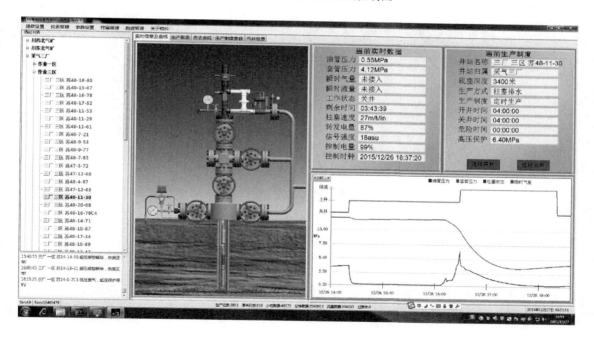

图 5.41 智能柱塞气举界面控制图

5.3.1.7 查询统计

查询统计模块提供系统所有相关数据查询统计。用户在一个界面中,通过选择自己所需要查询的模块数据和分支,即可以查看所需数据。

5.3.1.8 汇总展示

汇总展示模块分为积液气井、方案设计、实施动态和增产气量等 4 种模块数据的汇总展示。对所产生的数据分别以采气厂、作业区、集气站为单位进行汇总展示。使用户能直观清楚地了解工作的进展情况。

积液气井的汇总展示提供积液程度、生产状态、套压区间和产量区间4种分类方式，对不同积液程度(未分类、疑似积液井、轻微积液井、中度积液井、重度积液井)下的单井井口数汇总统计展示。

方案设计部分根据不同措施(泡沫排水、间歇生产、泡排+间歇、速度管柱、气举复产、柱塞工具)下所设计的单井井口数汇总统计展示。

实施动态部分对泡沫排水、间歇生产和气举复产等措施分别统计汇总当年、当月和当日的实施井口数

增产气量部分根据增产气量服务所计算出的数据对措施井数和措施后的增产气量进行汇总统计展示。

5.3.1.9 资料管理

为用户提供系统所需资料(地质资料、气井档案、设备管理、动态监测)进行统一的管理，如图5.42所示。

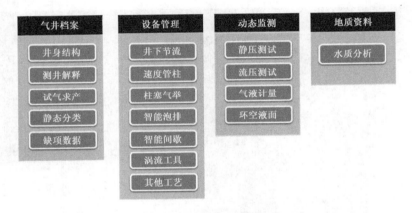

图5.42 资料管理主要内容框图

5.3.1.10 用户管理

对用户的账户、权限和角色进行统一的管理，根据用户的岗位职责为用户指定合适的角色，管理用户的权限范围。

5.3.2 系统应用实践

(1)大幅提高了现场产水积液井排查效率。

系统应用前气井积液排查工作流程如图5.43所示。系统应用后气井积液排查工作流程图如图5.44所示。系统应用后积液井排查时效性大幅提升，一次排查针对性更强、反复排查准确性进一步提升，有效提高了积液井的识别效率。系统应用前后气井积液排查对比见表5.13。

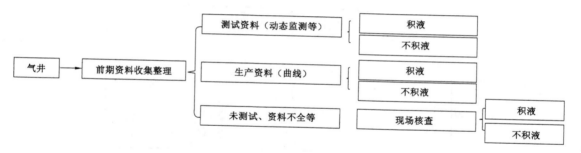

（注：实线框内工作表示由人工完成，虚线框内工作表示由计算机自动完成）

图 5.43　系统应用前气井积液排查工作流程图

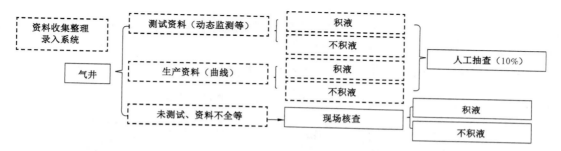

（注：实线框内工作表示由人工完成，虚线框内工作表示由计算机自动完成）

图 5.44　系统应用后气井积液排查工作流程图

表 5.13　系统应用前后气井积液排查对比表

	前期资料收集	测试资料确认积液	生产资料确认积液
系统应用前	现用现收集、工作繁琐	人工确认	人工核查、工作量大
系统应用后	一次收集、无限次调用；随时导入、方便灵活	系统自动处理、人工抽查	系统自动处理、人工抽查

　　经过初步计算，在相同工作量情况下，可节约时间 73.5%，相当于原来 4 个人的工作目前 1 个人即可完成，大幅提高了积液井的排查效率，解决了基层技术人员不足的问题。系统应用前后气井积液排查所需时间成本对比如图 5.45 所示。

　　（2）大幅缩短了排水采气措施选井的时间。

　　系统应用后可以对井况、措施条件等进行自动条件匹配，优选出最佳措施，大幅缩短了排水采气措施选井的时间，提高了工作效率。图 5.46 为系统应用前措施选井工作流程简图。图 5.47 为系统应用后措施选井工作流程简图。

　　经过初步计算，相同工作量情况下，可节约时间 63%，相当于原来 3 个人的工作目前 1 个人即可完成，大幅缩短了排水采气措施选井时间。表 5.14 为系统应用前后措施选井对比表。图 5.48 为系统应用前后措施选井所需时间成本对比。

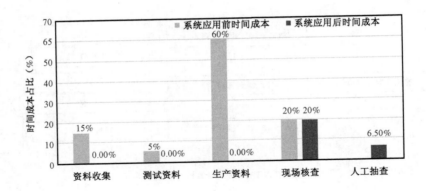

图5.45 系统应用前后气井积液排查所需时间成本对比图

(注：实线框内工作表示由人工完成，虚线框内工作表示由计算机自动完成)

图5.46 系统应用前措施选井工作流程简图

(注：实线框内工作表示由人工完成，虚线框内工作表示由计算机自动完成)

图5.47 系统应用后措施选井工作流程简图

表5.14 系统应用前后措施选井对比表

类别	前期资料收集	措施条件匹配	措施优选
系统应用前	现用现收集、工作繁琐	人工匹配，工作量大	人工优选
系统应用后	一次收集、无限次调用；随时导入、方便灵活	系统自动循环匹配	系统自动优选，人工抽查

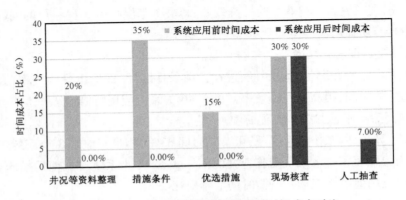

图5.48 系统应用前后措施选井所需时间成本对比

（3）有效降低了排水采气技术人员的工作强度。

常规的排水采气工作属于劳动密集型工作，一系列工作都需要人工完成，工作量大。排水采气系统应用后有效降低了技术人员的工作强度，提高了工作效率。表5.15表示了系统应用前后排水采气主要工作对比。

表5.15 系统应用前后排水采气主要工作对比

序号	工作步骤	工作量		备注
		系统应用前人工占比（%）	系统应用后人工占比（%）	
1	积液井识别	100	30	现场核查、最终确认
2	制订方案（措施优选）	100	40	现场核查、最终确认
3	方案实施	100	80	自动调整制度、人工实施
4	效果分析	100	70	系统根据设定自动判断、人工复核
5	措施优化	100	60	系统自动调整、人工复核
6	编制报告	100	80	系统生成常规模板、人工复查
	平均	100	60%	系统应用后可以减少40%工作量

气井排水采气自动分析与决策技术的应用，极大地推动了苏里格气田数字化排水采气技术的应用和发展，实现了无人值守、自动化、智能化排水采气作业，提高了气田排水采气效率，降低了人工劳动强度，为气田建设成为"科技、绿色、和谐"的现代化大气田提供重要手段。

参 考 文 献

[1] 熊钰,刘斌,徐文龙,等. 两种准确预测低渗低压气井积液量的简易方法[J]. 特种油气藏,2015,22(2):93－96.

[2] 熊钰,张森森,曹毅,等. 一种预测气井连续携液临界条件的通用模型[J]. 水动力力学研究与进展,2015,30(2):215－222.

6 水平气井排水采气工艺发展及展望

排水采气是解决"气井积液"的有效方法,也是气田开发生产中常见的采气工艺。特别是近几年,国外在排水采气工艺技术研究方面主要以高效、低成本为主要目标开展新工艺、新技术研究,同时进行了排水采气工艺技术与装备、井下作业、修井技术的系列配套技术研究。国内外采气工作者针对气井的实际情况并结合油气田的开采方法,已推广使用了各种排水采气工艺技术手段,并在实际生产中发挥了重要作用。虽然不断有新的排水采气工艺技术不断出现并在现场含水气田排水采气生产中发挥作用,但这些工艺还远远不够,不能满足实际工作需要,尤其是随着水平气井积液问题的不断出现,还需要持续不断探索新的排水采气机理和技术,最终提高气藏的采收率。通过调研分析来看,排水采气工艺的发展可以有以下方面:

(1)排水采气井气井积液的准确识别及规律认识是进行措施有效实施的"牛鼻子",水平气井井身结构设计与常规直井有较大不同,例如,苏里格气田水平气井井筒中有节流器,更增加了对积液准确判断的难度,持续开展不同类型气井的产水识别及规律认识,形成有效的不同类型气井积液判识方法与技术,准确、高效地判断识别产水气井的产水量及积液量,同时,可通过计算机编程和数字化集成,实现产水气井的智能识别、预警、提示、分析,将会意义深远。

(2)目前形成的主要排水采气技术有:优选管柱、泡沫排水、柱塞气举、气举排水、电潜泵、射流泵、游梁式抽油机、涡流工具排水、超声波技术等。但针对复杂气井的排水采气,单一的排水采气技术往往不能达到良好的效果,因此,就需要将两种甚至多种气举技术复合使用,随着气藏、气井生产条件的变化,从单一排水采气系统向组合排水采气系统发展。

(3)随着排水采气井,尤其是以苏里格气田为代表的低渗透气田排水采气井数量的逐年增多,随着管材、工艺以及技术水平的提高,自动化、智能排水采气配套装置及技术不断涌现并现场应用,实现了气井生产参数的及时同步上传至管理平台并实时监控、分析,远程控制等功能,不受天气、外协等外部原因影响,严格按措施制度执行,措施实施效率和准确率大大提高,在保证安全的前提下,有效降低了一线员工劳动强度,表现出了减员增效的强大生命力,数字化、智能化排水采气和多种气举技术复合使用将是未来天然气生产的大趋势。

(4)随着气田开发及对气藏成藏机理的认识加深,在进行气藏排水采气技术工作时,需要考虑着眼于整个气藏排水与气井排水技术结合起来,利用各自的优点,将会起到很好的作用。

(5)排水采气技术研究是一项系统的科学研究和技术发展,针对国外新的排水采气工艺技术,国内油气田开发的决策者应该充分考虑到每种技术各自的技术特点,结合气田的实际,对工艺的可行性进行综合的评价和优选。针对不同条件的含水气井采取不同的排水采气技术方式,在优选排水采气方式方法上有待更进一步去研究探讨。